OSTENDORF · DAMPFTRIEBWAGEN

ROLF OSTENDORF

DAMPF TRIEBWAGEN

BAUARTEN
TYPEN
UND SYSTEME

MOTORBUCH VERLAG STUTTGART

Einband- und Umschlagkonzeption: Siegfried Horn

Bildnachweis

Baldwin Locomotive Works	(2, 4, 5, 132, 133, 134, 135, 146, 153, 154, 155, 168)
British Railways	(33, 70, 73, 75, 78, 79, 82, 83, 180)
Brünn-Königsfelder Maschinenfabrik	(98)
Canadian Pacific Railway	(138)
Commonwealth Railways (Australien)	(159)
Córas Impair Éireann	(170)
Deutsche Bundesbahn	(185)
Ferrovie dello Stato	(87, 88, 90, 176)
Hanomag	(26)
Henschel	(52, 115, 187, 188)
LA VIE DU RAIL	(60, 61, 62, 64, 65, 66)
MAN	(48, 129)
Maschinenfabrik Esslingen	(43, 44, 45, 46, 145, 156)
Metropolitan-Cammell	(121, 122, 123, 124, 125, 126)
New Zealand Government Railways	(163, 164)
Real Photographs	(74, 76, 167)
Ringhoffer	(22, 29, 91, 92, 93, 97)
Sammlung Buchholz	(54)
Sammlung Chanuc	(63)
Sammlung Dr. Scheingraber	(49, 51, 53, 186)
Sammlung Hinze	(56, 148, 149, 150, 152)
Sammlung Hurlimann	(111)
Sammlung Jackson	(166)
Sammlung Robert	(6, 7, 15, 30)
Sammlung Schweim	(57)
Sammlung Villányi	(23, 89, 94, 100, 101, 102, 103, 104, 105, 106, 107, 108, 109, 117, 118, 119, 136, 147, 151, 172)
Sammlung Vollrath	(3, 131)
Sammlung Zell	(95, 96, 99)
Schweizerische Lokomotiv- und Maschinenfabrik	(112, 173, 178)
Simmering-Graz-Pauker	(110, 174, 179)
Smithsonian Institution	(137)
SNCB	(35, 36, 37, 38, 39, 40, 41, 42, 175)
SNCF	(31, 67, 183)
Tasmanian Government Railways (Australien)	(160, 161, 162)
The Sciene Museum London	(14, 171)
van Kampen	(47)
Verkehrshaus der Schweiz Luzern	(12, 113, 114, 177)
Victorian Government Railways (Australien)	(17)
Wegmann	(50)

Hier nicht aufgeführte Bildunterlagen stammen aus der Sammlung des Verfassers oder sind ohne Herkunftsangabe.

ISBN 3-87943-517-0

1. Auflage 1977

Eine Abteilung des Buch- und Verlagshauses Paul Pietsch GmbH & Co. KG

Satz und Druck: studiodruck, 7440 NT-Raidwangen
Bindung: Großbuchbinderei Franz Spiegel, 7900 Ulm
Printed in Germany

Inhalt

Vorwort

Dampftriebwagen – sie gehörten zu den Unscheinbaren, den Stillen und kaum Beachteten innerhalb der großen Familie der Eisenbahnfahrzeuge. Kein legendärer Ruf erweckt Erinnerungen an sie, und nie erreichten sie zum Beispiel die Popularität der Dampflokomotive, die inzwischen schon zu einem Mythos geworden war. Sie waren nur einfach da. Meist abgeschieden vom großen Weltgetriebe und abseits vom pulsierenden Verkehr auf den Fernstrecken taten sie bescheiden ihren Dienst auf den Nebenbahnen und Vorortstrecken, wo keine großen Ansprüche an Reisekomfort und Schnelligkeit gestellt wurden. Die wenigen Versuche, die in späteren Jahren den Dampftriebwagen auch auf den Hauptstrecken attraktiv machen sollten, zeigten aber bald, daß hier Versäumnisse in der Entwicklung dieser Antriebsart vorlagen, die nicht mehr aufzuholen waren. Zu weit war schon die Verbreitung des Verbrennungsmotors als Antrieb für Eisenbahnfahrzeuge fortgeschritten, als daß eine noch so vollkommene Dampftriebwagen-Konstruktion ihn hätte wieder ablösen können.

Doch auch der Dampftriebwagen entbehrt nicht einer gewissen Tradition. Seine Entstehung führt zurück bis in das Jahr 1847, als der englische Ingenieur James Samuel auf der Eastern Counties Railway seine »Expreßmaschine« als Vorläufer der frühen Dampfwagen einsetzte. Entscheidenden Einfluß auf die Entwicklung des Dampftriebwagens nahm auch der vor der Jahrhundertwende im Automobilbau eingeführte, senkrecht stehende Röhrenkessel und spätere Schnellverdampfer. Waren doch gerade die Dampferzeuger die Sorgenkinder dieser Fahrzeuggattung, mit ihnen stieg und fiel der Wert so mancher vielversprechenden Konstruktion.

Der Hauptgrund für die Einführung des Dampftriebwagens lag in einem seinerzeit gewünschten wirtschaftlicheren Betrieb der Neben- und Vorortstrekken unter Berücksichtigung eines geringstmöglichen anteilmäßigen Fahrzeuggewichtes pro beförderten Fahrgast. Derartige Gewichts- und Kostensenkungen waren aber nur dann durchführbar, wenn namentlich das Volumen des Kessels bei noch genügender Leistung und Reserve gesenkt werden konnte. Diese Forderungen stellten die damalige Industrie vor eine sehr schwere Aufgabe, zumal mit den noch recht unzureichenden Kenntnissen der Thermik und Technologie optimale Lösungen nicht erwartet werden konnten. Dennoch wurden Wege gefunden, die unter anderem in einer wohlausgewogenen Kombination von neu entwickelten Dampferzeugern und entsprechend ausgebildeten Dampfmotoren zu befriedigenden Ergebnissen führten.

Wie die nachfolgenden Beschreibungen zeigen werden, war der Dampftriebwagen ein ausgesprochen europäisches Triebfahrzeug. Sein früher Einsatz in den Ballungsräumen der Industrie- und Anbaugebiete Mitteleuropas und der britischen Inseln cha-

rakterisiert ganz eindeutig seine ihm angestammten Aufgabenbereiche als Zubringer auf den Nebenstrecken, Pendler auf den Hauptbahnen und Unterstützung im Berufsverkehr.
Der Dampftriebwagen nahm eine Sonderstellung unter den personenbefördernden Zugarten ein. Er war sozusagen Mädchen für alles, wenn es galt, Fahrplanlücken auszufüllen und verkehrsschwache Streckennetze zu beleben. Dieser universelle Einsatz stellte andererseits aber auch entsprechende Forderungen an die Fahrzeuge. Sie sollten einerseits sparsam im Brennstoffverbrauch, billig in der Unterhaltung, genügsam in der Wartung – mit einem Wort »wirtschaftlich« sein. Andererseits wurden gute Anpassungsfähigkeit an die wechselnden Betriebsbedingungen, entsprechend hohe Leistung, großes Beschleunigungsvermögen, leichte Bauweise und einfache Bedienung gefordert. Solange diese Bedingungen sich noch in angemessenen Grenzen bewegten, blieben auch die konstruktiven Engpässe gering. Erst spätere Forderungen, die den Vergleich mit dem Schnelltriebwagen anstrebten, führten zu erheblichen konstruktiven Anstrengungen, deren konsequente Durchführung aber nicht mehr sinnvoll erschien, da der Dampf als Antriebsmittel bereits überholt war.
Die relativ wenigen außereuropäischen Dampftriebwagen und ihre geringe Verbreitung über die einzelnen Kontinente machen ebenfalls deutlich, wie sehr dieser Bauart durch ihren ursprünglichen Verwendungszweck und der ganz darauf abgestimmten Entwicklungsfolge Grenzen gesetzt waren. Sie waren eine Art Außenseiter unter den Triebfahrzeugen, klein in der Zahl, kaum bekannt und dennoch eine wichtige Zwischenstufe in der gesamten Entwicklung des allgemeinen Triebwagenbaues.
Das vorliegende Buch soll eine Ergänzung und weitgehende Vervollständigung des aus dem Jahre 1908 stammenden Buches von C. Guillery, »Handbuch über Triebwagen für Eisenbahnen«, darstellen, dem einzigen in diesem Umfang je veröffentlichten Werk über Dampftriebwagen.

R. Ostendorf

Einleitung

Vom Dampfmobil zum Dampftriebwagen

Die Geschichte des Dampftriebwagens nahm bereits ihren Anfang, als im 18. Jahrhundert die ersten erfolgreichen Versuche unternommen wurden, Wagen ohne Zugtiere mit Hilfe von Dampfkraft vorwärts zu bewegen. Alle diese Experimente spielten sich zunächst nur auf der Straße ab, dem einzigen Verkehrsweg zu Lande, der damals nutzbar war, an einen Eisenpfad aus Schienen und Schwellen dachte noch niemand.

Bezeichnenderweise lag die Priorität des Verkehrs auch zu jener Zeit schon im Gütertransport und in den nicht minder wichtig erscheinenden Aufgaben militärischer Belange. Kein Wunder also, daß auch bei höchster Stelle die Entwicklung des Dampfwagens wohlwollende Anerkennung fand, wenn man auch nicht gerade zu größeren finanziellen Förderungen bereit war. Es blieb daher mehr oder weniger dem einzelnen Erfinder und den Handwerksbetrieben überlassen, zwar mit allergnädigstem Wohlwollen, aber aus eigener Initiative heraus ihre Experimente und den Bau von Dampfwagen fortzuführen.

Nun, daß sich der Mut zum Risiko im Laufe der Zeit auszahlte, beweisen die vielen Wagen- und Motormanufakturen, die in der ersten Hälfte des 19. Jahrhunderts gegründet wurden und schließlich bis zum Jahre 1900, als der Dampfmaschine im Verbrennungsmotor ein neuer Konkurrent erwachsen war, sich zu einer Industrie entwickelt hatten, die heute unter dem magischen Begriff AUTO ein Imperium in der Weltwirtschaft darstellt.

Welche engeren Beziehungen bestanden aber zwischen dem Aufkommen des Dampftriebwagens und dem »Dampfmobil«? Wie bereits im Vorwort kurz angedeutet wurde, war das wichtigste Bauelement des Dampftriebwagens das Maschinenaggregat mit dem Dampferzeuger und der Dampfmaschine. Naturgemäß konnte der Dampftriebwagen nicht die gesamte Konstruktionsform der üblichen Dampflokomotive übernehmen, da die Betriebserfordernisse und Aufgabenbereiche beider Fahrzeugtypen doch erheblich voneinander abwichen. Wenn auch vereinzelt die Kleinlokomotive immer wieder in verschiedenen Ausführungsarten mit einbezogen worden ist, so strebte man doch vordringlich den Kleinkessel und Schnellverdampfer an, um ein vernünftiges Gewichtsverhältnis zur Beförderungsleistung und damit eine wirtschaftliche Ausnutzung dieser neuen Fahrzeugbauart zu erhalten.

Was nun gerade die Entwicklung leistungsfähiger Dampferzeuger mit kleinen Abmessungen und geringem Gewicht betrifft, hatte schon die damalige Dampfauto-Industrie für ihre eigene Produktion soviel wertvolle Vorarbeit geleistet, daß es durchaus vernünftig erschien, die schon vorhandenen Kessel-

bauarten auf ihre Verwendung für Schienenfahrzeuge hin zu überprüfen.
Führend auf dem Gebiet der Dampfmotorwagen für Straßenverkehr waren um die Jahrhundertwende England und Frankreich. In der Herstellung dominierten hauptsächlich die schweren Wagen für den Güterverkehr, für die besonders leistungsfähige Dampfmaschinenanlagen erforderlich waren. Die seinerzeit noch bevorzugte Verwendung des Dampfantriebes lag in der Tatsache, daß es noch keine geeigneten Schaltgetriebe für den Verbrennungsmotor gab und die Dampfmaschine außer einer einfachen Dampfumsteuerung keine weiteren Schaltstufen benötigte, da sich der Dampfantrieb den jeweiligen Betriebsbelastungen elastisch anpaßte. Der weitere große Vorteil lag bei dem damaligen schlechten Zustand der Verkehrswege in einer robusten und unkomplizierten Antriebsbauart.
Von den in jenen Jahren bekannten Maschinenanlagen waren es besonders die Systeme von Serpollet und Purrey, die einen maßgeblichen Einfluß auf die Entwicklung des Dampftriebwagens auf dem europäischen Festland nehmen sollten. Diese beiden französischen Hersteller gehörten in jenen Jahren zu den anerkannten Firmen für selbstfahrende Straßenfahrzeuge in Europa. Serpollet führte im Jahre 1883 erstmals einen dreiachsigen Lastwagen mit Dampfantrieb aus, während Purrey erst 20 Jahre später im Jahre 1903 mit Erfolg in dieses Geschäft einstieg. Von beiden Unternehmen ist in Bezug auf den Antrieb von Dampftriebwagen für Eisenbahnen Pionierarbeit geleistet worden. Kessel und Dampfmotoren wurden erprobt, neu entwickelt und schließlich erfolgreich im Triebwagenbau eingeführt. Spätere, nicht minder bekannte Kesselsysteme ähnlicher Konstruktionen führten ihren Ursprung auf die Erfahrungen mit diesen beiden ersten technisch voll betriebsfähigen Anlagen von Serpollet und Purrey zurück.
Als der Höhepunkt des Dampftriebwagenbaues bereits überschritten war, wurden in Deutschland seitens der Deutschen Reichsbahn in den dreißiger Jahren noch einmal Versuche in Verbindung mit Dampferzeugern der Bauart Doble durchgeführt. Es handelte sich hierbei um Einrohr-Kessel, die in den USA entwickelt und dort vornehmlich als Antriebe für Kraftwagen Verwendung fanden. Die Firma Henschel hatte sich schon sehr früh für diese Kesselbauart interessiert und ihre Anwendung bei den von der Deutschen Reichsbahn projektierten Versuchsfahrzeugen maßgeblich befürwortet. Leider konnte aber auch diese Entwicklung nicht mehr entscheidend zum Erhalt des Dampftriebwagens beitragen.

Eine neue Triebfahrzeuggattung

Der Begriff Triebwagen kennzeichnet im allgemeinen Triebfahrzeuge, die zusätzlich zur Krafterzeugungsanlage und den Kraftübertragungsorganen mit Einrichtungen zur Beförderung von Nutzlasten im Sinne von Personen und Gütern ausgerüstet sind. Die Auslegung dieser Fahrzeuge befähigt sie auch, in beschränktem Umfang die Beförderung von Schlepplasten zu übernehmen. Der Triebwagen vereinigt demnach in seiner Konstruktion sowohl die Vorzüge der Lokomotive als auch die des Wagens.
Eine Sonderstellung innerhalb der großen Familie der Triebwagen nahmen während der Glanzzeit der Dampfloktraktion die Dampftriebwagen ein. Ihre Entwicklung geht, was den konstruktiven Ursprung betrifft, natürlich auf die damals schon fast auf dem Höhepunkt ihrer technischen Durchbildung befindlichen Dampflokomotive zurück. Die Vielzahl der in fast 100 Jahren gebauten Dampftriebwagen verschiedenster Systeme macht es recht schwierig, sie entsprechend ihrer technischen Unterschiedlichkeiten in klar umrissene Baugruppen zu unterteilen. Die drei bedeutendsten Unterscheidungsmerkmale sind die Art der Verwendung als personen- oder güterbefördernde Triebfahrzeuge, die Klassifizierung nach der Maschinenleistung und die Charakterisierung der Triebwagen nach der Dampferzeugungsanlage, wobei man im letzten Fall später mit dem

Namen des jeweiligen Kesselprinzips oder des Herstellers eine Art Bauartbezeichnung verband. An dieser rasch populär gewordenen Kennzeichnungsmethode änderten auch die im Laufe der Zeit eingeführten Kategoriebezeichnungen und Baureihengruppierungen einzelner Bahngesellschaften nicht viel.

Vereinzelt wurden auch Versuche unternommen, die Dampftriebwagen nach ihrer Bauart als reine Triebwagen oder als Triebzug zu unterscheiden. Während beim Triebwagen die Maschinenanlage fest eingebauter Bestandteil des Fahrzeuges war, konnte beim Triebzug das Maschinengestell zu einer vollständigen kleinen Lokomotive ausgebildet sein, auf deren Rahmen sich das eine Ende des Wagenkastens abstützte. Eine weitere Variante des Triebzuges lag in der Möglichkeit, eine kleine normale Lokomotive mit einer bestimmten Anzahl Wagen immer als komplette, unveränderliche Zugeinheit einzusetzen. Bei derartigen Zugkompositionen waren natürlich die Bedienungseinrichtungen doppelt vorhanden, um ein Wenden der Triebzüge in den Endstationen zu vermeiden.

Diese letzte Unterscheidungsart konnte sich aber nie richtig durchsetzen, da der Unterschied zwischen einem lokomotivbespannten Triebzug und einem reinen Triebwagen sich fast verwischte, wenn, wie bei der französischen NORDBAHN, bei der Belgischen Staatsbahn, in England oder später bei der Lübeck-Büchener-Eisenbahn und im weitesten Sinne auch bei der Deutschen Reichsbahn (Henschel-Wegmann-Zug) eine an sich selbständige, zumeist Tenderlokomotive, mit einem oder mehreren Wagen dauernd zu einer Betriebseinheit verbunden blieb, es sei denn, daß ein Teil dieser Einheiten aus Unterhaltsgründen in die Werkstatt mußte.

Bei den nachfolgenden Betrachtungen soll eine zwanglose Besprechung der einzelnen Dampftriebwagenkonstruktionen nach dem Gesichtspunkt der verschiedenen Systemarten erfolgen, wobei der geschichtlichen Entwicklung in den einzelnen Ländern weitgehend eine chronologische Reihenfolge eingeräumt wird.

Die Einführung des Dampftriebwagens

Am Anfang des Eisenbahnwesens stand der Dampfbetrieb und mit ihm als universell einzusetzendes Traktionsmittel die Dampflokomotive. Als man in der zweiten Hälfte des vorigen Jahrhunderts in zunehmendem Maße Untersuchungen über die Wirtschaftlichkeit der Lokomotiveinsätze anstellte, zeigten die Erfahrungen, daß sowohl auf den verkehrsschwachen Nebenstrecken und Lokalbahnen als auch im Nahverkehr auf den Hauptstrecken normale lokbespannte Züge mit einem zu hohen Kostenaufwand bei nur ungenügender Ausnutzung des Platzangebotes betrieben wurden. Es fehlte ein geeignetes Triebfahrzeug, das bezüglich der erforderlichen Maschinenleistung unter jener der normalen Streckenlokomotiven lag, dessen Geschwindigkeit mit etwa 50 km/h begrenzt sein konnte und entsprechend der Frequentierung der zu bedienenden Strecken eine nur beschränkte Zahl Sitzplätze besaß.

Die Lösung des Problems sah man zunächst in der Kombination von Lokomotive und Wagen, wobei der Antriebsteil weitgehend die Grundzüge der Normallokomotive aufwies. Dieses Bauprinzip hat sich erstaunlich lange behauptet, man findet es noch bei Neukonstruktionen in den späteren zwanziger Jahren. Parallel zu dieser Bauart setzten sich aber auch bereits sehr früh Entwicklungen völlig neuer Konstruktionselemente durch, deren besondere Merkmale die typische Personenwagenform und der senkrechtstehende Dampferzeuger in raumsparender Ausführung waren. Letzteres bedeutete eine erhebliche Ersparnis an Gewicht gemessen am nutzbaren Gesamtvolumen der Triebwagen, niedrigere Beschaffungs- und Unterhaltungskosten sowie die mögliche Bedienung eines solchen Fahrzeuges von nur einem Mann. Es sei vorweggenommen, daß von allen Vorzügen derjenige mit den geringeren Unterhaltungskosten in den wenigsten Fällen erreicht werden konnte, bedingt durch die meist recht komplizierten und für das Bedienungs- und Unterhaltungspersonal ungewohnten Kesselanlagen. Ferner

wirkte sich bei der Betrachtung der Wirtschaftlichkeit der Dampftriebwagen die Tatsache ungünstig aus, daß zunächst bei den koksgefeuerten Fahrzeugen die Brennstoffkosten beträchtlich höher lagen als bei vergleichbaren kohle- oder ölgefeuerten Triebfahrzeugen.
Obwohl die technische Ausführung einer als vorteilhaft gewählten Konstruktion nicht immer Nachteile ausschließen kann, nimmt man diese bewußt in Kauf, sofern die Gesamtfunktion der Maschine nicht beeinträchtigt wird und ein wirtschaftlicheres Verhalten der Gesamtanlage gegenüber bekannten Ausführungen nachgewiesen werden kann. Diese Erkenntnisse dürften allgemein auch bei der Entwicklung der Dampftriebwagen maßgebend gewesen sein, je nach den Erfordernissen, die die späteren Betriebszustände maßgebend beeinflussen konnten.
Der Dampftriebwagen eignete sich wegen seines geringen Gewichtes und dem damit verbundenen niedrigen Achsdruck besonders für den Einsatz auf Strecken mit leichtem Oberbau, wie er besonders auf Nebenbahnen zu finden war. Auf den Hauptstrecken bezogen sich die Betriebsbedingungen unter anderem auch auf höhere Anfahrbeschleunigungen, die eine größere Leistung der Fahrzeuge erforderlich machte. Mit Einführung des Triebgestells beim Dampftriebwagen stand der Erfüllung dieser Forderung nichts mehr im Wege.
Die Grenze der erreichbaren theoretischen Fahrgeschwindigkeit, die für einen lokbespannten Zug in der Ebene um die Jahrhundertwende mit rund 150 km/h bemessen wurde, lag für den Triebwagen bereits zur damaligen Zeit erheblich höher infolge des günstigeren Verhältnisses der Maschinenleistung zum Gesamtgewicht des Fahrzeuges. An eine Ausnutzung dieser Möglichkeit war aber schon wegen des vorgesehenen Einsatzes der Dampftriebwagen auf Sekundär- und Lokalstrecken nicht zu denken.
Eine abschließende kleine Betrachtung über den Leistungszuwachs bei den Dampftriebwagen soll den Entwicklungsprozeß dieser Triebfahrzeugbauart abrunden. Bis etwa um die Jahrhundertwende bewegte sich die mittlere indizierte Maschinenleistung der zweiachsigen Dampftriebwagen zwischen 37 kWi und 59 kWi, je nach Größe und Bauart der Wagen. Bei den steigenden Leistungen über 73,5 kWi wurde die Unterbringung eines entsprechenden Dampferzeugers auf einem zweiachsigen Triebwagen besonders im Hinblick auf die sehr unterschiedliche Lastverteilung auf die Achsen schon recht problematisch. Es wurde schließlich das sogenannte Triebdrehgestell mit Kesselanlage und Zylindern eingeführt, das sich dann nach und nach zu einer kleinen, ähnlich einer Drehgestell-Lokomotive ausgebildeten Maschineneinheit entwickelte.
Die letzte Entwicklungsstufe zeigte vor dem Zweiten Weltkrieg eine Trennung des Dampferzeugers vom Triebgestell und eine Zuführung des Dampfes über bewegliche Leitungen an die im Drehgestell gesondert angeordneten Dampfmotoren. Zur gleichen Zeit lag die durchschnittliche Maschinenleistung der modernen Hochleistungs-Dampftriebwagen zwischen 294 und 368 kWi.
Zweifellos nahm mit dem steigenden Leistungsanteil dieser Fahrzeuggruppe das früher so günstige Verhältnis zwischen Maschinenleistung und Fahrzeuggewicht immer ungünstigere Werte an, so daß schon beizeiten das Ende dieser Entwicklung zugunsten des reinen Lokomotivzuges abzusehen war. Als man im Jahre 1937 etwa 456 kg Gewicht pro Sitzplatz und 6,7 kW/t Betriebsgewicht erreichte, lag man zwar noch unter den entsprechenden Werten des Lokomotivzuges, die Differenzen waren aber bereits so gering geworden, daß die Zweckmäßigkeit der Verwendung von Dampftriebwagen mit noch höheren Maschinenleistungen sehr fraglich erschien.
Alles in allem haben die Dampftriebwagen die in sie gesetzten Erwartungen bezüglich weitgehender Wirtschaftlichkeit und Anpassung an die gegebenen Betriebserfordernisse erfüllt. Besonders geschätzt wurde die Fähigkeit der Dampfmaschine, sich wechselnden Leistungsbedürfnissen schnell anpassen zu können, sofern der Dampferzeuger die nötigen Reserven aufbringen konnte. Als mit der fortschreitenden Entwicklung der Dampftriebwagen auch ein gewisser konstruktiver Endzustand erreicht worden

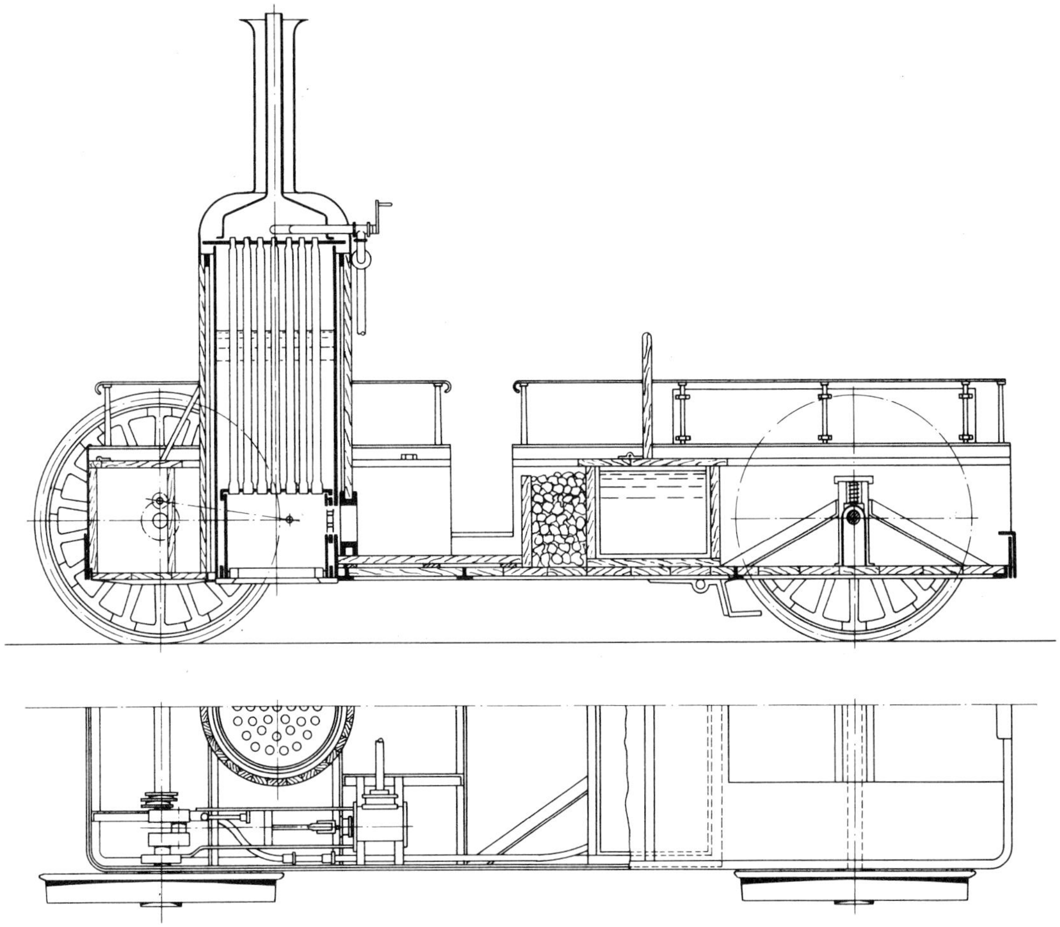

Abb. 1 Die „Expreßmaschine" der Eastern Counties Railway, im Jahre 1847 nach einem Entwurf von James Samuel gebaut.

war, erfolgte die Ablösung auf diesem Traktionssektor durch den Dieseltriebwagen und in Amerika zusätzlich durch den gerade neu eingeführten Gasturbinentriebwagen, ein Entwicklungsprojekt, das heute noch nicht abgeschlossen ist.

Der Übergang von der Inspektionslokomotive zum Dampfomnibus

Die ersten Dampftriebwagen, die in der Literatur mehrfach als Dampfomnibusse bezeichnet worden sind, waren von der Funktion und vom Aufbau her nichts anderes als ganz einfache »Dampfwagen«.

Zu dieser Kategorie Triebfahrzeuge gehörte auch die im Jahre 1847 vom Maschinendirektor der Eastern Counties Railway, James Samuel, entworfene »Expreßmaschine« (Abb. 1), ein leichter, offener Wagen mit senkrechtstehendem Röhrenkessel. Auf dem rund 3,8 m langen Fahrzeugrahmen waren hinter dem Führerstand die Vorräte in Form eines Koksbehälters und eines Wassertanks untergebracht, denen sich der offene Fahrgastraum mit einem Platzangebot für sieben Personen anschloß.
Ursprünglich war die »Expreßmaschine« als eine Art Inspektionsfahrzeug für die Beförderung von Aufsichtspersonen bestimmt, wurde dann aber später im regulären Personenverkehr auf Kurzstrecken verwendet.
Vorbild für die »Expreßmaschine« dürfte eine

Abb. 2 Zweiachsige amerikanische Drainsine vor der Jahrhundertwende.

Abb. 3 2′A 2′-Inspektionstenderlokomotive der Lehigh Valley Railroad aus dem Jahre 1884.

ebenfalls von Samuel gebaute Draisine mit manueller Betätigung gewesen sein, deren Verwendungsfähigkeit und Aktionsradius man in der Weiterentwicklung durch einen eigenen Antrieb günstiger zu beeinflussen glaubte. Anläßlich einer Probefahrt von London nach Cambridge am 30. Oktober 1847 wurde eine Geschwindigkeit von 64,3 km/h erreicht. Die größte mit der »Expreßmaschine« gefahrene Geschwindigkeit betrug 82 km/h, ein Wert, der aber nur kurzzeitig eingehalten werden konnte, da die Kesselleistung nicht den Anforderungen einer solchen Geschwindigkeit im Dauerbetrieb gewachsen war. Als Durchschnittsgeschwindigkeit im normalen Personenverkehr wurden nur etwa 50 km/h zugelassen.

Die »Expreßmaschine« war nach den Konstruktionsgrundlagen Samuels von den Fairfield Works unter der Leitung des seinerzeit dort tätigen Ingenieurs Adams gebaut worden. Das Interesse Adams an der Entwicklung solcher Dampfomnibusse und die gute Zusammenarbeit mit Samuel führten schon bald zu einer Neuentwicklung, die Adams im Auftrage Samuels durchführte, auf die aber erst im folgenden Kapitel eingegangen werden soll.

In noch weit stärkerem Maße als in Europa vollzog sich in den USA ein nahezu gleichförmiger Wandel von der Inspektionslokomotive zum Dampftriebwagen.

Die früheren zweiachsigen Draisinen in offener Bauweise (Abb. 2) besaßen einen kleinen, vertikalen Röhrenkessel und boten in der Regel 4 bis 6 Personen Platz. Von Nachteil erwiesen sich bei diesem Typ aber der geringe Aktionsradius, die zu niedrige Geschwindigkeit, die sehr knapp bemessene Zahl der Sitzplätze und der zu geringe Schutz gegen die Witterungseinflüsse.

Zu Beginn der 80er Jahre führten eine Reihe amerikanischer Eisenbahnen regelrechte Inspektionslokomotiven ein, bei denen durch Anordnung eines geschlossenen Fahrgastraumes über dem Langkessel die Nachteile der Draisine ausgeschlossen werden sollten. Ferner ermöglichte die neue Bauart auch Inspektionsfahrten auf Hauptstrecken innerhalb der festliegenden Fahrpläne, ohne daß der nor-

Abb. 4 Früher 1A1-Inspektionstriebwagen einfacher Bauart.

Abb. 5 Inspektions-Dampftriebwagen „NYDIA“ der Susquehanna Coal Company, 1889 von Baldwin gebaut.

Abb. 6 Französische Trambahnlokomotive mit Verkleidung und zwei Steuerständen, gebaut im Jahre 1893.

Abb. 7 Heißwasserlokomotive, System Lamm-Francq, vor einem Trambahnzug des Jahres 1878.

male Zugverkehr beeinträchtigt wurde.
Die Inspektionslokomotiven wurden vornehmlich in den Achsfolgen 2′ A 2′ als Tenderlokomotiven (Abb. 3) und 2′ B als Schlepptenderlokomotiven gebaut. Die größte Maschine dieser Gattung war zweifellos die 1895 von der Reading Company in Dienst gestellte 2′ B 1′ n2-Schlepptenderlokomotive, deren Leistung so bemessen war, daß sie auch einen regulären Schnellzug befördern konnte.
Der Aufwand, eine vom Prinzip her normale Dampflokomotive speziell nur für Inspektionszwecke heranzuziehen, schien auf die Dauer doch zu hoch und unrentabel. Es entstanden daher parallel zu den Inspektionslokomotiven regelrechte Dampfkleintriebwagen der Achsfolge 1A1 mit einem vom Maschinenraum getrennten Fahrgastabteil für 6 bis 8 Personen (Abb. 4). Die Vorräte wurden in Wasserbehältern unterhalb des Maschinenrahmens bzw. in den im Führerhaus untergebrachten Kohlenkästen mitgeführt.
Die Endstufe in der Entwicklung von Inspektionswagen zeigt die Abb. 5. Die Susquehanna Coal Company erhielt 1889 von den Baldwin Locomotive Works in Philadelphia einen (1A)2′-Inspektionswagen mit Namen »NYDIA«, der bereits die typischen Merkmale des Dampftriebwagens aufwies. Bei dieser Ausführungsform verwischten schon die baulichen Differenzen zwischen Inspektions- und Dampftriebwagen, es sei, man unterschiede konsequent nur nach dem Verwendungszweck der Fahrzeuge. Der Übergang von der Inspektionslokomotive zum Dampfomnibus oder Dampftriebwagen, wie inzwischen der offizielle Fachbegriff lautete, hatte sich nahezu lückenlos vollzogen, da beide Entwicklungen – die eine bereits auslaufend und die andere noch in der Entfaltung begriffen – ineinander verschmolzen.

Der Einfluß des Trambahnbetriebes auf die weitere Triebwagenentwicklung

Neben der direkten Entwicklungsphase von der Inspektionslokomotive zum Dampftriebwagen nahm noch ein zweiter Verkehrsträger maßgeblichen Einfluß auf die Verbreitung des dampfbetriebenen Personenwagens – die Trambahn bzw. Dampfstraßenbahn.

Dem Charakter dieser Betriebsunternehmen entsprechend, bildete sich bereits recht früh eine ganz besondere Art von Triebfahrzeugen heraus, die vornehmlich den Gegebenheiten des städtischen Verkehrs und den sich daraus ergebenden speziellen Betriebsbedingungen angepaßt waren.

Die übliche und am meisten verbreitete Zugkomposition waren lokomotivbespannte Kurzzüge, deren Triebfahrzeuge in Anpassung an die Personenwagen vollständig verkleidet waren (Abb. 6). Die seitlichen Schürzen reichten dabei oft weit über das Triebwerk hinunter, so daß die beweglichen Teile nahezu ganz verdeckt wurden. Während in Europa und speziell in Deutschland vorwiegend der normale Lokomotivkessel für diese Fahrzeuge verwendet wurde, kamen in den USA vermehrt auch vertikale Röhrenkessel zum Einsatz. Im Interesse einer möglichst geringen Rauchentwicklung wurden die meisten Trambahnlokomotiven mit Koks gefeuert. Wo dieser Brennstoff den Bahngesellschaften jedoch zu kostspielig war, wurde natürlich auch mit Steinkohle geheizt.

Eine besondere Bauart waren die sogenannten Heißwasserlokomotiven von Lamm (Abb. 7), die nach heutigen Begriffen Vorläufer der späteren Dampfspeicherlokomotiven waren. Dr. Emil Lamm führte im Jahre 1871 in New Orleans zunächst Versuche mit einem durch Ammoniakgas betriebenen

Wagen durch, die er aber wegen der Belästigung durch den üblen Geruch und wegen der starken Korrosionseinwirkung auf die metallischen Konstruktionsteile des Wagens bald wieder einstellen mußte.
Aus den Erfahrungen mit der Ammoniakmaschine entwickelte Lamm seine erste Heißwasserlokomotive, die er bereits 1872 mit Erfolg auf der Straßenbahnlinie New Orleans – Carrolton einsetzen konnte. Andere Entwicklungen führten zur Konstruktion und zum Einsatz von druckluftgespeisten Lokomotiven. Hier lagen die Hauptschwierigkeiten in den einerseits hohen Temperaturen bei der Kompression und dem andererseits starken Temperaturabfall bei der Expansion. Dr. Colladon fand bei seinen Versuchen mit Druckluftmaschinen beim Bau des St. Gotthard-Tunnels die Lösung, indem er die Kompressionspumpe mit Wasser von außen kühlte und kaltes Wasser in Form eines feinen Sprühregens während der Kompression in den Druckraum einführte, wodurch sowohl die obere Temperaturgrenze als auch das Temperaturgefälle wesentlich herabgesetzt werden konnten. Den eigentlichen Durchbruch erfuhr dieses System jedoch erst mit den Druckluftlokomotiven der Bauarten Hughes und Lancaster sowie Mekarski.
In diesem Zusammenhang müssen auch die mit Leuchtgas betriebenen Wagen der Bauart Lührig genannt werden. Die Fahrzeuge besaßen Gasmaschinen und drei Gasbehälter, deren Inhalt bei 6 bis 8 bar Betriebsdruck für eine Fahrt von etwa 12 km Länge ausreichte. Die Wagen selbst waren schon als Triebwagen mit 12 Sitz- und 15 Stehplätzen ausgeführt. Triebwagen der Bauart Lührig liefen um 1897 auf der Straßenbahn Warmbrunn – Hermsdorf – Hirschberg in Schlesien, ferner in Maastricht und Amsterdam sowie auf der Trambahn Blackpool – Lytham.
Ganz allgemein dürfte die erstmalige Anwendung von Dampf für den Betrieb von Straßenbahnwagen im Jahre 1859 auf der Cincinnati Tramway in den USA durchgeführt worden sein. Im Jahre 1860 waren in Nordamerika schon fünf oder sechs Dampfwagentypen in Betrieb, bei denen Maschine und Kessel im Wageninnern untergebracht waren, und die Wagenkästen auf zwei zweiachsigen Drehgestellen ruhten. In den darauffolgenden Jahren kamen zahlreiche verschiedene Systeme zur Anwendung, die zum Teil bereits den Übergang von der Lokomotive zum Dampftriebwagen zeigten. Die bekanntesten Bauarten waren zu dieser Zeit die von Todd, Baxter, Perkins, Société Métallurgique, Francq, Bède & Co., Baldwin, Krauss und Schwartzkopff.
Als erster Dampftriebwagen in des Wortes eigentlicher Bedeutung konnte von den ganz frühen Konstruktionen der Wagen von Brunner genannt werden, den die Schweizerische Lokomotiv- und Maschinenfabrik, Winterthur im Jahre 1876 als sogenannten Dampfomnibus baute. Es folgten weiter die Systeme Grantham, Weißenborn und Rowan, von denen besonders die Rowan-Dampftriebwagen eine größere Verbreitung in Europa erzielten. Die letzgenannten Typen zählen allgemein zu den klassischen Dampftriebwagen, da sie bereits die Grundzüge der späteren Konstruktionen ungeteilter Triebwagenbauarten in sich vereinten. Sie werden im Kapitel »Historische Fahrzeuge« noch näher erläutert.
Abschließend soll noch auf einige recht interessante Entwürfe der Schweizerischen Lokomotiv- und Maschinenfabrik (SLM) hingewiesen werden, deren Ursprung auf dem Brunnerschen Dampfomnibus basierte. Das Bestreben einiger Trambahn-Gesellschaften, Lokomotive und Personenwagen zu einem einzigen Fahrzeug zu vereinen, gaben der SLM Veranlassung, vor 1900 bereits Untersuchungen und Vorschläge für den Bau solcher kombinierter Triebwageneinheiten auszuarbeiten.
Eine der frühen Konstruktionen der SLM war ein zweiachsiger Trambahnwagen, bei dem der senkrechtstehende Kessel auf der vorderen offenen Plattform stand. Die unter dem Wagenkasten angeordneten Zylinder wirkten auf eine Blindwelle, von der die weitere Kraftübertragung über eine Kette auf die erste Achse erfolgte. Um eine Kopflastigkeit des Wagens bei dem kurzen Achsstand zu vermeiden, war der Federstand durch Einsetzen eines vom Wa-

gen unabhängigen Gestells vergrößert worden. Ein dieser Konstruktion sehr verwandter Dampfwagen war seinerzeit versuchsweise in Straßburg in Betrieb. Leider sind aber keine Betriebsergebnisse überliefert worden.
Während bei dem genannten Wagen Maschine und Fahrgastraum fest auf demselben Fahrzeug montiert waren, zeigten die nachfolgenden Entwürfe eine schon beim Brunner-Dampfomnibus ausgeführte Trennung der Maschineneinheit vom Wagenkasten. Dampferzeuger und Zylinder bildeten mit dem Fahrgestell eine zweiachsige Kleinlokomotive, auf die sich der Personenwagen mit dem Vorderteil abstützte, während der rückwärtige Wagenteil auf einem eigenen Laufgestell ruhte. Die Vorteile dieser Kombinationsart war eine leichte Trennung beider Einheiten im Reparaturfall, die Erhöhung des Reibungsgewichtes durch den abgestützten Wagenteil und die Verwendung des damals sehr bewährten Brown'schen Tramway-Kessels.
Diese bereits zweistöckig projektierten Dampfomnibusse wurden für den Hauptbahnverkehr in entsprechend größeren Dimensionen mit mehr Sitzplätzen und in der Achsfolge B'2' entwickelt, und in späteren Jahren vereinzelt in abgewandelter Form in Deutschland und Belgien zum Einsatz gebracht.

Historische Fahrzeuge

Frühe Konstruktionen von Samuel, Adams und Fairlie

Wie schon kurz angedeutet, bahnte sich in England unter dem Einfluß von Samuel und Adams eine neue Entwicklungsrichtung an, die zunächst aber nur auf den Erfahrungen mit der »Expreßmaschine« basieren konnte.

Das jüngste Projekt zeigte einen großen, aus einer Lokomotive und einem Personenwagen zusammengesetzten Dampfwagen mit durchgehendem, gemeinsamem Hauptrahmen.

Dieser unter dem Namen »Enfield« bekannt gewordene Dampfwagen (Abb. 8) wurde nach seiner Fertigstellung im Jahre 1849 auf der englischen Eastern Counties Railway in Betrieb genommen. Entsprechend der Größe des Fahrzeuges betrug das Dienstgewicht der »Enfield« nahezu 15,5 t gegenüber nur 1,1 t der »Expreßmaschine«. Die Gewichtsverteilung betrug 4,6 t für die vordere Laufachse, 6,1 t für die Treibachse und zusammen 4,75 t für die beiden Wagenachsen. Der Wagen war mit 84 Sitzplätzen ausgerüstet und besaß, wie es zu jener Zeit üblich war, einen besonderen Zugführer- und Bremsersitz auf der vorderen Dachseite, von wo aus die Handbremse des Fahrzeuges betätigt wurde. Die Leistung der Maschine reichte aus, noch einen zusätzlichen Personenenwagen mit weiteren 116 Fahrgästen zu ziehen. Die maximale Geschwindigkeit des »Enfield« wurde mit rund 64 km/h angegeben.

Der infolge des gemeinsamen durchgehenden Hauptrahmens unumgänglich lange Radstand des Fahrzeuges machte es erforderlich, die Treibräder und die mittleren Wagenräder spurkranzlos auszuführen. Die Führung des Dampfwagens übernahmen lediglich die vordere Laufachse und die hintere Wagenachse, deren Räder allein mit Spurkränzen ausgerüstet waren. Angetrieben wurde die ungekuppelte Treibachse von den beiden innerhalb der äußeren Seitenrahmen liegenden Zylinder. Etwas ungewöhnlich war die Unterbringung des Speisewasservorrats in 3,6 m langen Rohren mit 305 mm Durchmesser. Der Kessel entsprach, wie die Abbildung zeigt, einem ganz normalen Stephenson-Kessel mit 115 Rohren von 38,1 mm Durchmesser und einer Heizfläche von 19,5 m². Der Hauptrahmen war in Blechbauweise ausgeführt und besaß mit Rücksicht auf die große Länge ein zusätzliches Sprengwerk, um bei gleichbleibender und ausreichender Stabilität ein äußerst geringes Gesamtgewicht zu ermöglichen.

Versuchsfahrten mit einem angekuppelten 3,5 t schweren Personenwagen erbrachten auf ebener Strecke eine Höchstgeschwindigkeit von 86 km/h. Bei seinem späteren Einsatz im Personenverkehr auf der Strecke Norwich—London wurde eine durchschnittliche Fahrgeschwindigkeit von 59 km/h

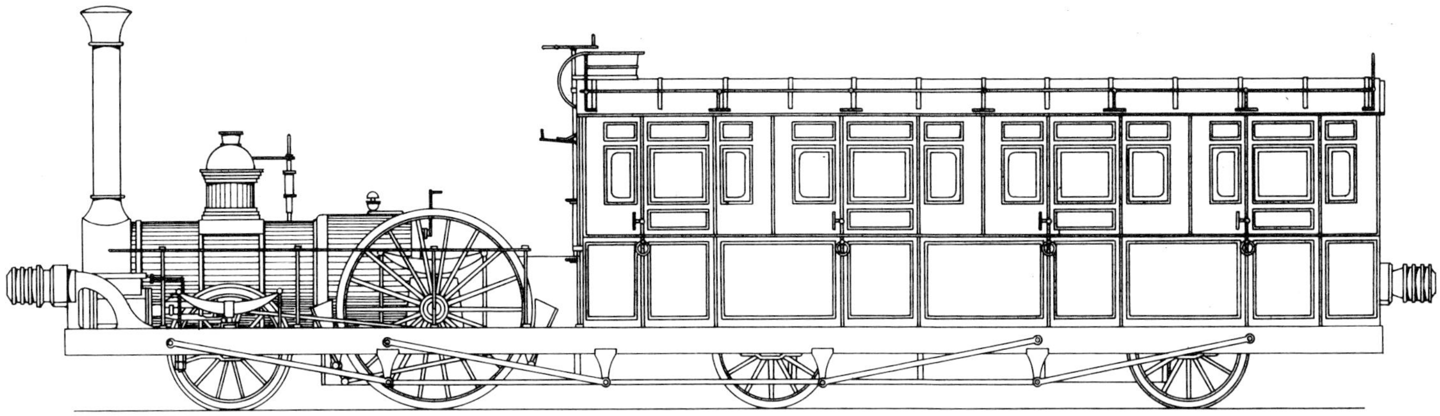

Abb. 8 Dampfwagen „Enfield", 1849 von der Eastern Counties Railway in Betrieb genommen.

erreicht. Von Fall zu Fall fuhr der »Enfield« auch im Plan eines »Expreßzuges« mit zwei Personenwagen und insgesamt 182 Fahrgästen als Triebwagenzugeinheit. Die Fahrgeschwindigkeit betrug dabei fahrplanmäßig 59,5 km/h. Die während des Zeitraumes vom 25. Januar bis einschließlich 9. September 1849 zurückgelegte Fahrstrecke belief sich auf rund 22570 km. Obwohl das Fahrzeug täglich 15 Stunden unter Dampf stand, wurden lediglich 5 Stunden an reiner Fahr- und Betriebszeit genutzt, die übrige Zeit stand der Dampfwagen nur in Bereitschaft – ein selbst für die damalige Zeit sehr unwirtschaftliches und kaum tragbares Verhältnis.

Diesem krassen Mißverhältnis, das bei den Dampflokomotiven zu jener Zeit nicht wesentlich besser war, standen aber die etwa um die Hälfte geringeren Anschaffungskosten eines Dampfwagens im Vergleich zu einer Dampflokomotive einschließlich der Wagen für das gleiche Platzangebot gegenüber. Der große Nachteil des Dampfwagens lag jedoch darin, daß bei Ausbesserungen und Unterhaltungsarbeiten die gesamte Einheit aus dem Verkehr gezogen werden mußte.

In Erkenntnis dieser Schwierigkeiten baute Adams ebenfalls noch im Jahre 1849 unter Mitwirkung von Samuel einen neuen »locomotive carriage« oder zu deutsch »Lokomotivwagen«, wie diese Fahrzeuge im damaligen Sprachgebrauch noch genannt wurden. Der mit dem Namen »Fairfield« gekennzeichnete Triebwagen (Abb. 9) bestand aus einer einachsigen, für sich allein nicht einsatzfähigen Maschineneinheit und einem damit lösbar verbundenen zweiachsigen Personenwagen.

Die Maschinengruppe enthielt einen stehenden Röhrenkessel und die wieder innerhalb der äußeren Rahmenwangen liegend angeordneten Zylinder, deren Kolben aber nicht direkt auf eine Treibachse, sondern zunächst auf eine Blindwelle arbeiteten, von wo die weitere Kraftübertragung auf die ganz nach vorn verlegte Treibachse über Treibstangen erfolgte. Die Bauweise ermöglichte eine sehr gedrungene Ausführung der Antriebsmaschine. Allerdings zeigte sich im Laufe des Betriebes, daß zu jener Zeit der stehende Röhrenkessel unwirtschaftlicher und mit einem schlechteren thermischen Wirkungsgrad arbeitete als der herkömmliche Lokomotivkessel.

Die Bogenläufigkeit des »Fairfield« wurde dadurch erreicht, daß die Räder einmal lose auf den Achsen liefen, die ihrerseits sich unabhängig wieder in besonderen Lagern bewegen konnten. Zum anderen besaß die mittlere Achse, die gleichzeitig Vorderachse des Wagens war, eine Seitenverschiebbarkeit von 152,4 mm. Bei einer Länge von 11,89 m betrug das Dienstgewicht dieses neuen Dampfwagens nur noch 9 t.

Bei Versuchsfahrten wurden einige für die damaligen Verhältnisse recht interessante Ergebnisse er-

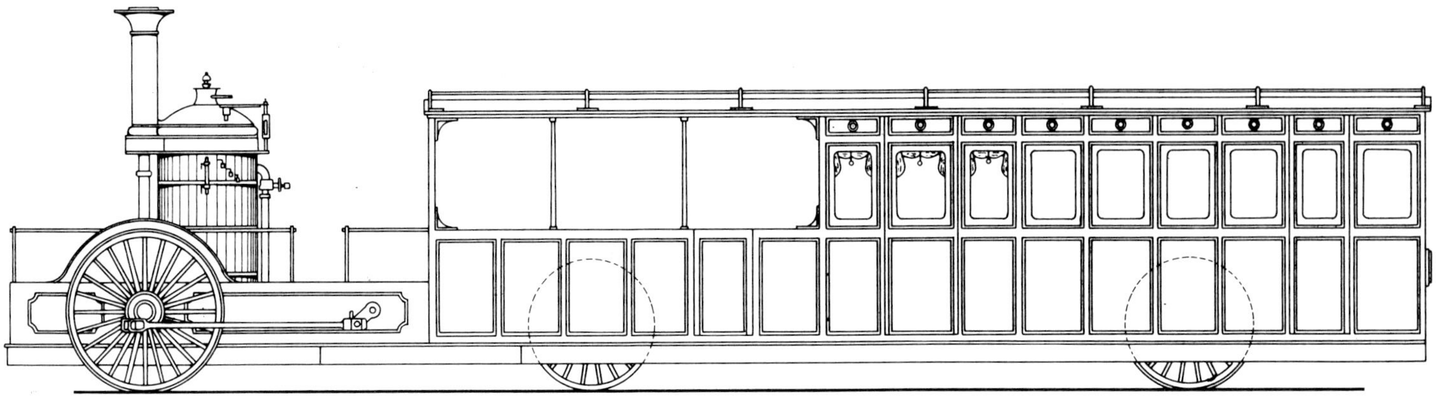

Abb. 9 „Fairfield“-Locomotive Carriage, im Jahre 1849 nach Vorschlägen von Adams gebaut.

reicht, so wurden unter anderem auf einer 5,6 km langen Strecke mit 10 ‰ Steigung noch eine Geschwindigkeit von 38,6 km/h gemessen, auf ebener Strecke betrug die durchschnittliche Fahrgeschwindigkeit 51,5 km/h. Dem »Fairfield« sagte man ein gutes Anfahr- und Beschleunigungsvermögen nach, ebenso trug eine verbesserte Bremseinrichtung wesentlich zur Betriebssicherheit bei.

Die fortschreitende Entwicklung der Dampf- bzw. Lokomotivwagen verlagerte sich zusehends auf Fahrzeuge für höhere Geschwindigkeiten bis etwa 96 km/h. Derartige Dampfwagen wurden vereinzelt in Anlehnung an den Fairfield-Wagen projektiert und auch gebaut. Die Erfahrungen zeigten aber bald, daß mit diesen Versuchsobjekten weit über das eigentliche Ziel des Dampftriebwagens hinaus-

Abb. 10 Robert F. Fairlies Engine-Carriage nach einem Entwurf aus dem Jahre 1868.

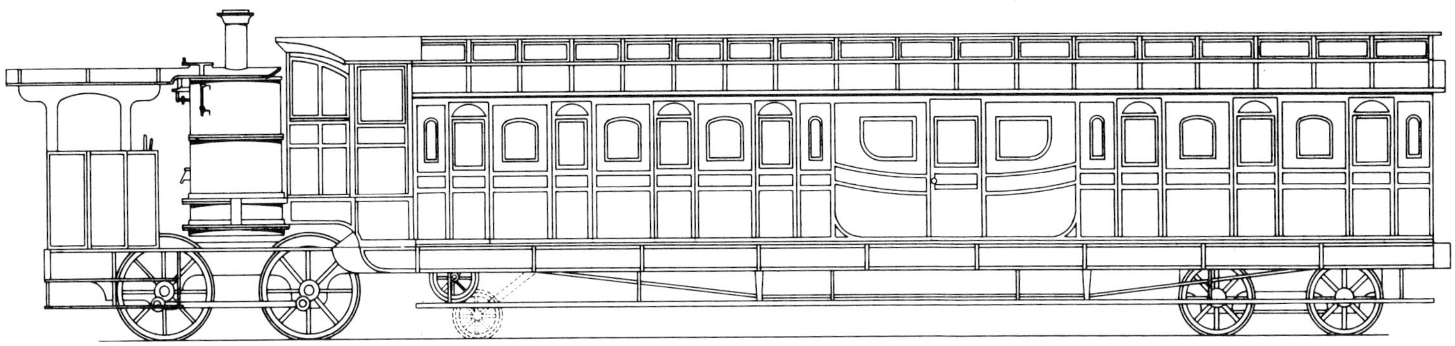

Abb. 11 Erster Drehgestell-Dampfwagen von Fairlie und Samuel, Baujahr 1869.

geschossen worden war. Man wandte sich daher doch schon in kurzer Zeit wieder dem angestammten Aufgabenbereich dieser Fahrzeuggruppe zu.
Im Jahre 1868, also zwanzig Jahre nach Einführung der Dampfwagen von Samuel und Adams, schien eine neue Konzeption im Dampfwagenbau Eingang zu finden. Samuel hatte sich dem seinerzeit durch seine neuartige Gelenklokomotive bekannt gewordenen Robert Francis Fairlie angeschlossen und mit diesem gemeinsam die weitere Entwicklung von Dampfwagen vereinbart. Diesem Entschluß vorausgegangen war eine Eigenentwicklung Fairlies und zwar eines sogenannten »engine-carriage« aus dem Jahre 1868 (Abb. 10). Das Fahrzeug entsprach im Triebwerksaufbau und in der Ausführung des Dampferzeugers einer normalen Fairlie-Lokomotive mit zwei C-gekuppelten Triebdrehgestellen. Die Maschine selbst war so umbaut und verkleidet, daß äußerlich der Eindruck eines Personenwagens entstand. Der eigentliche Fahrgastraum war doppelstöckig ausgeführt und lag hinter dem Führerstand über dem rückwärtigen Triebdrehgestell. Der untere Passagierraum besaß Längssitze, der obere Quersitze. Insgesamt standen in beiden Räumen 75 Sitzplätze zur Verfügung.
Mit der dargestellten Ausführung dieses Fahrzeuges verfolgte man den Zweck, eine möglichst große Zugkraft auch auf stärkeren Steigungen zu erhalten, den Oberbau infolge der mehrfachen Lastverteilung auf sechs Achsen geringer zu belasten sowie die Kurvenläufigkeit beim Durchfahren enger Gleisbögen zu begünstigen.
Es ist leider nicht eindeutig geklärt, ob dieser Triebwagen überhaupt je zum Einsatz gekommen ist. Die in der wenigen Fachliteratur enthaltenen Angaben zu diesem Objekt widersprechen sich so sehr, daß eine absolute Klärung nicht möglich ist.
Wie bereits angedeutet, sollte durch eine Gemeinschaftsarbeit von Samuel und Fairlie eine Wende im Dampfwagenbau eintreten, wobei erwähnt werden muß, daß die Grundidee zu dieser Arbeit auf einem Patent Samuels basierte.
Im Jahre 1869 wurde ein vierachsiger Dampfwagen (Abb. 11) der Öffentlichkeit vorgestellt, bei dem das Vorderende des Wagenkastens sich auf dem gleichzeitig den Drehzapfen bildenden Sockel des mitten auf dem Triebgestell stehenden Röhrenkessels abstützte, der seinerseits von einer großen, an der Stirnseite des Wagenkastens befestigten Schelle umfaßt wurde. Berichten zufolge hat es zwei verschiedene Ausführungsformen dieses Dampfwagens gegeben.
Beide Bauarten besaßen zwei Drehgestelle mit je zwei Achsen. Das als Triebgestell ausgebildete vordere Drehgestell trug den Kessel und die Dampfmaschinengruppe sowie die Wasser- und Kohlenvorräte. Zur Bedienung der Maschine genügte nur ein Mann, der Schaffner hatte seinen Sitz in der Nähe

Abb. 12 Der „Dampfomnibus" von Brunner, 1876 in der Schweiz gebaut.

des Maschinisten und bediente die Handbremse, die bei diesem Fahrzeug auf sämtliche Räder wirkte. Unabhängig davon konnte aber auch der Maschinist die Bremseinrichtung bedienen.
Bei den erwähnten beiden Ausführungen des Fairlie-Samuel-Dampfwagens handelte es sich um eine Normalbauart mit 100 Sitzplätzen sowie drei Klassen und um eine kleinere Bauart mit nur 66 Sitzplätzen sowie 1. und 2. Klasse-Abteilen. Der kleine Wagen besaß an den Außenseiten je einen sich über die ganze Kastenlänge erstreckenden Gang mit Geländer, um dem Schaffner auch während der Fahrt die sichere Betretung aller Abteile zu ermöglichen. Der größere Wagen war für diesen Zweck mit einem durchgehenden Mittelgang versehen. Mit einem Dienstgewicht von etwa 19 t ergab sich für den großen Triebwagen ein etwas günstigeres Verhältnis von 2,3:1 gegenüber der Nutzlast als bei der kleineren Ausführung. Die Zylinder hatten einen Kolbendurchmesser von 203,2 mm und einen Hub von 304,8 mm, die Treib- und Kuppelraddurchmesser betrugen 1219,2 mm. Bei einem Dampfdruck von 7 bar konnten die Wagen eine Leistung von 125 kWi bei einer Geschwindigkeit von 64,4 km/h entwickeln. Nachteilig wirkte sich bei diesen wie auch bei den früheren Wagen der einseitige Führerstand aus, der jeweils ein Wenden des Fahrzeuges in den Endbahnhöfen erforderlich machte.
Man sagte den Fairlie-Samuel-Dampfwagen erhöhten Komfort für die Reisenden und eine größere Betriebssicherheit gegenüber den älteren Bauarten nach, Argumente, die letztlich zum Bau einer ganzen Reihe ähnlicher Dampfwagen der geschilderten Ausführung führten.

Der Dampfomnibus von Brunner

Die Einführung des vierachsigen Drehgestell-Dampfwagens war in den folgenden Jahren und Jahrzehnten von entscheidender Bedeutung für den Bau besonders leistungsfähiger Fahrzeuge und deren Einsatz bei vielen Bahngesellschaften in Europa und zum Teil auch in Übersee. Selbstverständlich zeigte die weitere Entwicklung verschiedene Ausführungsformen dieser Bauart wie beispielsweise den schon im vorangegangenen Kapitel erwähnten Dampfwagen von Fairlie und Samuel.
Auch in der Schweiz kannte man bereits lange vor der Jahrhundertwende das Problem der meist sehr gering ausgelasteten Lokomotivzüge und des sich daraus ergebenden unwirtschaftlichen Betriebes vornehmlich auf den Nebenstrecken. Aus dieser Erkenntnis heraus führte schon 1872 der damalige Oberingenieur Blotnitzki der Bödelibahn doppelstöckige Personenwagen ein, um das Totgewicht und damit das Platzgewicht so klein wie möglich zu halten. Weitere Bahngesellschaften in der Schweiz folgten diesem Beispiel. In letzter Konsequenz erschien im September 1876 ein doppelstöckiger, dampfbetriebener Wagen (Abb. 12), der von den Gebrüdern Brunner, einem Ingenieurbüro in Winterthur entwickelt und von den beiden Firmen Schweizerische Industrie-Gesellschaft, Neuhausen (Wagenteil) und Schweizerische Lokomotiv- und

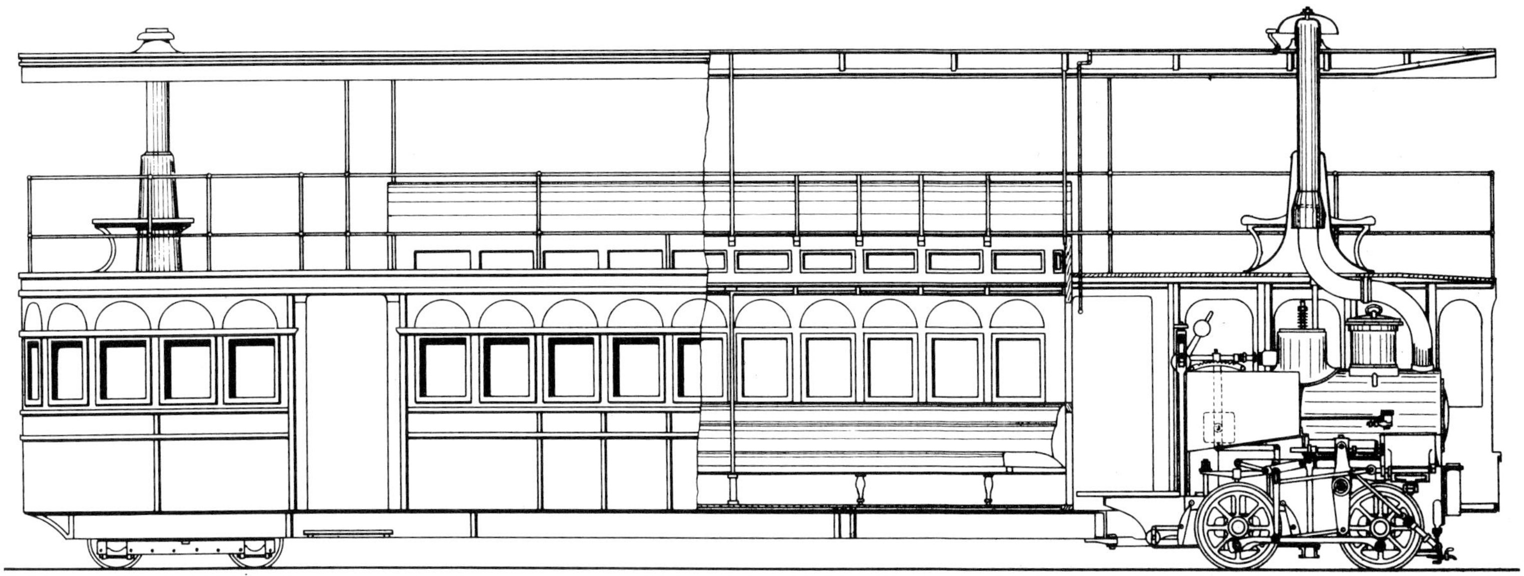

Abb. 13 Querschnitt durch den Brunnerschen „Dampfomnibus".

Maschinenfabrik, Winterthur (Maschinenteil) gebaut worden ist.
Dieses ursprünglich als Dampfomnibus bezeichnete Fahrzeug wurde in späteren Jahren allgemein als der erste echte Dampftriebwagen in der deutschsprachigen Fachliteratur genannt.
Der Brunnersche Dampfomnibus (Abb. 13) besaß einen mit offenen Decksitzen ausgerüsteten symmetrischen Wagenkasten, dessen vorderes Endabteil als Maschinenraum, das hintere als achtsitziges Raucherabteil ausgebildet waren. Der mittlere Fahrgastraum war ein Nichtraucherabteil mit 24 Sitzplätzen. Vom rückwärtigen Einstieg aus führte eine zum Teil in das Raucherabteil eingebaute Wendeltreppe zum oberen Stockwerk des Wagens. Diese zwar überdachte, seitlich jedoch offene Plattform besaß zwei Längsbänke mit 32 Plätzen. Das Gesamtplatzangebot des Fahrzeuges betrug 64 Sitze.
Das vordere Drehgestell war in der Art einer Kleinlokomotive ausgeführt. Der Dampferzeuger entsprach dem normalen Lokomotivkessel mit 12 bar Dampfspannung, einer Gesamtheizfläche von 13,6 m^2, davon 1,6 m^2 der Feuerbüchse. Die außenliegenden Zylinder besaßen 158,75 mm Kolbendurchmesser und 304,8 mm Hub. Der Treib- und Kuppelraddurchmesser betrug 708,03 mm. Mit Rücksicht darauf, daß die Gleise zum Teil auch über Straßen führten, waren die Zylinder hoch über den Rädern der vorderen Kuppelachse angeordnet, um sie vor Beschädigungen zu schützen. Die Kraftübertragung erfolgte über einen zweiarmigen, senkrechtstehenden Hebel und eine Treibstange auf die zweite Achse des Triebdrehgestells. Die Maschinenleistung wurde für den Normalbetrieb mit 18,4 kWi angegeben, die Höchstleistung von 29,4 kWi wurde bei einer Geschwindigkeit von 15 km/h erzielt. Das Leergewicht des Maschinengestells betrug 6 t, das Eigengewicht des Wagens 5,5 t, somit ergab sich ein Gesamtgewicht von 11,5 t. Im Vergleich mit rund 4,5 t Nutzlast war das Verhältnis der Totlast zur Nutzlast 2,56:1. Der Wagenkasten, dessen rückwärtiger Teil auf einem zweiachsigen Drehgestell ruhte, war mit dem vorderen Ende über ein Kugelgelenk mit dem Triebdrehgestell beweglich verbunden. Die Lokomotive konnte leicht vom Wagenkasten getrennt und als selbstständiges Triebfahrzeug eingesetzt werden.
Ein großer Vorteil des Brunnerschen Dampfomni-

Abb. 14 Modell des „Grantham Steam Tramcar", dessen Original 1872 in England gebaut worden war.

Abb. 15 Rowan-Dampftriebwagen im Einsatz auf der Pariser Trambahn.

busses lag in der Tatsache, daß er in den Zielbahnhöfen nicht gedreht werden mußte. Nach erfolgreichen Vorversuchen, die das Laufverhalten des Triebwagens betrafen, wurde er vom 20. Dezember 1876 ab im regulären Betrieb auf der schmalspurigen 14,18 km langen Strecke zwischen Lausanne und Echallens eingesetzt. Die Geschwindigkeit betrug in der Regel nur 15 km/h, in der Ebene wurden auch 30 km/h erreicht.
Obwohl der Triebwagen sich gut bewährte und eine Einsparung von 60 % an Betriebskosten erzielt worden sein soll, konnte sich die Lausanne-Echallens-Bahn nicht zur Übernahme des Dampfomnibusses entschließen. Der Wagen wurde zuerst einmal wieder aus dem Betrieb gezogen und abgestellt. Erst zwei Jahre später konnte er nach Frankreich verkauft werden, wo er noch viele Jahre bei der Chemin de fer du Nord de Lyon auf der Strecke Marlieux–Châtillon im Einsatz war.

Die Triebwagen von Grantham, Rowan und Weißenborn

Eine sehr erfolgreiche Dampftriebwagenbauart, die sich bis weit über die Jahrhundertwende hinaus erhalten hatte, war die Bauart Rowan. Der Anstoß zum Bau der Rowan'schen Dampftriebwagen gab der englische Ingenieur Grantham, der erstmals im Jahre 1873 einen Dampftriebwagen auf einer Trambahn versuchsweise laufen ließ.
Der im Jahre 1871 patentierte »Dampftramwagen« besaß auf jeder Wagenseite einen stehenden Dampferzeuger. Die Maschine war unter dem Wagenboden angeordnet und mit einem besonderen luftgekühlten Röhrensystem ausgerüstet, in dem der Abdampf nierdergeschlagen wurde. Da die Bedienungseinrichtungen doppelt, d. h. auf jeder der beiden Stirnplattformen, vorhanden waren, ergab sich der Vorteil, den Wagen ohne Wenden bei Fahrtrichtungsänderung nur von einem Mann bedienen zu lassen.

Nach den geschilderten Konstruktionsprinzipien wurde im Jahre 1872 ein Versuchstriebwagen gebaut. Das Fahrzeug machte äußerlich den Eindruck eines typischen Trambahnwagens jener Zeit. Allerdings fällt auch hier das zusätzliche Oberdeck auf, das damals schon ein modernes und zweckmäßiges Attribut vieler Trambahnwagenkonstruktionen war. Die Bemessung der Dampferzeugeranlage sah einen Kesseldruck von 6,5 bar und eine Rostfläche von nur 0,11 m^2 vor. Das Leergewicht des Wagens betrug 6,5 t.
Nach anfänglichen Testfahrten, die als reine Funktionsprüfung zu bewerten sind, wurde der Triebwagen im Jahre 1873 auf der Trambahnlinie zwischen Victoria Station und Vauxhall in Betrieb genommen. Es zeigte sich aber, daß die Erwartungen infolge ungenügender Dampfentwicklung und Schwierigkeiten mit der Feuerung nicht erfüllt werden konnten. Weitere Versuche folgten anschließend auf der Trambahn in Wantage, wo der Wagen noch bis zum Jahre 1881 in Dienst stand.
Eine interessante Besonderheit des Dampftriebwagens von Grantham lag in einer Einrichtung, die es ermöglichte, sowohl auf gleisloser Straße, als auch auf Schienen zu fahren. Es waren zwei festverlagerte Trag- und Antriebsachsen vorhanden, deren Räder keine Spurkränze besaßen. Sollte der Wagen auf Schienen laufen, so wurde ein zweites, an Hebeln aufgehängtes Paar Achsen mit kleinen Spurkranzrädern herabgelassen, welche die Führung im Gleis übernahmen. Diese Vorrichtung erlaubte unter anderem bei Überstellfahrten ohne Gleisverbindungen, den Wagen mit eigener Kraft über die Strecke zwischen den einzelnen Linien zu führen.
Betrachtet man die heutigen modernen Fahrzeuge für zwei verschiedene Transportebenen, so kann man sich des Eindrucks nicht erwehren, daß die früheren Erfinder so manche Grundlage geschaffen haben, womit sie zwar ihrer Zeit damals weit voraus waren, den späteren Generationen aber viele Möglichkeiten geistiger Anleihen hinterlassen haben. Diese Bemerkungen mögen zunächst etwas negativ erscheinen, es ist aber in vielen technischen Bereichen eine Tatsache, daß manche frühere Erfindung

erst in Verbindung mit der heutigen modernen Technik wirtschaftlich genutzt werden kann.
Nach dieser kleinen Abschweifung wieder zurück zu unserem Dampftriebwagen von Grantham, dessen Prinzip erst in der Bauart Rowan ihre technisch befriedigende Ausführung fand. Ein Modell des »Grantham Steam Tramcar« (Abb. 14) befindet sich im Science Museum in London.
Rowan, ein englischer Zivilingenieur, zunächst in Kopenhagen, später in Paris tätig, erkannte die Vorzüge eines dampfgetriebenen Straßenbahnwagens. Angeregt durch die Ideen Granthams entwarf Rowan eine Reihe Dampftriebwagen, deren Charakteristik die für den Straßenbahnbetrieb und den Verkehr auf Nebenbahnen besonders geeignete leichte Bauart war. Welchen Erfolg Rowan mit seinen Konstruktionen in den Jahren vor Einführung des elektrischen Bahnbetriebes hatte, beweist der Erwerb einer Goldmedaille für Straßenbahnen anläßlich einer Ausstellung in Antwerpen im Jahre 1885.
Die Ausführung der meisten Dampftriebwagen der Bauart Rowan zeigten ein dreiachsiges Fahrzeug mit einem zweiachsigen Drehgestell, das die gesamte Maschinen- und Dampferzeugeranlage trug. Größere Wagen wurden auch vierachsig ausgeführt und zwar sowohl ein- als auch doppelstöckig. Die dreiachsigen Wagen besaßen mit Rücksicht auf ein gutes Fahrverhalten bewegliche Endachsen. Das zweiachsige Maschinendrehgestell konnte leicht vom Wagen getrennt und zwischen den Längsträgern nach vorn herausgezogen werden. Die Enden der Längsträger stützten sich über Gleitschuhe auf dem Maschinenrahmen ab. Zwischen den Gleitschuhen und den Längsträgern eingebaute Tragfedern dienten der Stoßdämpfung. Besonders geschätzt wurde das verhältnismäßig hohe Reibungsgewicht der Triebgestelle speziell im Hinblick auf den Straßenbahnbetrieb, wo oft recht schlechte Reibungsverhältnisse angetroffen wurden.
Eine interessante Bereicherung der Dampftriebwagen war die Mitführung eines Kondensators aus dünnen Kupferrohren mit 200 m² Kühlfläche für Luftkühlung. Das Kondensat diente, bevor es wieder in den Kessel zurückkehrte, noch als Heizmedium für die Wagenheizung.
Rowan verwendete für seine Triebwagen eine spezielle Kesselbauart, die einer modifizierten Ausführung der damals bekannten englischen Dampfer-

Abb. 16 Dampftriebwagen der Bauart Rowan um 1881 bei der Hoyaer Eisenbahn in Betrieb.

Abb. 17 Schwerer Rowan-Dampftriebwagen der australischen Victorian Railways, Baujahr 1883.

zeugertypen von Shand und Mason ähnelten. Der Kesselmantel und der untere Teil der Feuerbüchse waren zylindrisch ausgeführt. Der obere Teil der Feuerbüchse hatte einen viereckigen Grundriß und war mit übereinanderliegenden, schräg und rechtwinklig gegeneinander versetzt angeordneten Siederohren versehen, die in den unteren Reihen größere Durchmesser und weitere Rohrabstände aufwiesen. Der obere Teil des Kesselmantels war zum Zweck der Kesselreinigung abnehmbar. Die mit dieser Kesselbauart erzielte gute Dampfentwicklung war, bezogen auf 1 m^2 Heizfläche, doppelt so groß als bei einem normalen Lokomotivkessel. Einige wenige Ausführungen Rowan'scher Dampftriebwagen, vornehmlich für Zahnstangenbetrieb, zeigten eine eigenartige Dampferzeugeranlage, bei der im Drehgestell zwei Kessel nebeneinander angeordnet und durch ein Dampfrohr in Höhe des Wasserspiegels miteinander verbunden waren.

Nachdem der erste Rowan-Dampftriebwagen 1876 in Kopenhagen zum Einsatz gekommen war, fand diese neue Triebwagenbauart rasch in vielen Hauptstädten Europas Verwendung, so zum Beispiel in Budapest, Berlin, Stockholm und Moskau. In Paris lief der erste Rowan-Wagen anläßlich der Weltausstellung im Jahre 1889 auf der Linie Trocadéro-Ceinture – Place du Trocadéro. Im Oktober des Jahres 1890 wurde versuchsweise der Betrieb mit Dampftriebwagen auch auf der Linie Trocadéro – Pigalle aufgenommen, er mußte aber bereits im März des darauffolgenden Jahres wegen der Proteste der sich durch den Dampf und den Geruch belästigten Anwohner wieder eingestellt werden. Rowan-Triebwagen waren ferner im Einsatz auf den Strecken Auteuil – Boulogne, Louvre – Saint-Cloud und Louvre – Charenton – Crétail (Abb. 15). Im allgemeinen blieben die Dampftriebwagen etwa bis 1913 in Betrieb, ehe sie dann durch die elektrische Straßenbahn ersetzt wurden. In der Provinz fuhren Rowan-Dampftriebwagen noch auf den Trambahnstrecken Lyon – Neuville und Tours – Vouvray.

Außerhalb Frankreichs war diese Bauart vor allem auch auf der Société nationale des chemins de fer Vicinaux in Brüssel zu finden. In Deutschland eröffnete die 7 km lange Nebenbahn Hoya – Eystrup am 26. November 1881 den Personenverkehr mit zwei Dampftriebwagen des Systems Rowan (Abb. 16). Ebenso erwähnt werden müssen die Gribskow-

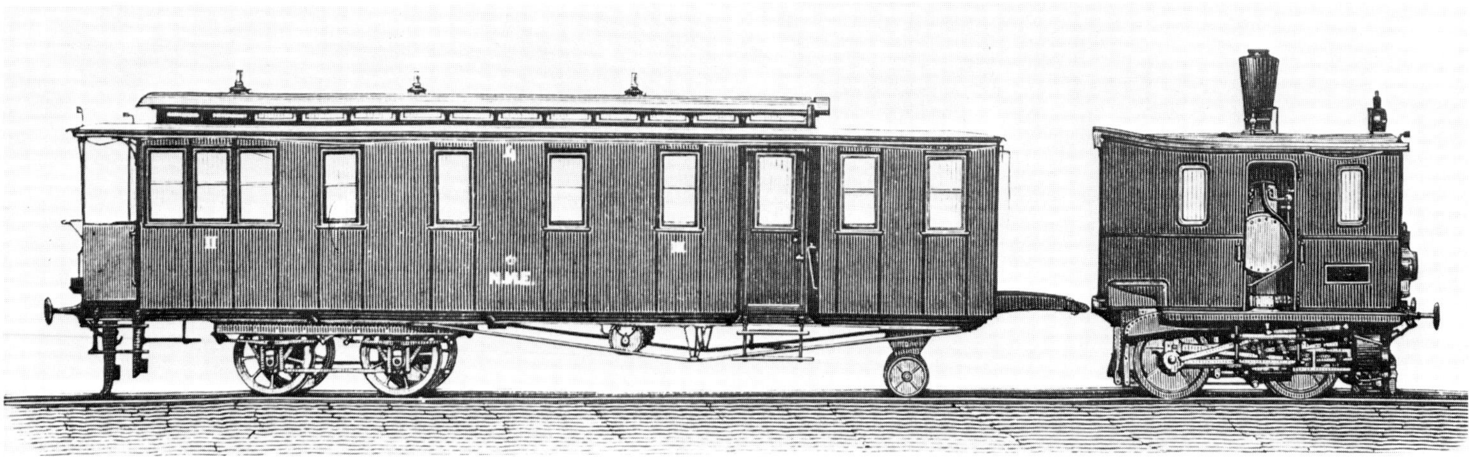

Abb. 18 Weißenborn-Dampftriebwagen Bauart Schwartzkopff, im Jahre 1879 von der Niederschlesisch-Märkischen Eisenbahn in Dienst gestellt. Das Bild zeigt den Wagen mit ausgebauter Triebeinheit.

Bahn auf Seeland in Dänemark und die Orléans-Bahn, bei denen eine Reihe Rowan-Dampftriebwagen liefen. Bereits 1896 gab es schon 19 verschiedene Ausführungsarten der Rowan-Bauart mit Maschinenleistungen von 11 bis 37 kWi und mit einer Platzkapazität für 45 bis 100 Fahrgäste.

Rowan hat zweifellos auf dem Gebiet des Dampftriebwagenbaus Hervorragendes geleistet. Bezeichnend hierfür waren die außergewöhnlich glücklichen Lösungen in der Konstruktion des Kessels und der Maschinenanordnung, die in dieser Konzeption auch von anderen Triebfahrzeugherstellern übernommen wurden.

Auch in den überseeischen Ländern fanden Dampftriebwagen der Bauart Rowan vereinzelt Eingang. Die Victorian Railways in Australien führten im Mai 1883 mit der Indienststellung eines dreiachsigen Dampftriebwagens des Systems Rowan (Abb. 17) offiziell den Triebwagenverkehr ein. Der Wagen war in vollständig verkleideter Kastenkonstruktion ausgeführt, in welcher der Maschinenraum miteinbezogen war. Die Raumaufteilung sah einen Fahrgastraum für 40 Personen vor, der durch einen beidseitigen Mitteleinstieg von dem vornliegenden Maschinenraum und dem Personalabteil getrennt war. Die Maschineneinheit, bestehend aus einem vertikalen Kessel Rowan'scher Bauart, außenliegenden Zylindern und dem zweiachsigen Drehgestell, waren in England von Kitson & Co. in Leeds gebaut worden. Den Wagenteil mit der rückwärtigen Lenkachse stellte die Firma W.R. Rowan in Kopenhagen bei. Die Victorian Railways führten diesen Dampftriebwagen als »Rowan Car No. 1« in ihrem Fahrzeugbestand.

Der Bauart Rowan sehr verwandt waren die Dampftriebwagen des Systems Weißenborn (Abb. 18). Die bekanntesten Exemplare dieses Typs wurden im Jahre 1879 als Nr.1 und Nr.2 (von Gruson) sowie Nr.3 und Nr.4 (von Schwartzkopff) von der Niederschlesisch-Märkischen Eisenbahn auf der Berliner Ringbahn in Dienst gestellt. Diese Fahrzeuge gehörten mit zu den frühen in Deutschland gebauten Dampftriebwagen.

Die Triebwagen besaßen zwei Drehgestelle, wobei das vordere Drehgestell der Wagen Nr.1 und Nr.2 in Art der Rowan-Wagen als Triebgestell ausgebildet war. Die Triebgestelle der Wagen Nr.3 und Nr.4 waren B-gekuppelte Kleinlokomotiven mit aufgesatteltem Wagenkasten. Die Triebwagen enthielten einen Gepäckraum, ein 2. Klasseabteil mit 13 Sitzplätzen und ein 3. Klasseabteil mit 30 Sitzplätzen. Der Zugang zu den beiden Fahrgasträumen erfolgte von einem zwischen ihnen liegenden Quergang aus. Die Maschinenleistung war mit nur 17,7 kWi außergewöhnlich klein bemessen worden. Ebenso erwie-

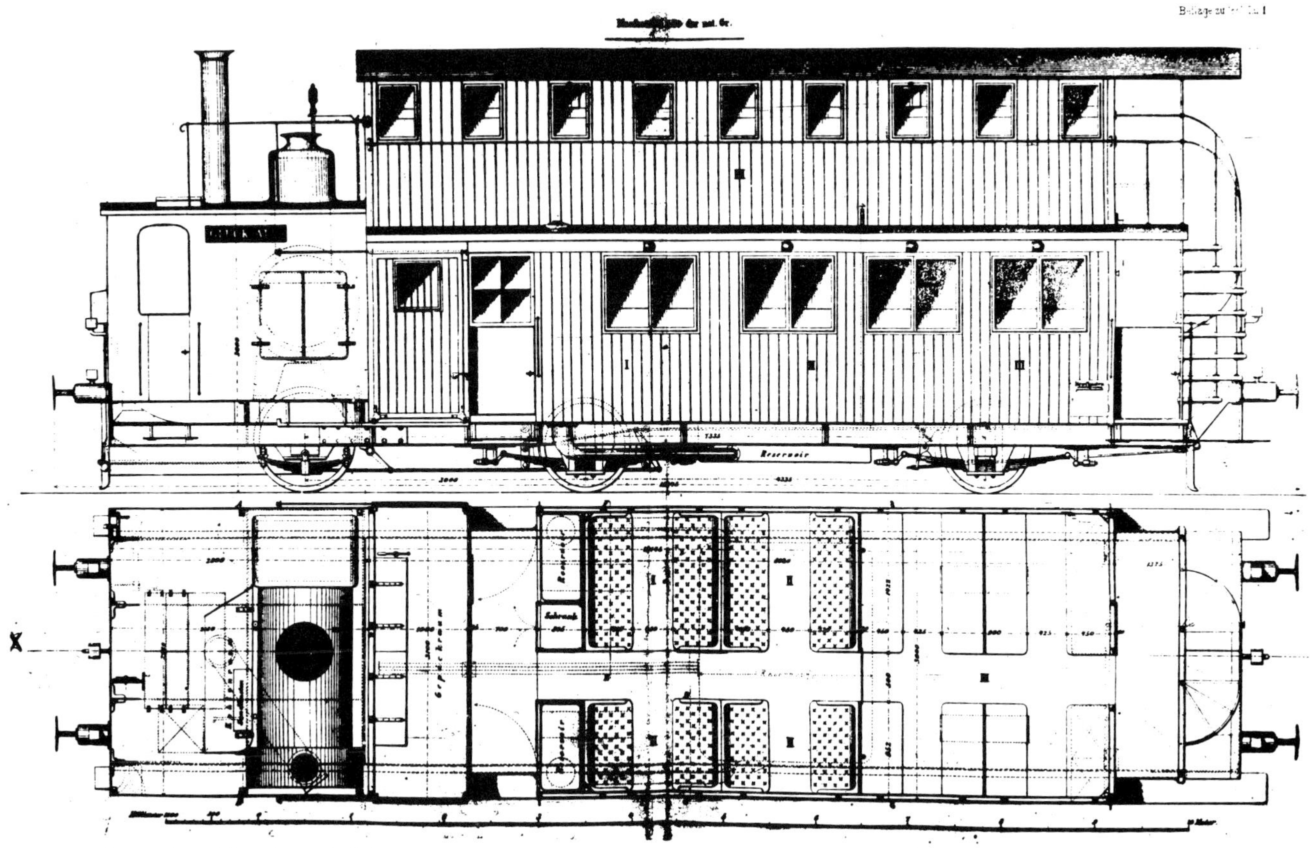

Abb. 19 Doppelstöckiger Dampftriebwagen der Bauart Thomas.

sen sich die Dampferzeuger mit 12 bar Kesselspannung und 9 m² Heizfläche bezüglich einer ausreichenden Dampfentwicklung als zu schwach. Ihre Leistungsfähigkeit reichte gerade noch für eine Anhängelast von 32 t, hierbei war aber eine mehr als wünschenswerte Mehrbeschickung des Rostes erforderlich, ein Zustand, der bei Einmannbedienung nicht gerade zur Betriebssicherheit beitrug. Das Leergewicht der Triebwagen lag bei 18,8 t, davon entfielen 10,8 t auf das Triebdrehgestell und etwa 8 t auf das nachlaufende Drehgestell. Das Dienstgewicht wurde mit 23,5 t für den besetzten Wagen angegeben.

Nach nur fünfjähriger Dienstzeit auf der Berliner Ringbahn wurde einer der Weißenborn-Dampftriebwagen im Jahre 1884 an die Eisenbahndirektion Erfurt abgegeben. Es erfolgte ein Umbau der Maschinenanlage, der vor allem einen größeren und leistungsfähigeren Kessel beinhaltete. Anschließend kam der Dampftriebwagen auf der Strecke Hoyerswerda–Falkenberg zum Einsatz, wo er unter anderem mit einem zusätzlichen Personenwagen verkehrte. Wie die Fahrzeuge von Rowan mußte auch der Weißenborn-Triebwagen vor jeder Rückfahrt im Zielbahnhof gedreht werden.

Dampftriebwagen der Bauart Thomas

In den Jahren 1880 und 1883 setzten die Hessische Ludwigsbahn und die Sächsische Staatsbahn auf verkehrsschwachen Nebenstrecken zweistöckige

Abb. 20 Personenwagen ohne Maschinenteil des Dampftriebwagens Bauart Thomas.

Dampftriebwagen der Bauart Thomas ein (Abb. 19). Auch hier lag der Einführung dieser Wagen der Gedanke zugrunde, das Leergewicht in ein besseres Verhältnis zur beförderten Personenzahl zu setzen.

Der Aufbau des Dampftriebwagens von Thomas zeigte sehr viel Ähnlichkeit mit der Ausführung von Samuel und Adams aus dem Jahre 1849 bezüglich der Verwendung eines zweiachsigen Wagens und einer angeflanschten einachsigen Maschineneinheit jedoch hier bereits mit geschlossenem Führerstand.

Der Personenwagen (Abb. 20) hatte im unteren Teil des Wagenkastens 20 Sitzplätze 1. und 2. Klasse und ebensoviele Sitzplätze in der 3. Klasse. Im Aufbau waren 40 Sitzplätze 3. Klasse in Form von zwei durchgehenden Längsbänken untergebracht. Das obere Stockwerk konnte über eine an der rückwärtigen Stirnseite des Wagens angeordnete Treppe erreicht werden.

An der vorderen Stirnwand des Personenwagens schloß sich die Maschinenanlage mit dem Führerstand an. Der Dampferzeuger, ein querliegender Lokomotivkessel gewöhnlicher Bauart, besaß eine Heizfläche von 34 m^2 und eine Rostfläche von 0,52 m^2. Der Dampfdruck lag bei 10 bar. Die Zweizylinder-Dampfmaschine mit 220 mm Kolbendurchmesser und 360 mm Hub lag zwischen den Innenrahmen unter dem Führerstand. Die Kraftübertragung erfolgte über Treibstangen direkt auf die unter dem Kessel liegende Treibachse.

Das Dienstgewicht des Triebwagens betrug 32 t, wovon etwa 13 t auf die Treibachse entfielen und rund 19 t auf beide Wagenachsen zusammen. Bei einer von der Maschine entwickelten indizierten Leistung von 73,6 kWi konnten mit zwei bis drei zusätzlich angekuppelten Personenwagen noch Durchschnittsgeschwindigkeiten von 30 bis 40 km/h auf einer 50 km langen Strecke mit Steigungen bis 14 ‰ erreicht werden. Die zulässige Höchstgeschwindigkeit für den Thomas-Dampftriebwagen lag in der Ebene bei 55 km/h, es wurden aber bei Probefahrten auch 60 km/h gefahren. Wie die meisten bisher beschriebenen Bauarten mußte auch dieser Wagentyp im Zielbahnhof gedreht werden, ehe er die Rückfahrt antreten konnte.

Neben den beiden schon genannten Bahngesellschaften war es noch die Oels-Gnesener Eisenbahn,

Abb. 21 Doppelstock-Dampftriebwagen von Krauss, gebaut im Jahre 1882.

die Dampftriebwagen der Bauart Thomas in ihrem Bestand führte. Im allgemeinen erfreuten sich die Thomas-Wagen keiner allzu großen Beliebtheit. Einerseits war es eine gewisse Abneigung des Publikums gegenüber dem Reisen im oberen Stockwerk des Wagens, andererseits beanstandete man von der Technik her die nicht genügende Maschinenleistung bei unterschiedlicher und stark wechselnder Verkehrsdichte und der damit verbundenen Erhöhung des Platzangebotes durch zusätzlich angehängte Personenwagen.

Der Dampftriebwagen von Krauss

Ein interessantes und zugleich recht kurioses Fahrzeug war der im Jahre 1882 von Krauss & Co. in München gebaute doppelstöckige Dampftriebwagen. Bei diesem Triebwagen (Abb. 21) kann man nicht von einer typischen Bauart sprechen, da der Wagen aus vorhandenen Konstruktionsteilen anderer Fahrzeuge zusammengebaut worden ist. Ein leichter, vierachsiger Doppelstockwagen der Bayrischen Staatsbahn und eine kleine zweiachsige Tenderlokomotive stellten die Grundkonstruktionselemente des Krauss'schen Dampftriebwagens dar.

Der Gesamtaufbau zeigte die übliche Konzeption der vierachsigen Dampftriebwagen. Das aus der vorhandenen Tenderlok hergerichtete Triebdrehgestell besaß außenliegende Zylinder und Stephenson'sche Steuerung. Bei 12 bar Kesseldruck und 31 m² wasserberührter Heizfläche entwickelte die Maschine eine indizierte Leistung von 73,6 kWi. Das Speisewasser für den Kessel wurde in Tanks, die zwischen den Rahmenwangen des Triebdrehgestells lagen, mitgeführt.

Eine wesentliche Neuerung bei diesem Dampftriebwagen war die Anordnung der Bedienungseinrichtungen sowohl auf dem Führerstand als auch auf der hinteren Plattform des Fahrzeuges, wodurch sich ein Wenden des Wagens bei Fahrt in der Gegenrichtung erübrigte. Die Abstützung des Wagenkastens auf dem Triebdrehgestell erfolgte über einen kugelförmigen Drehzapfen in der Mitte zwi-

schen beiden Kuppelachsen. Auf dem hinteren Drehgestell wurden die Auflagerkräfte von zwei seitlichen Drucklagern aufgenommen.
Der Wagenkasten war mit Ausnahme der Böden und der Kesselverkleidung in Blechbauweise gefertigt, wodurch vor allem eine größere Festigkeit und Steifigkeit der tragenden Rahmenkonstruktion erzielt werden konnte. Der untere Abteilraum besaß 15 Sitzplätze 2. Klasse, 15 Sitzplätze 3. Klasse und einen Gepäckraum. Im Aufbau waren 37 Sitzplätze 3. Klasse vorhanden, so daß ein Gesamtplatzangebot von 67 Sitzen zur Verfügung stand.
Das Leergewicht des Triebwagens betrug 21 t, das Dienstgewicht 23,3 t und das Gewicht des vollbesetzten Wagens ca. 28 t. Bei einem nutzbaren Reibungsgewicht von 16 t erzeugte die einzelne Kuppelachse eine Achslast von 8 t. Als maximale Fahrgeschwindigkeit auf ebener Strecke waren 50 km/h zugelassen.
Mit dem Dampftriebwagen der Lokomotivfabrik Krauss & Co. war die Entwicklung des echten Dampftriebwagens bis zur Jahrhundertwende nahezu abgeschlossen. Es gab noch eine Reihe weniger bekannter Bauarten, die vorwiegend für den Straßenbahnbetrieb entwickelt worden sind, so die Systeme Perrett, le Blant und Clark, um die wichtigsten zu nennen. Um 1900 kamen neue Bauarten und Systeme auf den Markt, die einmal neue Wege in der Ausführung geeigneter Dampferzeuger wiesen, zum anderen viele Jahre hindurch richtungweisend für so manche neuartige Dampftriebwagenkonstruktion wurden.

Die Entwicklung um die Jahrhundertwende

Die in den letzten Kapiteln beschriebenen Bauarten zeigten, daß im Dampftriebwagenbau sich bereits eine bestimmte Grundlinie in der Wagengestaltung und bezüglich der Maschinenaggregate abzeichnete. In rund 50 Jahren Entwicklung hatte der Dampftriebwagen eine Konstruktionsreife erreicht, die ihn als durchaus funktionsfähiges und wirtschaftliches Triebfahrzeug auszeichnete.

Die nach der Jahrhundertwende im Dampftriebwagenbau einsetzende Periode intensiver Überarbeitung und Neukonstruktion der Dampferzeuger- und Maschinenanlagen sowie einer neuen Fahrzeuggestaltung und -gliederung macht deutlich, welche technischen Möglichkeiten noch in den einzelnen Baugruppen lagen. Daß man speziell Anfang der dreißiger Jahre, also etwa schon gegen Ende der Entwicklung, die gesamte Fahrzeuggestaltung der Dampftriebwagen in Europa in immer engerer Anlehnung an die seinerzeit schon hochentwickelten Dieseltriebwagen durchführte, sollte einen nicht in Erstaunen versetzen, zumal gerade in Amerika die Entwicklung in der genannten Richtung bereits viel früher als in Europa einsetzte.

Charakteristisches Merkmal der Entwicklungsfolge im Dampftriebwagenbau ab 1900 war in erster Linie die Einführung besonderer Hochleistungskessel mit für diesen Fahrzeugtyp günstigen Einbaumaßen. Nennenswerte Kesselsysteme wie die von Serpollet, de Dion-Bouton, Stoltz, Komarek, Purrey, Kittel und andere waren Meilensteine auf dem langen Weg der Dampftriebwagenentwicklung.

Die größte Verbreitung haben die Dampftriebwagen bis 1900 und in den nachfolgenden Jahren bis etwa 1908 in England gefunden. Namentlich die Great Western Railway und die Taff Vale Railway setzten in großer Stückzahl vierachsige Dampftriebwagen sowohl auf den Neben- als auch auf den Hauptstrekken ein. Auf dem europäischen Festland galt die Belgische Staatsbahn als besonders triebwagenfreudig. Amtlichen Berichten zufolge zählte ihr Bestand im Jahre 1899 noch 54 Dampftriebwagen unterschiedlichster Bauarten. Ihr folgte die Orléans-Bahn, die von allen französischen Eisenbahngesellschaften die meisten Dampftriebwagen in Verwendung hatte. Vorwiegend zweiachsige Triebwagen für Normalspur sowie drei- und vierachsige für Schmalspur liefen in Ungarn unter anderem bei der Ungarischen Staatsbahn und bei den Arader Csanáder Vereinigten Eisenbahnen. Die Italienische Staatsbahn besaß bereits einige größere vierachsige Dampftriebwagen für den Personenverkehr, als sie im Jahre 1907 eine beträchtliche Zahl dreiachsiger Dampftriebwagen für die Post- und Gepäckbeförderung in Dienst stellte. Bei der Württembergischen Staatsbahn standen ebenso wie bei der Bayrischen Staatsbahn Dampftriebwagen verschiedener Bauarten im Einsatz. Die Sächsische Staatsbahn hatte einige Versuche mit Dampftriebwagen durchge-

führt, konnte sich aber nicht zu einem regulären Einsatz dieser Fahrzeuge in größeren Stückzahlen entschließen. Recht gestreut war die Zahl der Dampftriebwagen bei den deutschen Kleinbahnen. Anders dagegen war das Verhältnis bei den ausländischen Privat- und Nebenbahnen wie beispielsweise bei den Niederösterreichischen Landesbahnen, die eine größere Zahl verschiedener Dampftriebwagentypen kurz nach der Jahrhundertwende beschafften.
Die übrigen europäischen Eisenbahnverwaltungen beschränkten sich zunächst einmal auf oft recht bescheidene Versuchseinsätze mit Probefahrzeugen. Die Ursache lag unverkennbar auch im Aufkommen der inzwischen betriebsreif durchkonstruierten Verbrennungstriebwagen, die je nach Art des vorhandenen Brennstoffes mit Benzin, Benzol oder wie in Amerika mit Gasolin betrieben wurden. Ein weiterer großer Konkurrent jener Tage war der Speichertriebwagen, der namentlich bei der Preußischen Staatsbahn ab 1908 in zunehmendem Maße zum Einsatz kam.

Abb. 22 Führerstand mit Dampferzeuger des kkStB-Dampftriebwagen 2.001 Bauart Serpollet, 1902 von Ringhoffer gebaut.

Die Bauart Serpollet

Die Dampftriebwagen der Bauart Serpollet gehörten als erste zu einer neuen Epoche in der Entwicklungsgeschichte dieses Triebwagentyps, bei dem in besonderer Weise der Ausbildung des Dampferzeugers und der Antriebsmaschine Rechnung getragen wurde. Das System Serpollet ist erstmals im Jahre 1883 an einem dreiräderigen Lastwagen erprobt worden. Im Jahre 1893 folgte ein Versuch mit einem Dampftrambahnwagen in Paris, dem nach zufriedenstellenden Betriebsergebnissen eine größere Zahl ähnlicher Wagen für den Stadtverkehr folgten. Leider sollte sich aber später herausstellen, daß die Leistungsfähigkeit des Kessels für den strapaziösen Eisenbahnbetrieb in den überwiegenden Fällen zu gering war.
Abgesehen von diesem Mangel ist die geschichtliche Bedeutung der Serpollet-Dampftriebwagen unbestreitbar. Der neuartige Kessel dieser Triebwagenbauart bestand aus paarweise, mittels Krümmern zu jeweils einem Element zusammengefaßten Rohrgruppen, die zu dreien in einer Reihe nebeneinander und in mehreren Reihen übereinander angeordnet waren. Dieser nur für einen geringen Wasserinhalt geschaffene Dampferzeuger erhielt die für jeden Hub der Zylinder erforderliche zu verdampfende Wassermenge durch eine selbsttätig arbeitende Speisepumpe zugeführt. Infolge der sehr geringen Rohrquerschnitte enthielten die zum Teil während des Betriebes bis zur Rotglut erhitzten Kesselrohre nur wenig Wasser, dagegen aber zum überwiegenden Teil Dampf, ein Dampf- und Wasser-

raum wie beim Lokomotivkessel war also nicht vorhanden. Die Regelung des Speisewasserzuflusses erfolgte einmal durch die schon erwähnte von der Hauptmaschine angetriebene Speisepumpe und zum anderen durch ein Regelventil, welches das von der Speisepumpe geförderte Wasser teilweise oder ganz zum Wassertank zurückleitete. Bei Stillstand und Inbetriebnahme diente eine Handpumpe zur Speisung des Kessels.
Bemerkenswert war ferner die Ausbildung des Antriebsaggregates als gewöhnliche Lokomotiv-Dampfmaschine mit innenliegenden Zylindern und Heusinger-Steuerung.
Als erste Länderbahn Deutschlands beschaffte die Württembergische Staatsbahn im Jahre 1898 ihren ersten Serpollet-Dampftriebwagen direkt aus Frankreich. Es folgten ihm noch weitere sechs Wagen, deren Kessel von Serpollet geliefert wurden, während die Maschinenfabrik Esslingen die Fahrzeuge baute. Die im Jahr 1906 noch im Betrieb gewesenen Serpollet-Triebwagen verkehrten auf den Strecken Friedrichshafen – Ravensburg, Metzingen – Rottenburg und Ulm – Biberach bzw. Schelklingen.
Im Jahre 1902 stellte die kkStB ebenfalls einen Serpollet-Dampftriebwagen (Abb. 22) der Achsfolge A1 unter der Betriebs-Nr. 2.001 in Dienst, dessen Kessel- und Maschinenanlage die Maschinenfabrik Esslingen und dessen Fahrgestell und Wagenkasten Ringhoffer in Prag bauten. Das rund 26 t schwere Fahrzeug besaß 38 Sitzplätze, davon 8 Stück in der 2. Klasse und 30 Stück in der 3. Klasse. Um ein Drehen des Wagens zu vermeiden, waren sämtliche Bedienungseinrichtungen nicht nur auf dem Führerstand, sondern auch auf der gegenüberliegenden Stirnseite vorhanden.
Die mehrfach erforderlichen Reparaturarbeiten am Kessel infolge durchgebrannter Rohrelemente, die hierdurch erhöhten Unterhaltungskosten und die ungenügende Dampfentwicklung führten zu einem wenig befriedigenden Betriebsergebnis. Die kkStB gab den Serpollet-Triebwagen später an die ČSD ab, die ihn wegen mangelhafter Betriebstüchtigkeit im Jahre 1926 in einen zweiachsigen Personenwagen umbaute.

Ähnlich schlechte Erfahrungen veranlaßten auch die PLM im Jahre 1907 ihre beiden Serpollet-Dampftriebwagen aus dem Verkehr zu ziehen. Die Württembergische Staatsbahn hatte sechs ihrer sieben Serpollet-Wagen im Jahre 1908 mit Kittel-Kessel ausrüsten lassen, da auch bei diesen Fahrzeugen die Leistungsfähigkeit des Dampferzeugers gerade auf den steigungsreichen Strecken der erhöhten Dampfentnahme nicht gewachsen war. Schließlich nahm aus den genannten Gründen auch die Sächsische Staatsbahn ihren einzigen Serpollet-Dampftriebwagen aus dem Betrieb.
Abschließend kann gesagt werden, daß zwar die Betriebsergebnisse bei den Serpollet-Bauarten der Trambahn-Dampftriebwagen durchaus zufriedenstellend waren, aber die Einsatzbedingungen der Trambahn ohne Berücksichtigung der größeren Eigengewichte, der häufig wechselnden Kesselbelastungen und anderer Verhältnisse sich nicht ohne weiteres auf den Eisenbahnbetrieb übertragen ließen.

Die Bauart de Dion-Bouton (Ganz)

Ähnlich wie bei den Serpollet-Dampftriebwagen erfuhr die Kesselbauart de Dion-Bouton ihre erfolgreiche Erprobung nicht auf der Schiene, sondern auf der Straße. Die französische Firma de Dion et Bouton war eine bekannte Kraftwagenfabrik, die ihre Straßenfahrzeuge mit einem speziell entwickelten, leistungsfähigen Wasserrohrkessel und kleinen schnellaufenden Dampfmaschinen ausrüstete.
Die Waggonfabrik Ganz & Co. in Budapest erwarb von de Dion et Bouton die Nachbaurechte für den Kessel als Antrieb von Eisenbahnfahrzeugen. Später schloß sich noch die Hannoversche Waggonfabrik dem Lizenzabkommen an. Insgesamt dürften von der Bauart de Dion-Bouton mehr als 80 verschiedene Ausführungen von Triebwagen mit Maschinenleistungen von 25,7, 36,8 und 58,8 kWi gebaut worden sein. Anteilmäßig lag in den

Abb. 23 Führerstand mit Kessel der Bauart de Dion-Bouton eines im Jahre 1906 von Ganz an die Russische Staatsbahn gelieferten vierachsigen Dampftriebwagens.

Lieferungen die Firma Ganz vor der Hannoverschen Waggonfabrik. Der Grund lag besonders darin, daß Ganz in erster Linie die heimischen Lokal- und Staatsbahnen belieferte, die ein großes Interesse an Dampftriebwagen zeigten. Die Hannoversche Waggonfabrik dagegen verzeichnete einen wesentlich geringeren Auftragseingang. Aber auch ihre Kunden waren hauptsächlich die heimischen Lokalbahngesellschaften und die Preußische Staatsbahn. Exportgeschäfte wurden, soweit bekannt, mit Ausnahme einer Lieferung nach Spanien, keine getätigt.
Das Besondere der de Dion-Bouton Dampftriebwagen war auch hier wie bei den meisten späteren Bauarten der Dampferzeuger, von seiner Leistungsfähigkeit und Betriebssicherheit hing der Erfolg auch dieser Dampftriebwagenbauart ab.
Der konstruktive Aufbau des de Dion-Bouton-Kessels (Abb. 23) zeigte zwei zentrisch ineinandergeschobene zylindrische Ringkörper, die durch eine große Zahl geneigt angeordneter Rohrstutzen miteinander verbunden und auf Distanz gehalten wurden. Den Abschluß der hohlwandigen Innen- und Außenringkörper bildeten runde Dichtflansche. Der durch den Innenring gebildete große Hohlraum diente als Füllschacht für das Brennmaterial, das für diese Kesselbauart vornehmlich aus Koks bestand. Ein vorhandener Kipprost gestattete eine rasche und gute Entleerung sowie Reinigung des Feuerraumes. Klappen im Aschkasten ermöglichten die Regelung der Luftzufuhr und die Entfernung der Asche. Die Dampfspannung betrug zwischen 18 und 20 bar. Die Kesselspeisung besorgten zwei Dampfkolbenpumpen, von denen eine entsprechend dem durchschnittlichen Dampfverbrauch dauernd im Betrieb war, während die andere in Bereitschaft stand und bei Bedarf hinzugeschaltet wurde. Der Wasservorrat im Tank konnte sowohl durch einen Fülltrichter vom Dach aus mit dem Wasserkran, als auch von einer im Führerhaus angeordneten 100 l-Strahlpumpe aufgefüllt werden.
Eine interessante Konstruktion stellten die 58,8 kW-Zweizylinder-Maschinen dar, die für Verbundwirkung ausgelegt, zum Anfahren aber auch als Zwillingsmaschinen arbeiten konnten. Die Drehmomentenübertragung erfolgte über ein Schalttriebwerk auf die Treibachse. Die Änderung des Übersetzungsverhältnisses konnte nur im Stillstand durchgeführt werden. Für die Umsteuerung und die Änderung der Füllung diente bei den 25,7 kW-Triebwagen die sogenannte Lifu-Steuerung, bei der die Schaltbewegungen über verstellbare Zahnräder übertragen wurden. Die Wagen mit 36,8 und 58,8 kW Leistung besaßen Klug bzw. Marshall-Steuerung, wie sie bei Schiffsmaschinen üblich waren und die eine Veränderung des Füllungsgrades in weiteren Grenzen zuließen.
Die Wagen mußten zum Teil in den Endbahnhöfen gewendet werden, einige Bauarten besaßen aber

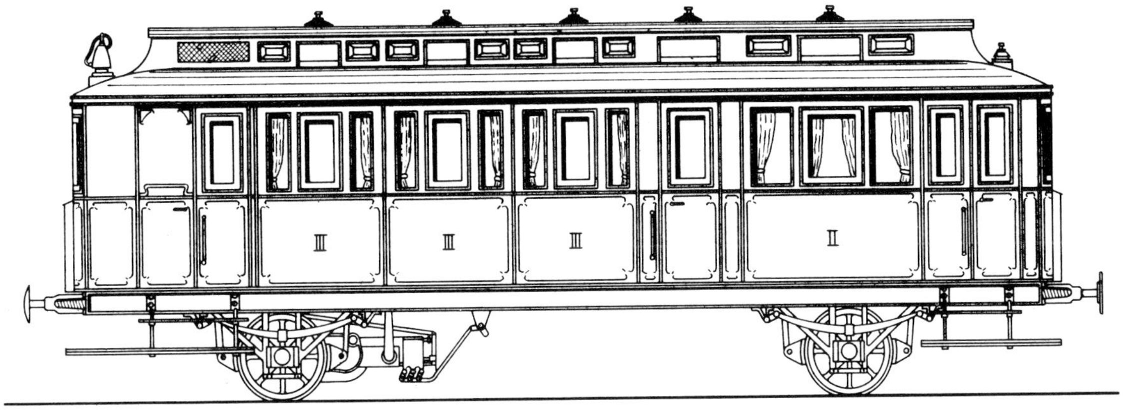

Abb. 24 Normalspuriger, zweiachsiger Ganz-Dampftriebwagen leichter Bauart.

auch auf der rückwärtigen Plattform schon die entsprechenden Bedienungseinrichtungen, die ein Drehen des Triebwagens überflüssig machten.

Die de Dion-Bouton-Dampftriebwagen wurden auf schmal- und normalspurigen Nebenbahnen als Hauptträger des Personenverkehrs bzw. in den verkehrsschwachen Zeiten auch auf Hauptstrecken betrieben und haben sich durchweg gut bewährt.

Die Abbildung 24 zeigt einen der vielfach auf normalspurigen Linien eingesetzten zweiachsigen Dampftriebwagen leichter Bauart mit 25,7 kWi Maschinenleistung und einem Dienstgewicht im unbesetzten Zustand von 12,8 t. Es waren 8 Sitzplätze 2. Klasse, 24 bis 30 Sitzplätze 3. Klasse und 6 Stehplätze vorhanden. Die Höchstgeschwindigkeit auf ebener Strecke betrug 55 km/h. Der mitgeführte Wasservorrat von rund 100 l reichte unter günstigen Voraussetzungen für 60 bis 70 km Fahrlänge, der Kohlenvorrat für 40 bis 50 km.

In Deutschland hatten die Preußische Staatsbahn und die kgl. Militär-Eisenbahn zunächst Versuche mit 25,7 kW-de Dion-Bouton-Dampftriebwagen gemacht, deren Leistung sich aber als zu gering erwies. Im Jahre 1906 stellte die KPEV im Bezirk der Eisenbahndirektion Hannover drei de Dion-Bouton-Triebwagen mit einer Leistung von 36,8 kWi in Dienst, die von der Hannoverschen Waggonfabrik geliefert worden waren. Die Wagen wurden auf der Strecke Soltau – Ülzen – Salzwedel mit ihren langen Steigungen von 5 ‰ eingesetzt. Die Platzaufteilung sah 8 Sitzplätze 2. Klasse auf der einen Seite des Querganges und 33 Sitzplätze 4. Klasse auf der anderen Seite vor. Das Dienstgewicht betrug pro Wagen 16,2 t.

Der überwiegende Teil aller de Dion-Bouton-Dampftriebwagen dürfte im osteuropäischen Raum und hier besonders im damaligen österreich-ungarischen Staatenbund gelaufen sein. Sie haben sich aber nirgends lange im Betrieb halten können und waren um 1914 im großen und ganzen wieder verschwunden. Andreas Sármezey, der Betriebsleiter der »Ersten Alfölder Landwirtschaftlichen Bahn« (760 mm Spurweite) in Ungarn, ließ 1901 bei Ganz in Budapest einen Dampftriebwagen bauen, in den nach seinen Angaben ein Kessel und ein Dampfmotor von 18,4 kW von de Dion-Bouton in Puteaux bei Paris eingebaut wurden. Der vierachsige Wagen wurde im November 1901 zunächst zur Probe in Dienst gestellt. Nach Abstellung verschiedener anfänglich noch vorhandener Mängel entsprach der Triebwagen soweit den an ihn gestellten Anforderungen, daß weitere Wagen für die Alfölder Bahn und auch normalspurige Exemplare bei der Vereinigten Arader und Csanáder Eisenbahn in Ungarn in Betrieb genommen wurden.

Tortz ihrer guten Bewährung im Vorort-, Nah- und

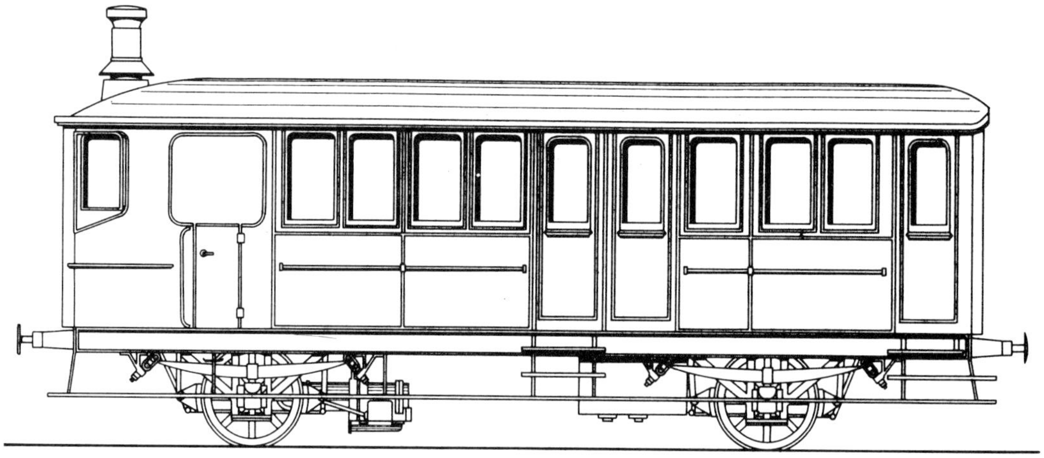

Abb. 25 Zweiachsiger Dampftriebwagen der Bauart Stoltz für Regelspur.

Nebenbahnverkehr wurden aber auf die Dauer die hohen Unterhaltungskosten besonders im Hinblick auf die Wartung der Kessel beanstandet. Auch lag der Brennstoffverbrauch im Vergleich zur abgegebenen Leistung etwas zu hoch.

Die Bauart Stoltz

Im Triumvirat der aus Straßenfahrzeugen hervorgegangenen Dampftriebwagen fehlt nach den beiden schon erwähnten Systemen von Serpollet und de Dion-Bouton noch die Bauart Stoltz.
Die von Stoltz in Berlin entwickelten Fahrzeuge unterscheiden sich vornehmlich durch die Konstruktion des Kessels von den französischen Systemen. Die Dampfmotoren hatten im Aufbau eine gewisse Ähnlichkeit mit denen der Bauart de Dion-Bouton.
Die Besonderheit des Stoltz-Dampferzeugers lag einmal in der Ausführung der Verdampferelemente und zum anderen in der Ausrüstung des Kessels mit einem Überhitzer. Der Kessel besaß nicht, wie üblich, Rohre, sondern sogenannte Rohrplatten, deren senkrechtstehenden zylindrischen Hohlräume durch Querbohrungen untereinander verbunden waren. Die Rohrplatten waren im Kessel zu einer großflächigen Verdampfereinheit hintereinander angeordnet. Zwischen jeweils zwei Rohrplatten lagen die schlangenförmig gewundenen Überhitzerrohre, welche den auf 400° C erhitzten Dampf über den Dampfsammelkasten zu der Überhitzerkammer leiteten. Von der Überhitzerkammer gelangte der Dampf über den Dampfverteiler zu den Zylindern. Das Speisewasser wurde durch einen im Rauchabzug liegenden Vorwärmer geschleust und der am unteren Ende der Rohrplatten installierten Wasserkammer zugeführt, von wo es gleichmäßig verteilt in die Rohrplattenzugänge eintrat.
Der für Koksbeschickung eingerichtete Kessel besaß einen Teilkipprost. Die Belüftung erfolgte, sofern der Bläser nicht ausreichte, zusätzlich über ein von der Dampfmaschine angetriebenes Gebläse.
Die Zweizylinder-Dampfmaschine war ähnlich wie die de Dion-Bouton-Maschine als komplettes Aggregat mit staubdicht abgekapseltem und in Öl laufendem Getriebe direkt auf der Treibachse verlagert. Auch hier konnte die Verbundmaschine beim

Abb. 26 (1A)1-Stoltz-Dampftriebwagen, 1905 für die Preußische Staatsbahn gebaut.

Anfahren über ein Ventil auf Zwillingswirkung geschaltet werden. Als Steuerung diente eine durch Verschiebung der Nockenwelle beeinflußte Ventilsteuerung. Das freie Ende des Maschinenaggregates war federnd aufgehängt, so daß es der Einstellung der als Lenkachse ausgebildeten Treibachse des zweiachsigen Wagens gut folgen konnte.

Die Abbildung 25 zeigt einen kleinen zweiachsigen Dampftriebwagen der Bauart Stoltz mit einer Maschinenleistung von etwa 36,8 kWi. Die Gesamtplatzzahl für die 2. und 3. Klasse betrug 34 Sitzplätze. Als maximal zulässige Geschwindigkeit wurden 60 km/h angegeben.

Die Preußische Staatsbahn beschaffte für die Nebenbahnstrecken der Eisenbahndirektion Breslau zwei Stoltz-Dampftriebwagen (Abb. 26) in dreiachsiger Ausführung, die in Gemeinschaftsarbeit von den Firmen Hannoversche Maschinenbaugesellschaft und Breslauer Aktiengesellschaft für Eisenbahnwagenbau gefertigt worden waren.

Die beiden Triebwagen hatten ein Platzangebot für 72 Reisende, davon 32 Plätze in der 3. Klasse sowie 16 Sitz- und 24 Stehplätze in der 4. Klasse. Am rückwärtigen Ende der 16,49 m langen Wagen lag der Gepäckraum, der bei Rückwärtsfahrt gleichzeitig als Führerstand diente. Das in Wagenmitte gelegene separate 1,85 m lange 3. Klasseabteil war etwas großzügiger in der Raumaufteilung behandelt worden, um es später bei Bedarf in ein 2. Klasseabteil umwandeln zu können. Die 3. Klasseabteile besaßen Lattenbänke, das 4. Klasseabteil die üblichen einfachen Sitzbretter. Das Dienstgewicht eines jeden Wagens betrug ca. 39 t, die zulässige Höchstgeschwindigkeit 50 km/h.

Der Kessel stand mitten im Maschinenraum an der vorderen Wagenseite. Die Brennstoffvorräte waren auf der linken Seite neben dem Kessel, die beiden Speisepumpen auf der rechten Seite untergebracht. Diese Anordnung gestattete auf beiden Seiten freie Sicht am Kessel vorbei vom Führerstand aus, der hinter dem Maschinenraum lag. Der Dampferzeuger zeigte eine etwas abweichende Konstruktion gegenüber der weiter vor beschriebenen Bauart. Zum Zweck einer erwünschten Beschleunigung des Wasserumlaufes waren die zwölf Rohrplatten geneigt angeordnet worden. Der Kesseldruck betrug 50 bar, die Rohrplattenheizfläche 18,3 m^2, die Überhitzerheizfläche 6,7 m^2 und die Rostfläche 0,7 m^2.

Bezüglich der Feuerung unterschieden sich die beiden Fahrzeuge. Der Kessel des einen Triebwagens

Abb. 27 Komarek-Dampftriebwagen DT1.101 der kkStB, im Jahre 1906 für Versuche auf der Wiener Stadtbahn gebaut.

war für normale Koksfeuerung, der des anderen für reine Ölfeuerung eingerichtet.
Die Dampfmaschine war in der üblichen Art direkt über eine geschlossene Kastenkonstruktion mit der hinteren Achse des vorlaufenden Drehgestells verbunden. Die Zylinderseite der Maschine stützte sich über Federn am Rahmen des Drehgestells ab.
An Vorräten konnten 600 kg Brennstoff und 1600 l Wasser mitgeführt werden, die etwa für 150 km Fahrlänge ausreichten. Sämtliche Räder der beiden Triebwagen wurden abgebremst. Ferner enthielten die Wagen Dampfheizung und Gasbeleuchtung.
Die Stoltz-Dampftriebwagen der Preußischen Staatsbahn waren für die Dauerleistung von 73,6 kWi bemessen. Ihre maximale Dauergeschwindigkeit sollte ohne Anhängelast 50 km/h betragen.
Gegen Ende des Jahres 1908 wurden die beiden Dampftriebwagen an die Eisenbahndirektion Frankfurt am Main abgegeben, die sie der Maschineninspektion Limburg an der Lahn unterstellte. Außer den genannten Triebwagen der KPEV kamen in Deutschland nur noch einmal zwei zweiachsige Stoltz-Dampftriebwagen bei der Kleinbahn Hoppegarten-Alt Landsberg bei Berlin zum Einsatz.
Noch bevor die Preußische Staatsbahn sich zur Einführung von Dampftriebwagen der Bauart Stoltz entschlossen hatte, ließ die Ungarische Staatsbahn im Jahre 1905 von der Ungarischen Waggon- und Maschinenfabrik (Györ) in Raab sieben Dampftriebwagen dieses Systems konstruieren und bauen. Die Wagen entwickelten eine Leistung von 58,8 kWi, hatten ein Leergewicht von 15 t, ein Dienstgewicht von 17,7 t und konnten eine dauernde Höchstgeschwindigkeit von 50 km/h einhalten.
Alle Wagen wurden auf der Strecke Budapest-Kecskemét-Lajosmizse eingesetzt. Insgesamt lieferte die Waggon- und Maschinenfabrik in Raab 26 Dampftriebwagen der Bauart Stoltz in der genannten Ausführung an die MÁV.
Ebenfalls in Ungarn waren weitere Stoltz-Triebwagen bei der Debrecziner Lokalbahn auf der Strecke Debreczin-Hajdusámson in Betrieb gewe-

Abb. 28 (1′B)2′-Komarek-Schmalspur-Dampftriebwagen der Niederösterreichischen Landesbahnen, Baujahr 1906.

sen. Es waren zweiachsige 29,4 kWi-Wagen mit 13,6 t Eigengewicht und einer zulässigen Höchstgeschwindigkeit von 60 km/h. Vor ihrem Einsatz auf der neueröffneten Strecke Debreczin-Hajdusámson verkehrten beide Fahrzeuge vorübergehend vom Juni 1905 bis zum August 1906 auf dem Straßenbahnnetz von Debreczin. Über die Betriebsergebnisse der genannten Dampftriebwagen bei den verschiedenen Bahnen liegen leider keine authentischen Unterlagen vor.

Die Bauart Komarek

Die Maschinenfabrik F.X. Komarek in Wien gehörte zu den jungen Unternehmen, die sich erst später in die Fertigung von Dampftriebwagen einschalteten. Im Jahre 1903 wurde der erste Triebwagen mit einem Kessel eigener Konstruktion fertiggestellt. In der Folgezeit wurden Dampftriebwagen in den unterschiedlichsten Variationen gebaut, als zwei-, drei-, vier- ja sogar als fünfachsige Fahrzeuge.

Die zweiachsigen Komarek-Wagen besaßen, ähnlich wie die entsprechenden Serpollet-Bauarten, eine stark unsymmetrische Anordnung der Achsen, um wegen des hohen Kesselgewichtes eine in etwa gleichmäßige Belastung beider Achsen zu erzielen.

Ein Beispiel einer zweiachsigen Ausführung ist der in der Abbildung 27 gezeigte Dampftriebwagen, den Komarek im Jahre 1906 im Auftrag der kkStB für Versuchszwecke auf der Wiener Stadtbahn baute. Es wurden seinerzeit mit verschiedenen Triebwagen- und Lokomotivbauarten Untersuchungen über den wirtschaftlichsten Einsatz derartiger Fahrzeuge durchgeführt. Bei den Dampftriebwagen Österreichs wird noch einmal näher auf dieses Thema eingegangen. Der Triebwagen entwickelte eine Leistung von etwa 73,6 kWi bei einer Geschwindigkeit von 45 km/h. Die maximale Geschwindigkeit betrug 60 km/h. Der Wagen hatte 35

Sitzplätze der 3. Klasse und wog im Betriebszustand 27,9 t von denen 14,4 t als Reibungsgewicht auf die Treibachse wirkten. Die als Lenkachse ausgebildete Laufachse wurde mit den restlichen 13,5 t belastet.
Obwohl der Komarek-Wagen die besten Versuchsergebnisse erbrachte, zeigte er sich den damals gleichfalls zum Vergleich herangezogenen Dampflokomotiven leichter Bauart unterlegen. Er wurde aber dennoch später als Reihe 1.101 von der kkStB übernommen und im Raum Villach eingesetzt.
Um den starken Überhang der Wagenenden infolge der unsymmetrischen Achsanordnung zu vermeiden, führte Komarek bei den kleineren Wagen die zusätzliche vordere Laufachse ein. Vier solcher dreiachsiger Dampftriebwagen mit rund 110 kWi Leistung lieferte Komarek in den Jahren 1905 und 1906 an die Niederösterreichischen Landesbahnen. Die Wagen hatten gegenüber den früheren zweiachsigen Ausführungen verbesserte und größere Dampferzeuger erhalten. Das Mehrgewicht dürfte hier wahrscheinlich neben dem obengenannten Grund maßgebend für eine Entlastung der Treibachse durch eine führende Lenkachse gewesen sein. Außerdem erreichte man ein sanfteres und stoßfreieres Einlaufen in die Kurven und nicht zuletzt einen ruhigeren Lauf bei hoher Fahrgeschwindigkeit.
Der Komarek-Kessel war ein in stehender Bauweise ausgeführter Dampferzeuger, dessen Feuerbüchse aus einem Wellrohrmantel bestand. In der oberen Hälfte des Feuerraumes führten die knieförmig abgebogenen Wasserrohre etwa in halber Höhe vom Wellrohrmantel strahlenförmig in die Abzugsglocke der Feuerbüchse, wodurch die Verbindung mit dem Wassermantel rings um den Wellrohrmantel wiederhergestellt wurde. Im Abzug war ein aus Rohrschlangen gebildeter Überhitzer eingebaut. Der Kesseldruck war auf 13 bar begrenzt.
Zum Teil wurden die Komarek-Kessel mit gemischter Feuerung betrieben und zwar in der Paarung Kohle-Petroleum. Das Petroleum wurde durch eine Düse oberhalb des Rostes versprüht. Die Dampfmaschine der Komarek Dampftriebwagen entsprach der normalen Lokomotiv-Verbundbauart mit außenliegenden Zylindern, die über Treibstangen direkt auf die Räder der Treibachse wirkten.
Neben den normalspurigen Fahrzeugen lieferte Komarek Dampftriebwagen für die verschiedensten Spurweiten von Schmalspurbahnen. Die Kerkerbach-Bahn in Hessen-Nassau setzte beispielsweise auf ihrem meterspurigen Streckennetz einen vierachsigen Komarek-Triebwagen mit 55 kWi Maschinenleistung ein. Die räumliche Ausbildung des Wagens sah insgesamt 33 Sitzplätze 1. und 2. Klasse vor, sowie einen Abort und einen Post- und Gepäckraum hinter dem Führerstand. Ein Mitteleinstieg und die rückwärtige Plattform gestatteten den Zugang zum Fahrgastraum.
Der Kessel war für eine wasserberührte Heizfläche von 20 m², eine Überhitzfläche von 3 m² und eine Rostfläche von 0,65 m² ausgelegt. Die Dampfspannung betrug 14 bar. Die in Verbundwirkung arbeitende Dampfmaschine trieb nur die vordere Achse des Triebgestells an. Das Dienstgewicht des Dampftriebwagens lag bei 22,7 t, das Leergewicht bei 20 t. Als größte Fahrgeschwindigkeit waren 40 km/h zugelassen.
Ein Wenden für die Rückwärtsfahrt war wie bei fast allen Komarek-Wagen, nicht erforderlich. Der Zugführer übernahm in diesem Fall die Führung des Wagens, wobei er sich mit dem auf dem Führerstand verbliebenen Maschinisten verständigen konnte.
Das schon bekannte Eisenbahnunternehmen – die Niederösterreichischen Landesbahnen – beschafften im Jahre 1906 für ihre 760 mm Schmalspurstrecken fünf Komarek-Triebwagen mit dreiachsigen Triebgestellen (Abb. 28), deren jeweils rückwärtige Achse direkt angetrieben wurde und deren mittlere Achse durch Kuppelstangen mit der Treibachse verbunden war. Die als Laufachse ausgebildete vordere Achse des Triebgestells besaß im Hinblick auf eine gute Führung des Drehgestells in den engen Gleisbögen mit 60 m Radien eine große Verschiebbarkeit von 35 mm nach beiden Seiten. Die Unterbringung des Kessels machte wegen des engen Lichtraumprofils für die Schmalspurbahn einige Schwierigkeiten, man mußte ihn daher etwas

Abb. 29 A1-Komarek-Dampftriebwagen der Lokalbahn Böhmisch-Leipa-Steinschönau (später Böhmische Nordbahn), im Jahre 1903 von Ringhoffer gebaut.

versenkt im Rahmen anordnen. Die Folge war, daß die Feuertür eine sehr niedrige Lage bekam, wodurch dem Heizer die Arbeit nicht gerade erleichtert wurde. Die Werte für den Kessel betrugen 29 m^2 für die wasserberührte Heizfläche, 2,64 m^2 für die Überhitzerfläche, 0,95 m^2 für die Rostfläche und 13 bar Kesseldruck.

Im Gegensatz zum ebenfalls schmalspurigen Kerkerbach-Triebwagen arbeiteten hier die Zylinder im Zwillingssystem. Sie entwickelten eine Durchschnittsleistung von 110 kWi und maximal 161,8 kWi. Die Zylinder hatten 240 mm Durchmesser und 350 mm Kolbenhub. An Vorräten konnten in den vor dem Führerstand angeordneten Behältern 2000 l Wasser und 7000 kg Kohle mitgeführt werden. Das Platzangebot betrug 44 Sitzplätze, das Dienstgewicht des Wagens etwa 27 t. Die maximale Geschwindigkeit war auf 35 km/h beschränkt.

Mit einsetzender Elektrifizierung der Mariazeller-Bahn – ihrer einstigen Stammlinie – verloren die Dampftriebwagen an Bedeutung. Sie wurden noch eine Zeit lang in untergeordneten Diensten eingesetzt und später zum größten Teil verkauft bzw. der Rest verschrottet.

Auch im benachbarten Böhmen, in der Nähe von Prag, liefen auf der normalspurigen Lokalbahnstrecke der späteren Böhmischen Nordbahn zwei Komarek-Dampftriebwagen mit 73,6 kWi Maschinenleistung (Abb. 29). Leider haben sie auf die Dauer nicht die in sie gesetzten Erwartungen vor allem bezüglich der Leistung erfüllt. Im Hinblick auf die ungünstigen Streckenverhältnisse und den zum Teil beträchtlichen Steigungen sah man bald den verfehlten Einsatz der beiden Wagen ein und zog sie aus dem Verkehr. Die kkStB kaufte später die Dampftriebwagen auf und nahm sie unter den Betriebsnummern 1.001 und 1.002 in ihren Fahrzeugbestand auf.

Abb. 30 Doppelstöckiger Dampftriebwagen der Bauart Purrey im Jahre 1900 auf der Pariser Trambahn.

Abb. 31 Purrey-Dampftriebwagen Reihe VAcf der ehemaligen PLM, Baujahr 1906.

Beide Wagen waren mit einer Zweizylinder-Verbundmaschine und Joy-Steuerung ausgerüstet. Sie kamen noch zur ČSD, wo sie erst 1941 bzw. 1947 aus dem Dienst gezogen wurden. Der ehemalige kkStB-1.002 und spätere ČSD-M 124.001 blieb der Nachwelt erhalten und steht heute im Prager Verkehrsmuseum.

Die Bauart Purrey

Die Firma Purrey in Bordeaux gehörte um die Jahrhundertwende zu den anerkannten Herstellern von dampfgetriebenen Straßen-Lastwagen und Dampftrambahnen (Abb. 30). Mit dem zunehmenden Einsatz von Dampftriebwagen bei der Eisenbahn machte sie ihren Einfluß auch auf diesen Verkehrssektor geltend, wobei aber der Absatz ihrer Erzeugnisse fast ausschließlich auf Frankreich beschränkt blieb.

Die ersten Dampftriebwagen mit Purrey-Kesseln kamen im Jahre 1903 in den Verkehr. Es waren zweiachsige Wagen mit 12 Sitzplätzen 1. und 34 Sitzplätzen 3. Klasse. Leer wogen diese Wagen 19,1 t. Die Lastverteilung erfolgte dabei mit 12,1 t auf die Treibachse und mit 7 t auf die Laufachse. Der Kessel gehörte zur Gattung der Wasserrohrkessel und hatte eine Rostfläche von 0,87 m². Die Charakteristik des Purrey-Dampferzeugers wird nachfolgend noch erläutert.

Interessant war bei den Purrey-Dampftriebwagen die Ausbildung der Dampfmaschine. Die Vierzylinder-Verbundmaschine arbeitete nach dem Tandemprinzip, d. h. Hoch- und Niederdruckzylinder lagen hintereinander, wobei die Kolben beider Zylinder über eine gemeinsame Kolbenstange miteinander verbunden waren. Die alten zweiachsigen Wagen hatten noch 140 und 200 mm Zylinderdurchmesser.

Später wurden die Zylinderabmessungen auf 160 und 220 mm Durchmesser vergrößert, der Kolbenhub erhielt 225 mm Länge.
Nennenswerte Stückzahlen an Purrey-Dampftriebwagen waren seinerzeit bei der Orléans-Bahn, bei der PLM (Abb. 31) und bei der FS im Einsatz. Später stellte auch die SNCF noch versuchsweise Purrey-Dampftriebwagen in Dienst.
Hervorzuheben sind die bei allen vier Gesellschaften in Betrieb gewesenen dreiachsigen Dampftriebwagen mit einer Leistung von 110 kWi. Sie waren mit einem Wasserrrohrkessel Bauart Purrey ausgerüstet, der bei einem Kesseldruck von 20 bar überhitzten Dampf von 475° C erzeugte. Die Kesselspeisung erfolgte in die untere Wasserkammer des Kessels. Zum Zweck einer besseren Wärmeverteilung bzw. Vorwärmung bestand die Verbindung zwischen unterer und oberer Wasserkammer aus U-förmig gebogenen Rohren. Schlangenförmig angeordnete Wasserrohre verbanden schließlich die obere Wasserkammer mit dem oberen Dampfsammler. Zwischen diesen Rohren lagen die im Querschnitt etwas kleineren Überhitzerrohre, die den Dampf aus dem oberen Teil des Dampfsammlers wieder hinunter in den unteren Dampfsammler führten. Von hier aus gelangte der überhitzte Dampf zu den Zylindern.
Bei späteren Neukonstruktionen wurden die Überhitzerrohre gekürzt, da sich die Überhitzung auf 475° C als zu hoch erwiesen hatte und die Folge eine zu starke Abnutzung der Überhitzerelemente war.
Als Brennstoff diente Koks, der über einen Fülltrichter selbsttätig auf den geneigten Schüttelrost geleitet wurde. Für die Kesselspeisung stand eine über einen im Dampfsammler angeordneten Schwimmer geregelte Speisepumpe zur Verfügung. Die zweite Speisepumpe besaß keine Regelung und wurde lediglich im Bedarfsfall zugeschaltet.
Die Maschine war eine Vierzylinder-Verbundma-

schine, bei der, wie bereits schon erwähnt, je ein Hoch- und ein Niederdruckzylinder nach dem Tandemsystem arbeiteten. Während bei den älteren zweiachsigen Wagen die Dampfverteilung auf jeder Maschinenseite durch einen Exzenter mit veränderlichem Voreilwinkel erfolgte, hatten die dreiachsigen Purrey-Wagen Stephenson'sche Kulissensteuerung. Das gesamte Maschinenaggregat war als geschlossene Einheit schräg nach oben liegend über der rückwärtigen Achse des Triebdrehgestells, die auch gleichzeitig die Treibachse bildete, eingebaut. Die Übertragung der Drehmomente von der Kurbelwelle auf die Treibachse übernahmen je eine beidseitig der Maschine laufende Gallsche Kette.

Die Purrey-Dampftriebwagen haben durchweg die in sie gesetzten Erwartungen erfüllt. Erwähnenswert ist die Tatsache, daß die Triebwagen auf der Orléans-Bahn mit hohen Fahrgeschwindigkeiten zwischen 70 und 80 km/h gefahren wurden, so daß bei Berücksichtigung aller Aufenthalte eine durchschnittliche Reisegeschwindigkeit von 50 km/h erreicht wurde.

Die Bauart Kittel

Als die wohl bedeutendste und technisch glücklichste Konstruktion um die Jahrhundertwende kann die Bauart Kittel gewertet werden, die sich als einzige Bauart nicht nur im Betrieb gut bewährt hatte, sondern auch die längste Dienstzeit aufweisen konnte. Es soll an dieser Stelle nur ein kurzer Hinweis auf diesen Typ gegeben werden, da noch später bei der Beschreibung der deutschen Dampftriebwagen eine eingehende Würdigung erfolgt.

Der von der Maschinenfabrik Esslingen entwickelte Kittel-Kessel wurde zunächst im Jahre 1904 als Ersatz für einen Serpollet-Dampferzeuger in einen vorhandenen Dampftriebwagen der Württembergischen Staatsbahn eingebaut. Im April 1905 wurden die beiden ersten Neubau-Triebwagen mit Kittel-Kessel in Dienst gestellt. Insgesamt wurden von der Maschinenfabrik Esslingen 36 Kittel-Kessel an in- und ausländische Eisenbahnen geliefert, von denen ein Teil noch nach dem II. Weltkrieg in Betrieb war. Auch eine Reihe der Ganz'schen (de Dion-Bouton)-Dampftriebwagen wurde noch nachträglich in Wagen mit Kittel-Kessel umgebaut.

Die Bauart Turgan

Eine besondere Konstruktion unter den Kleinkesseln war der Dampferzeuger der Bauart Turgan, der erstmals 1897 von der Compagnie du Nord zum Antrieb eines 73,6 kWi-Posttriebwagens probeweise eingesetzt worden war.

Dieser Wasserrohrkessel besaß einen zylindrischen Oberkessel und Dampfsammler von 700 mm Durchmesser und 1,6 m Länge mit an der Bodenseite verstärktem Mantel von 28 mm Dicke, in den Wasserrohre verschiedener Weiten eingewalzt waren. Die außenliegenden, größeren Rohre mit 60 mm Außendurchmesser berührten einander und bildeten so zwei geschlossene Seitenwände, während die kleineren 40 mm weiten Rohre in jeweils fünf Reihen berührungsfrei angeordnet waren. Die an der Feuertürwand sich teilenden Rauchgase durchströmten die beiden Rohrbündel unter Abgabe ihrer Wärmeenergie und wurden anschließend durch die Rauchkammer und den Schornstein ins Freie ausgestoßen. Durch die nach oben zum Sammler schräg zulaufenden Rohrbündel wurde über dem Rost der eigentliche Feuerraum mit dreieckigem lichtem Querschnitt gebildet. Jedes der Wasserrohre enthielt ein dünneres Rohr, dessen unteres Ende frei, das obere dagegen im Mantel des Sammlers eingewalzt war. Das in der Mitte am längsten kalt gebliebene Wasser trat daher in den Wasserrohren dort aus, wo die höchste Temperatur herrschte, so daß ein sehr lebhafter Gegenstrom-Umlauf erzielt wurde. Der gegen die Rauchkammer hin geneigte Rost

Abb. 32 Dampftriebwagen Bauart Cochran der Great North of Scotland Railway.

enthielt am Ende einen kippbaren Teil, der das Schüren und Entschlacken der Feuerung erleichterte.
Obwohl dem Turgan-Kessel grundsätzlich nichts Nachteiliges bezüglich seiner Betriebs- und Leistungsfähigkeit nachgesagt wurde, blieb seine Verwendung auf relativ wenige Dampftriebwagen wie beispielsweise in Frankreich und in Bayern beschränkt. In den überwiegenden Fällen wurden sie sogar nach nur kurzer Erprobung wieder ausgebaut und durch andere bewährte Dampferzeugersysteme ersetzt.

Die Bauart Cochran

Von den auf der britischen Insel Anfang dieses Jahrhunderts in Dienst gestellten Dampftriebwagen fielen zwei Fahrzeuge der Great North of Scotland Railway durch die Eigenart der Kesselkonstruktion besonders auf.
Die zweiteiligen mit Kleinlokomotive und auf dieser einseitig abgestütztem Wagenkasten ausgeführten Triebwagen (Abb. 32) besaßen sogenannte Cochran-Dampferzeuger, wie sie bis dahin nur für Hilfsmaschinen auf Schiffen verwendet worden waren. Die Feuerbüchse dieses Kesseltyps besaß eine halbkugelig gewölbte, in einem Stück gefertigte Decke ohne Stehbolzen und 294 quer zur Fahrzeugachse liegende Feuerrohre in zwei Bündeln, durch deren unteren Teil die Heizgase zunächst hin-

Abb. 33 Triebgestell mit Röhrenkessel des Dampftriebwagens Nr. 2233 der Midland Railway.

durchgeleitet wurden, ehe sie auf der Gegenseite die Richtung umkehrten und durch den oberen Teil strömten. Die Gesamthöhe des Kessels betrug 2,8 m, die Heizfläche 46 m^2, die Rostfläche 0,84 m^2 und die Dampfspannung 10,5 bar. Die Rostbeschickung erfolgte wie üblich vom Führerstand her. Soweit bekannt ist, erhielt außer den beiden schottischen Dampftriebwagen nur noch eine Ausführung für eine afrikanische Bahngesellschaft diese Kesselbauart.

Die Bauart Borsig

Die Firma Borsig beteiligte sich schon sehr früh am Bau von Dampftriebwagen der Bauart Rowan. Der Einfluß dieser Konstruktion wirkte sich daher auch noch in späteren Jahren bei Eigenentwicklungen von Kleinkesseln nachhaltig aus.

Die Dampferzeuger hatten geschweißte Feuerbüchsen mit zylindrischem Feuerraum. Der obere Feuerbüchsteil war quadratisch ausgebildet, wobei die Siederohre versetzt gegeneinander in mehreren Schichten schrägliegend angeordnet waren. Bei dieser Konstruktion durchströmten die Heizgase ohne Umlenkung von unten nach oben die Rohrbündel und entwichen anschließend durch den Kamin ins Freie. Der Feurbüchsmantel bestand aus zwei rohrähnlichen Hälften, deren obere zur Reinigung der Siederohre abgehoben werden konnte.

Diese Kesselbauart wurde erstmalig bei einer Lieferung von Dampftriebwagen für Portugal ausgeführt, bei denen sowohl der Kessel als auch die

Abb. 34 B-gekuppelte Kleinlokomotive für zweiteilige Dampftriebwagen mit aufgestütztem Wagenkasten.

Zwillingsmaschine gemeinsam auf dem zweiachsigen Triebdrehgestell montiert waren.

Verschiedene Ausführungen von Röhren- und Regelkesseln sowie Kleinlokomotiven

Senkrechtstehende Röhrenkessel fanden die größte Verbreitung bei den englischen Dampftriebwagen. Die Kessel waren ähnlich wie bei der Bauart Kittel und vergleichbaren Systemen im oberen Drittel erweitert, um bei möglichst geringem Gewicht und Raumbedarf eine große Verdampfungsoberfläche zu erhalten.

Ein Beispiel dieser Ausführungsform war der Röhrenkessel des Dampftriebwagens Nr. 2233 der Midland Railway (Abb. 33). Die Heizfläche dieser Kesselbauarten betrug je nach Größe 46,57 und 63 m², die Rostfläche 1,05, 1,07 und 1,2 m², die Dampfspannung 10,5, 11,3 bzw. 12,7 bar. Die Heizrohre standen senkrecht zwischen der Feuerbüchsdecke und der oberen Rohrwand, wobei der gesamte Kesselraum wie beim normalen Regelkessel bis etwa zur Hälfte des oberen, erweiterten Dampfraumes mit Wasser gefüllt war. In den Frischdampfstutzten war das Anlaßventil für den Wagenmotor eingesetzt, das durch eine Handkurbel oder durch einen dünnen Seilzug vom jeweiligen Führerstand aus betätigt werden konnte. Die Abdampfleitung wurde in die obere Rauchkammer des Kessels zurückgeführt und der Abdampf selbst hier noch einmal überhitzt, um ihn beim Austritt aus dem

Schornstein weniger sichtbar zu machen. Alle diese Röhrenkessel wurden bei den englischen Triebwagen gemeinsam mit den Zylindern auf dem Maschinengestell verlagert, wodurch sich die leidigen, beweglichen Dampfleitungen mit ihrem Dichtungsproblem erübrigten.

Eine etwas eigenartige, aber sehr zweckmäßige Abart des normalen, horizontal liegenden Röhrenkessels war der von der englischen Firma Kerr, Stuart & Co. für die Dampftriebwagen der Taff Vale Railway verwendete Doppelkessel, der aus einer in der Mitte angeordneten Feuerbüchse mit seitlicher Feuerung und kurzen, nach beiden Seiten ausbauenden Feuerrohrstutzen mit eigenen Rauchkammern bestand. Der Kessel lag mit seiner Achse quer zur Wagenmitte, so daß die beiden Rauchkammern von beiden Wagenseiten für die Reinigung der Rohre gut zugänglich waren. Rauchgase und Abdampf wurden gemeinsam durch den zwischen beiden Kesselhälften stehenden Schornstein abgeleitet.

Die generelle Unterscheidung zwischen Ausführungen mit Regelkesseln und Kleinlokomotiven lag lediglich in der Anordnung des Dampferzeugers. Regel- bzw. Lokomotivkessel wurden vielfach bei einteiligen Triebwagenbauarten verwendet, bei denen der auf einem Maschinendrehgestell fest montierte Kessel in den Wagenkasten miteinbezogen war, also ähnlich wie bei den mit senkrechtstehenden Röhrenkesseln ausgeführten Wagen.

Die andere Ausführungsform war der zweiteilige Dampftriebwagen, der aus einem Wagenkasten und einer normalen, meist B-gekuppelten Kleinlokomotive (Abb. 34) bestand und dessen mit einem hinteren Laufdrehgestell ausgerüsteter Wagen sich mit dem vorderen Ende auf dem Fahrgestell der Lokomotive abstützte. Diese Kleinlokomotiven entsprachen etwa den normalen Tenderlokomotiven, da sie ebenfalls die Vorräte auf der Maschine mitführten.

Die Verbreitung des Dampftriebwagens auf den verschiedenen Kontinenten

EUROPÄISCHE KONSTRUKTIONEN

Belgien

Die belgischen Dampftriebwagen waren, soweit es die Wagen der Staatsbahn betraf, geprägt vom Einfluß Belpaires. Seine charakteristischen Züge eigenwilliger Konstruktionsformen zeigten eine Anzahl Triebwagen verschiedener Bauarten besonders aus den Anfängen, die teilweise bis zu 30 Jahren bei der Belgischen Staatsbahn im Einsatz waren.

Auch in Belgien erkannte man schon sehr früh den unwirtschaftlichen Betrieb auf den Nebenbahnen, selbst mit Kurzzügen, da einmal die Zugzusammensetzung eine Lokomotive und mindestens zwei Personenwagen sowie einen Gepäckwagen beinhaltete, zum anderen ein Personalaufwand von einem Lokführer, einem Heizer, einem Schaffner und dem damals noch erforderlichen Bremser getrieben werden mußte. Doch neben diesem Problem hat sich auch schon bald in den Industriezentren Belgiens das Bedürfnis nach einem lebhafteren Lokalverkehr herausgebildet, der einer Verdichtung des Personenverkehrs auch auf den Hauptstrecken bedurfte. Die genannten Umstände veranlaßten Belpaire, eine konstruktive Lösung in der Art des dampfgetriebenen Personenwagens anzustreben, deren Ergebnis schließlich die schon äußerlich recht markanten Belpaire-Dampftriebwagen wurden.

Bereits 1877 kamen 15 dreiachsige Dampftriebwagen zum Einsatz, die in der Waggonfabrik von A. Cabany in Mechelen nach Belpaires Angaben gebaut worden waren. Die Kessel und Maschinen lieferten allerdings die Bousson-Werke.

Der erste Dampftriebwagen besaß noch eine senkrecht angeordnete Dampfmaschine und einen Dampferzeuger des Systems Field mit 1,1 m Außendurchmesser und 25 m² Heizfläche. Die Zylinder waren mit 160 mm Kolbendurchmesser und 250 mm Hub ausgeführt worden, die Leistung betrug 18,4 kWi. Die innere Breite des Wagenkastens maß 2,98 m, die Fahrzeuglänge über die Puffer 10,82 m und der Gesamtradstand 5,05 m. Leer wog der Triebwagen 12360 kg, besetzt und mit Vorräten ca. 16000 kg. Der Wagen wurde am 7. Januar 1877 probeweise in Dienst gestellt und kam nach einem Jahr in den regulären Einsatz auf der Strecke Blaton-Bernissart.

Der zweite in ähnlicher Weise ausgeführte Dampftriebwagen erhielt bereits eine liegende Dampfmaschine. Während der ersten sechs Monate des Jahres 1878 beliefen sich die Betriebskosten für diesen Wagen auf 2235,82 bfr bezogen auf 150 Arbeitstage und 10602 Laufkilometer. Der Gesamtbrennstoffverbrauch einschließlich aller Stillstände des Wagens betrug 23450 kg entsprechend 2,2 kg pro Kilometer. Im Vergleich dazu beliefen sich für

Abb. 35 B1-Belpaire Dampftriebwagen aus dem Jahre 1887 mit Normalkessel und querliegender Feuerung.

Abb. 36 B1-Belpaire Dampftriebwagen mit querliegendem Dampferzeuger und mittig liegender Feuerbüchse.

Abb. 37 Ältere Ausführung der B1-Belpaire Bauart, hier mit zusätzlichem Personenwagen.

Abb. 38 Dreiachsiger Dampftriebwagen des Systems Ballpaire mit querliegendem Kessel und längerem Fahrgastraum, Baujahr 1887.

Abb. 39 Vierachsiger Belpaire-Großraum-Dampftriebwagen des Jahres 1889.

einen normalen dampflokbespannten Kurzzug die Betriebskosten für dieselbe Zeit noch auf 4693,46 bfr. Damit war bei der Belgischen Staatsbahn auf Grund der größeren Wirtschaftlichkeit die Entscheidung endgültig zugunsten des Dampftriebwagens gefallen.

Es entwickelte sich in den folgenden Jahren eine gewisse Einheitlichkeit bezüglich des Aufbaus und des Aussehens der Belpaire-Dampftriebwagen. Die zunächst nur dreiachsig ausgeführten Triebwagen besaßen überwiegend waagrechte, seitlich zu beschickende Kessel für Torffeuerung, die wegen der Seitenbefeuerung etwas aus der Fahrzeugmitte versetzt angeordnet waren (Abb. 35). Aber es kamen auch einige Wagen mit querliegenden Kesseln (Abb. 36) zur Ausführung. Letztere besaßen durchgehende Außenrahmen. Die Zylinder waren in beiden Versionen innen zwischen den Rahmenwangen verlagert. Die Raumaufteilung war bei beiden Bauarten gleich. An der Stirnseite lag der Maschinenraum, gefolgt von einem kleinen Gepäckabteil und dem ebenfalls recht bescheiden wirkenden Fahrgastraum. Da diese Triebwagen überwiegend mit zusätzlich angehängten Personenwagen fuhren (Abb. 37), mieden die Reisenden möglichst das Triebwagenabteil, da einmal die Federung sehr hart und zum anderen die Verschmutzung zu groß waren. In diesen Fällen fuhr der Dampftriebwagen ungewollt als normale Lokomotive. Die genannten Triebwagen kamen durchweg in den Jahren 1883 bis 1887 in den Verkehr.

Eine weitere Spielart der Belpaire-Dampftriebwagen waren die ebenfalls dreiachsigen, aber längeren Wagen des Baujahres 1887. Diese Triebwagen (Abb. 38) besaßen querliegende Kessel und zwei Abteile der 1./2. und 3. Klasse mit zusammen 45 bis 50 Sitzplätzen.

Die dritte Gattung wurde im Jahre 1886 mit den Belpaire-Großraumwagen eingeführt. Die erste Ausführung zeigte einen Dampftriebwagen mit durchgehendem Hauptrahmen, in dem die vordere Lauf-

Abb. 40 Sentinel-Dampftriebwagen, im Jahre 1930 von der SNCB als Typ 500 in Dienst gestellt.

achse mit Seitenspiel und die nachfolgende Treibachse fest verlagert waren. Die beiden Achsen unter dem Wagenkasten waren dagegen als Lenkachsen ausgebildet. Neben dem normalen Lokomotivkessel waren wieder ein schmaler Gepäckraum sowie zwei 2. Klasseabteile mit zusammen 23 Plätzen und ein größeres 3. Klasseabteil mit 30 Plätzen vorgesehen. Einige Wagen besaßen auch noch ein 1. Klasseabteil mit 8 Sitzplätzen, wodurch das Platzangebot der 2. Klasse entsprechend reduziert werden mußte. Um diesen Triebwagen einen weiteren Aktionsradius zu geben, war ein zusätzlicher Wassertank unter dem Wagenboden angeordnet.

Die zweite Ausführung dieser Gattung (Abb. 39) wurde 1889 in Dienst gestellt. Bei ihr war man von der starren Rahmenbauweise abgegangen und hat eine Zweiteilung des Fahrzeuges vorgenommen. Es darf angenommen werden, daß die Wagen der 1. Ausführung infolge ihrer großen, nicht unterteilten Länge zum Spießgang und damit zu Entgleisungen in engen Gleisbögen neigten.

Die Fahrzeuge besaßen eine B-gekuppelte Kleinlokomotive mit Führerhaus und Gepäckraum, an welche der zweiachsige Personenwagen kurz angekuppelt war. Im Grunde genommen waren es gar keine echten Dampftriebwagen mehr, sondern Kurzzüge, bestehend aus Lokomotive und Wagen. Nur der Umstand, daß diese Einheiten ausschließlich im genannten Verbund betrieben wurden, läßt ihre bedingte Einreihung in die Kategorie der echten Dampftriebwagen zu. Sie führten zwei 2. Klasseabteile mit 23 Sitzplätzen und ein 3. Klasseabteil mit 30 Plätzen. Gegenüber der ersten Ausführung lagen die 2. Klasseabteile nun am Wagenende und das 3. Klasseabteil hinter dem Gepäckraum. Eine offene Endbühne und zwei zusätzliche Einstiege ermöglichten einen rascheren Fahrgastwechsel als bei den früheren Bauarten.

Mit Einführung der großen vierachsigen Dampftriebwagen war die Entwicklung der Belpaire-

Abb. 41 B′2′-Probetriebwagen Typ 501 im Jahre 1933 von Birmingham für die SNCB gebaut.

Dampftriebwagen abgeschlossen. Die meisten Triebwagen waren zu Beginn des I. Weltkrieges schon aus dem Verkehr gezogen, einige wenige überdauerten die Kriegsjahre und wurden erst in den zwanziger Jahren ausgemustert.

Die zweite Dampftriebwagen-Ära in Belgien begann im Jahre 1930. Der gute Ruf der englischen Sentinel-Triebwagen gab Anlaß, auf eine neue Eigenentwicklung zu verzichten und drei 73,6 kWi-Sentinel-Wagen (Abb. 40) nach belgischen Fahrzeugnormen in England in Auftrag zu geben. Am 1. November 1930 kamen sie offiziell als Typ 500 auf drei verschiedenen Strecken im Bezirk Lüttich zum Einsatz. Die mit je einem Trieb- und einem Laufdrehgestell ausgerüsteten Triebwagen hatten den bekannten Senintel-Schnellverdampfer und eine unter dem Wagenboden liegend angeordnete Dampfmaschine mit Vorschaltgetriebe, von dem die weitere Drehmomentenübertragung auf die Räder durch eine Gelenkwelle erfolgte. In dem geräumigen Wagenkasten konnten ein 2. Klasseabteil mit 16 Sitzplätzen und ein großes 3. Klasseabteil mit 46 Sitzplätzen untergebracht werden. Ferner enthielten diese Wagen erstmals auch ein WC. Am hinteren Ende war ein zweiter Führerstand für die Rückwärtsfahrt eingerichtet.

Im Jahre 1933 lieferte die Birmingham Railway Carriage & Wagon Co. einen Probetriebwagen (Abb. 41) mit 128,7 kWi Leistung an die SNCB für den Einsatz auf der Strecke von Herbesthal nach Spa. Die beiden Abteile enthielten 20 2. Klasse- und 62 3. Klassesitzplätze sowie ein gemeinsames WC. Der vornliegende Maschinenraum enthielt einen Yorkshire-Lokkessel mit Überhitzer, der speziell auf die Verbrennung belgischer Kohle abgestimmt worden war. Die Dreizylinder-Dampfmaschine wirkte über ein Getriebevorgelege auf eine Blindwelle, von wo die weitere Kraftübertragung auf die Kuppelräder durch Kuppelstangen eingeleitet wurde. Die gesamte Antriebseinheit mit Kessel und

Abb. 42 Sentinel-Dampftriebwagen Typ 502 von der SNCB 1936 als letztes Fahrzeug dieser Gattung in Dienst gestellt.

Dampfmaschine war auf dem zweiachsigen Triebgestell untergebracht, das auf einfache Weise vom Wagen getrennt und nach vorn herausgezogen werden konnte.
Verschiedene Versuchsfahrten wurden vorerst bei unterschiedlichen Streckenverhältnissen zwischen Lüttich-Visé, Esneux und Verviers sowie zwischen Brüssel und Ottignies absolviert, ehe der Triebwagen als Typ 501 auf der vorgesehenen Linie Herbesthal-Spa zum Einsatz kam.
Als letzte und modernste Dampftriebwagenbauart führte die SNCB 1936 den Typ 502 (Abb. 42), einen überarbeiteten, nach neuen Gesichtspunkten konstruierten Sentinel-Wagen ein. Besondere Merkmale zeigte vor allem der Wagenkasten, der entsprechend den Bedürfnissen des Vorortverkehrs mit breiten zurückgesetzten Türen und tief heruntergezogenen Trittstufen in Anlehnung an die niedrigen Bahnsteigkanten ausgeführt war. Der 15,5 m lange Wagenkasten ruhte auf je einem zweiachsigen Trieb- bzw. Laufdrehgestell und enthielt ein 3. Klasseabteil mit 101 Sitzplätzen und zwei 2. Klasseabteile mit insgesamt 30 Sitzplätzen. Die Grundkonzeption des Maschinenteils entsprach ungefähr dem der ersten Sentinel-Triebwagen der SNCB.
Am 1. Januar 1939 standen noch zwei Dampftriebwagen im Bezirk Lüttich und drei im Bezirk Visé im Einsatz. Mit Beginn des II. Weltkrieges dürfte auch der letzte SNCB-Dampftriebwagen vom Streckendienst verschwunden gewesen sein.

Deutschland (Länderbahnen, DR, Privat-, Klein- und Nebenbahnen)

Die in den achtziger Jahren bei den verschiedenen deutschen Länderbahnen in Dienst gestellten Dampftriebwagen waren zwar betriebstüchtig, stell-

Abb. 43 Untergestell des Kittel-Dampftriebwagens mit Kessel und Maschinenanlage.

ten aber im wesentlichen noch keinen absoluten Fortschritt für den Verkehr und den Betriebsdienst dar und wurden deshalb auch nicht mehr nachgebaut.

Eine der für den Dampftriebwagenbau wohl bedeutendste Entwicklung vor dem Ersten Weltkrieg war die Einführung der bereits früher schon angedeuteten Bauart Kittel.

Die unbefriedigenden Betriebsergebnisse der Württembergischen Staatsbahn mit ihren Serpollet-Dampftriebwagen führten zu einer Überarbeitung der Dampferzeugeranlage und schließlich zu einer Neuentwicklung des Kessels, der nach seinem Erfinder, dem Oberbaurat Kittel, benannt wurde.

Der Kittel-Kessel (Abb. 43) war als Röhren-Dampferzeuger ausgebildet und bestand aus je einem geschweißten Unter- und Oberschuß sowie einer Wellrohrfeuerbüchse. Der Oberschuß war zum Zweck einer möglichst großen Verdampfungsoberfläche stark erweitert, eine Maßnahme, die auch bei den englischen Kesselbauarten mehrfach zu finden war. Der Wasserinhalt des Kessels betrug 780 l. Es waren 298 Heizrohre von 24/28 mm Durchmesser installiert, sowie 26 Ankerrohre und 6 Rohre 40/45 mm Durchmesser am Kesselrand. Letztere dienten vornehmlich der Zuführung der heißen Rauchgase zum Überhitzer, der aus einem dreifach gewundenen Rohr bestand und in der Rauchkammer

Abb. 44 Normalspurige Kittel-Dampftriebwagen der ehemaligen Württembergischen Staatsbahn.

Abb. 45 Schmalspuriger Kittel-Dampftriebwagen, 1907 von Esslingen für die Württembergische Staatsbahn gebaut.

Abb. 46 Dampftriebwagen Bauart Kittel der ehemaligen Preußischen Militär-Eisenbahn.

oberhalb des oberen Kesselschusses angeordnet war. Die Speisung des Kessels übernahmen zwei nichtsaugende Friedmann-Strahlpumpen. Übrigens ist der Kittel-Kessel im Jahre 1908 vom Verein Deutscher Eisenbahnverwaltungen mit einem Preis ausgezeichnet worden.

Die Dampfmaschine war eine gewöhnliche Zwillings-Lokomotivmaschine mit außenliegenden Zylindern, Flachschiebern und Heusinger-Steuerung. Treibstangen übertrugen die Zylinderkraft direkt auf die fest im Rahmen verlagerte Treibachse. Die Zylinder hatten 220 mm Durchmesser und 300 mm Kolbenhub. Die Raddurchmesser betrugen 1000 mm.

Die Wagen waren mit 40 Sitzplätzen, einem Post- und einem Gepäckabteil ausgerüstet. Das Leergewicht betrug 17,8 t, das Dienstgewicht des unbesetzten Wagens 21 t. Die durchschnittliche Dauerleistung wurde mit 58,8 kWi, die maximal zugelassenen Geschwindigkeiten vorwärts mit 60 km/h und rückwärts mit 50 km/h angegeben.

Für die Führung des Kittel-Wagens in der zweiachsigen Ausführung für Normalspur war nur ein Mann vorgesehen. Um den Wagen in beiden Richtungen ohne Wenden fahren zu können, waren die Seitenwände des Fahrgastraumes gegenüber den Führerhausseitenwänden soweit zurückgesetzt, daß der Triebwagenführer bei Rückwärtsfahrt genügend Sicht auf die Strecke hatte.

Die zweiachsigen, normalspurigen Kittel-Dampftriebwagen (Abb. 44) fanden maßgeblich bei der Württembergischen Staatsbahn auf den Strecken Friedrichshafen – Ravensburg, Metzingen – Rottenburg, Ulm – Biberach – Schelklingen, Esslingen – Kirchheim, Esslingen – Böblingen – Eutingen, Heidenheim – Hermatingen, Ulm – Riedlingen, Heilbronn – Lauffen, Mühlacker – Backnang, Schwaigern – Willsbach, Tuttlingen – Sigmaringen und Schussenried – Buchau Verwendung. Erbauerin war die Maschinenfabrik Esslingen, die den ersten Wagen dieser Ausführung im Jahre 1904 fertigstellte.

Im Jahre 1907 beschaffte die Württembergische Staatsbahn für 750 mm Spurweite einen (1A) 2'-Dampftriebwagen Gattung DWss mit Kittel-Kessel. Er wurde zunächst auf der Bottwartalbahn, später

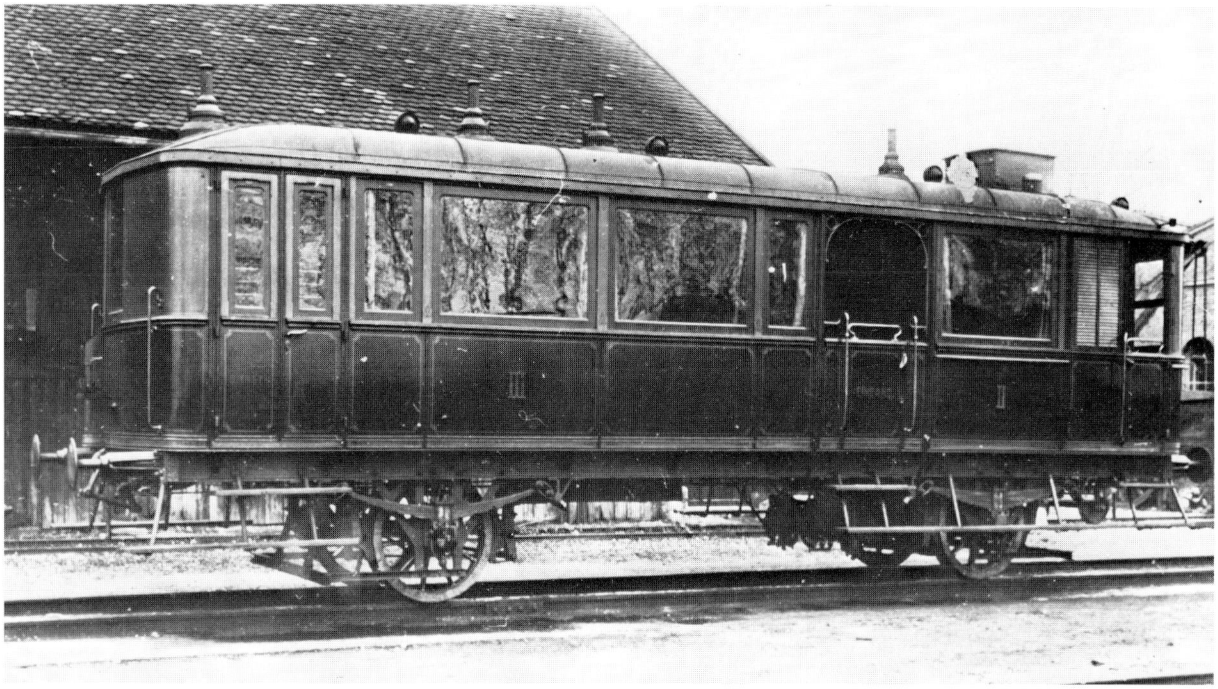

Abb. 47 Ganz-Dampftriebwagen Gattung MBCi im Jahre 1904 an die Bayrische Staatsbahn geliefert.

auf der Strecke Schussenried – Riedlingen eingesetzt.

Im Gegensatz zu den allgemein bekannten Bauarten der Kittel-Dampftriebwagen führte die Maschinenfabrik Esslingen dieses Fahrzeug als vierachsigen Triebwagen aus, bei dem als ersten Drehgestellwagen die gesamte Maschinenanlage mit dem Kessel unabhängig vom Wagenkasten auf dem Triebgestell montiert war. Die dicht hinter der Laufachse angeordneten Außenzylinder wirkten nur auf die hintere der beiden Drehgestellachsen, die aus diesem Grund auch einen größeren Radstand als jene des Laufdrehgestells hatten. Die Gesamtanordnung des Wagens ist aus der Abbildung 45 zu ersehen.

Die Kittel-Wagen haben sich im Betrieb gut bewährt. Gerühmt wurde ihr gutes Beschleunigungsvermögen und ihr ruhiger Lauf selbst bei versuchsweise gefahrenen höheren Geschwindigkeiten bis zu 70 km/h. Die Leistungsfähigkeit der Triebwagen zeigte sich ferner auch auf Steigungen von 1:100, die mit zwei angehängten Personenwagen und 150 Fahrgästen besetzt noch mit 25 km/h befahren wurden. Nicht zuletzt wurde auch die geringe und einfache Wartung der Kittel-Dampftriebwagen sehr geschätzt. Es ist daher nicht verwunderlich, daß sich diese Wagen zum Teil noch bis in die DB-Zeit erhalten haben, ehe sie schließlich infolge Überalterung aus dem Verkehr gezogen werden mußten.

Außer der Württembergischen Staatsbahn beschaffte im Jahre 1908 auch die Preußische Staatsbahn mehrere Kittel-Dampftriebwagen für die Eisenbahn-Direktion Hannover. Die den Württembergischen Wagen sehr ähnlichen Fahrzeuge unterschieden sich äußerlich durch einen zusätzlichen Mitteleinstieg und ein besonderes 2. Klasseabteil. Auch die rückwärtige Plattform der Wagen zeigte eine etwas abgewandelte Ausführung infolge der hochgezogenen Türen.

Ebenfalls im Jahre 1908 beschaffte die Preußische Militär-Eisenbahn einen normalspurigen, zweiachsigen Kittel-Dampftriebwagen (Abb. 46) für den Einsatz auf der Strecke Kummersdorf – Zossen. Nach Übernahme der Preußischen Militär-Eisenbahn durch die Deutsche Reichsbahn wurde der Dampf-

triebwagen im Jahre 1921 an die Sensetalbahn in der Schweiz verkauft.
Die Verbreitung der Kittel-Dampftriebwagen in der vorliegenden Konstruktion beschränkte sich in der Hauptsache auf deutsche Eisenbahnen. Dennoch fand auch der eine oder andere Wagen den Weg ins Ausland, so zum Beispiel zwei Triebwagen der zweiachsigen Bauart, die für die Oberitalienische Lokalbahn Iseo – Edolo gebaut worden waren und sich nur geringfügig von der württembergischen Ausführung unterschieden.
In den Jahren 1914 bis 1915 hat die Maschinenfabrik Esslingen noch acht Dampftriebwagen mit Kittelkesseln an die Badische Staatsbahn geliefert. Auch diese Fahrzeuge entsprachen weitgehend der württembergischen Bauart und standen 1937 noch bei der Reichsbahn-Direktion Karlsruhe im Betrieb. Der letzte dieser Triebwagen fuhr bis 1953 auf der Strecke Müllheim – Neuenburg und wurde dann im Jahre 1954 endgültig ausgemustert.
Die Bayrische Staatsbahn stellte im Jahre 1904 probeweise einen im ungarischen Stil gebauten A1-Dampftriebwagen der Bauart Ganz mit de Dion-Bouton-Kessel in Dienst. Der Wagen (Abb. 47) hatte ein 2. Klasseabteil mit 9 Sitzplätzen und ein 3. Klasseabteil mit 24 Sitzplätzen. Er wurde als MBCi unter der Betriebsnummer 2521 in den Fahrzeugbestand der BayStB eingereiht und soll einige Jahre auf der Strecke München Ost – Deisenhofen verkehrt sein. Dieser Triebwagen blieb, soweit bekannt ist, ein Einzelexemplar.
Die Lokomotivfabrik Maffei lieferte in den Jahren 1905 und 1906 sieben vierachsige Dampftriebwagen an die Bayrische Staatsbahn, deren wagenbaulicher Teil von der MAN gefertigt worden war. Die Wagen (Abb. 48) erhielten bei der BayStB die Gattungsbezeichnung MCCi und die Betriebsnummern 14501 bis 14507. Drei Triebwagen, die Nummern 14503, 14504 und 14507 erhielten eingebaute Kleinlokomotiven als Triebgestelle, ähnlich der Gattung PtL 2/2 der BayStB, die ebenfalls von Maffei gebaut worden waren.
Der kurze, hochgestellte Lokomotivkessel arbeitete mit 16 bar Dampfspannung, und besaß eine Rost-

Abb. 48 Vierachsiger Dampftriebwagen Gattung MCCi der Bayrischen Staatsbahn, 1905/06 von der Konstruktionsgemeinschaft MAN/Maffei gebaut.

Abb. 49 Versuchstriebwagen DT 15 der Deutschen Reichsbahn mit Doble-Dampferzeuger.

fläche von 0,87 m^2, eine Heizfläche von 41,17 m^2 sowie eine Überhitzerheizfläche von 6,95 m^2. Die übrigen vier Dampftriebwagen mit den Betriebsnummern 14501, 14502 und 14506 waren mit Turgan-Wasserrohrkesseln und Spezialüberhitzern ausgerüstet. Für alle sieben Wagen war der Wasservorrat mit 4 m^3 und der Kohlevorrat mit 0,7 m^3 einheitlich bemessen. Der Zylinderdurchmesser betrug 200 mm, der Kolbenhub 260 mm. Der Treibraddurchmesser wurde mit 990 mm angegeben. Die beiden Achsen des Triebdrehgestells erhielten außenliegende Kuppelstangen. Auf jeder Seite war zwischen den Kuppelachsen ein Zylinderpaar mit den Böden zusammengebaut angeordnet, in dem sich die beiden Kolben gegenläufig zueinander bewegten und auf die um 180° gegeneinander versetzten Kurbeln wirkten. Hierdurch wurde ein nahezu vollständiger Massenausgleich erreicht. Die Triebwagen hatten für die Rostbeschickung Fülltrichter mit einem durch Zahnbetrieb und Handkurbel betätigten Schieber.

Die Wagen besaßen Raucher- und Nichtraucherabteile der 3. Klasse, einen ebenfalls mit Sitzbänken ausgerüsteten Raum für Traglasten, einen Postraum und ein Schaffnerabteil. Im ganzen waren 52 Sitzplätze und etwa 30 Stehplätze vorhanden. Das Leergewicht mit Maschine betrug 40,87 t, das Dienstgewicht ohne Reisende 53 t und das Reibungsgewicht 29 t. Die Höchstgeschwindigkeit war auf 75 km/h festgesetzt. An Anhängelast konnten bis zu 40 t mitgeführt werden. Die Wagen wurden, ohne gedreht zu werden, in beiden Fahrtrichtungen gefahren. Der Schaffner, der dann auf der vorderen Wagenplattform stand, bediente das Bremsventil und hatte eine Sprachrohrverbindung zum Maschinisten. Die Dampftriebwagen befuhren hauptsächlich die Strecken von München in Richtung Holzkirchen, Weilheim und Herrsching, später wurden sie auch im Bezirk Nürnberg eingesetzt.

Sechs der Triebwagen wurden später noch umgebaut. Während fünf Fahrzeuge in elektrische Triebwagen umgewandelt und als ET 701-705 (DR ET 85) wieder zum Einsatz kamen, wurde nur ein einziger Dampftriebwagen im Jahre 1928 auf Dieselbetrieb

Abb. 50 Dampftriebwagen DT 51 der Deutschen Reichsbahn, Bauart Henschel/Wegmann.

umgestellt und mit der neuen Kennzeichnung VT 865 versehen.
Mit der Ablieferung dieser letzten bayrischen Dampftriebwagen war das Kapitel der Eigenentwicklung seitens der einzelnen Länderbahnen endgültig abgeschlossen. An dieser Stelle soll noch auf eine Kuriosität hingewiesen werden. Das Triebwagen-Merkbuch der Deutschen Reichsbahn aus dem Jahre 1932 zeigt einen B1-Dampftriebwagen mit der Bezeichnung DT 705 027. Es ist nicht festzustellen, wer der Erbauer dieses Fahrzeuges war, wo es stationiert und wielange es im Einsatz gewesen ist. Der im Merkbuch enthaltenen Skizze nach dürfte es sich mit ziemlicher Sicherheit um einen belgischen Belpaire-Dampftriebwagen gehandelt haben.
Als Nachfolgerin der Länderbahnen führte die Deutsche Reichsbahn im Jahre 1931 erstmalig Versuche mit einem aus den USA importierten Doble-Kessel durch. In Amerika hatte sich eine vollautomatische Dampferzeugeranlage mit Einrohrkessel nach dem Doble-System durchgesetzt, die im Automobilbau zu sehr leistungsfähigen Einheiten entwickelt worden war. Die Wahl dieses Systems führte unter anderem bei den immer höher geschraubten Anforderungen an Leistung und Größe der Fahrzeuge zu völlig neuen Konstruktionsausführungen, die vor allem der Gewichtsersparnis Rechnung trugen.
Die Doble-Anlage bestand aus einem ölgefeuerten Kessel, einer schnellaufenden Dampfmaschine und einer Abdampf-Kondenseinrichtung. Der Dampf wurde in einem in Spiralen übereinander angeordneten und vom Ölbrenner erhitzten Rohr erzeugt und durchlief nacheinander die Dampfmaschine, die Gebläseturbine und die Kühlerturbine, anschließend noch den ersten Vorwärmer und den Kondensator. Das in einem Sammelbehälter aufgefangene Speisewasser wurde von der mit Frischdampf arbeitenden Speisepumpe über die beiden Vorwärmer eins und zwei wieder dem Kreislauf zugeführt. Die

Abb. 51 Ebenfalls der DT 51, hier mit Beiwagen 147 004.

Anlage arbeitete vollautomatisch, d. h. alle im Kreislauf sich abspielenden Vorgänge wurden selbsttätig in Abhängigkeit von den Betriebsbelastungen gesteuert, lediglich die Einstellung der Füllung und die Bedienung des Reglerventils wurden noch manuell vom Triebwagenführer durchgeführt. Der Antrieb der Achse erfolgte durch den in der Art eines Tatzlagermotors mit nachgeschalteter Getriebestufe ausgebildeten Dampfmotor.

Als erstes Fahrzeug rüstete die Deutsche Reichsbahn im Jahre 1931 einen von Wegmann gebauten zweiachsigen Triebwagen mit einer Doble-Anlage aus. Die Erkenntnis mit diesem als DT 15 gekennzeichneten Versuchstriebwagen (Abb. 49) dienten als Grundlage für die weitere Entwicklung größerer und leistungsfähigerer Anlagen und Dampftriebwagen.

Für die weitere Erprobung ließ die Deutsche Reichsbahn 1931 noch einmal einen A1-Dampftriebwagen in ähnlicher Ausführung wie der DT 15 von Borsig und der Gothaer Waggonfabrik bauen. Der Wagen hatte eine Maschinenleistung von 73,6 kW und eine Höchstgeschwindigkeit von 65 km/h. Es standen 45 Sitzplätze 3. Klasse und 20 Stehplätze zur Verfügung.

Etwa gleichzeitig gab die Deutsche Reichsbahn drei vierachsige Doble-Dampftriebwagen (Abb. 50 u. 51) in Auftrag, deren Wagenteil Wegmann lieferte, während die Verdampferanlagen für den DT 51 von Henschel, für den DT 52 und DT 53 von Borsig geliefert wurden. Jeder Wagen erhielt zwei Doble-Anlagen mit zusammen 220,6 kW Leistung. Die beiden Zweizylinder-Dampfmaschinen waren im vorderen Drehgestell untergebracht und wirkten jede für sich auf die erste bzw. zweite Achse. Im Aussehen und in der Wagenaufteilung war unverkennbar der Einfluß der damaligen Dieseltriebwagen zu erkennen. Selbst bezüglich Geschwindigkeit, Platzangebot und Fernsteuerung von einem dritten Führerstand aus ist eine möglichst große Übereinstimmung an-

Abb. 52 Dampftriebwagen DT 2000 der Lübeck-Büchener-Eisenbahn.

gestrebt worden, um die günstigen Voraussetzungen für einen objektiven Vergleich mit dem Dieseltriebwagen zu erreichen.
Die Versuche mit den bisher gebauten fünf Versuchstriebwagen zeigten, daß Schwierigkeiten vor allem in der Kesselanlage durch unzureichende Abdampfentölung, zu hohe Temperaturen und zu große Wärmebeanspruchung des Materials auftraten. Umso gespannter beobachtete man auch seitens der Deutschen Reichsbahn eine Neuentwicklung der Firma Henschel, die im Jahre 1933 gemeinsam mit Linke-Hofmann-Busch einen zweiteiligen Dampftriebwagen für die Lübeck-Büchener-Eisenbahn baute, der mit zwei überarbeiteten und verbesserten Doble-Kesselanlagen von je 110,3 kW Leistung und 120 bar Betriebsdruck ausgerüstet war.
Der als DT 2000 im Eilzugverkehr zwischen Hamburg und Lübeck ab 1935 eingesetzte Dampftriebwagen (Abb. 52) besaß insgesamt 125 Sitzplätze 3. Klasse und 12 Sitzplätze 2. Klasse. Die Höchstgeschwindigkeit betrug 110 km/h. Es schien zunächst, daß eine Reihe der anfänglichen Unzulänglichkeiten mit den Doble-Anlagen nun ausgestanden waren, doch entgegen vielen anders lautenden Angaben in mancher Literatur wurden tatsächlich leider etwa die Hälfte aller planmäßigen DT-Züge mit Ersatzzügen gefahren. Vorübergehende Versuche, den Wagen mit Braunkohlenteeröl zu betreiben, brachten nur geringe Vorteile an Wirtschaftlichkeit, da den geringen Brennstoffkosten ein entsprechender Leistungsabfall gegenüberstand.
Die Deutsche Reichsbahn wollte jedoch ihre eigenen Versuche mit der neuen Doble-Bauart durchführen und bestellte daher 1934 zwei Paar Doble-Kessel bei Henschel, die in zwei von Wegmann gefertigte vierachsige Wagen – DT 57 und DT 58 (Abb. 53) – eingebaut wurden.
Parallel dazu rüstete Borsig drei ebenfalls von Wegmann gelieferte Wagen – DT 54, DT 55 und DT

Abb. 53 Dampftriebwagen DT 58 der Deutschen Reichsbahn, Bauart Henschel/Wegmann.

56 – aus. Die neue Serie unterschied sich von den DT 51 und DT 53 maßgeblich in einer kräftigeren Konstruktion der Drehgestelle und in der doppelten Zahl der Sitzplätze in der 2. Klasse. Vom Aufbau her sei noch die Verlegung des Gepäckabteils zwischen Maschinen- und Fahrgastraum erwähnt. Bei den Probefahrten konnte eine merkliche Verbesserung der Arbeitsweise des Verdampfers festgestellt werden, allerdings waren die Unterhaltungskosten infolge der hohen Materialbeanspruchung immer noch relativ groß. Hinzu kam noch ein gegenüber dem Diesel- und Elektrotriebwagen erheblich schlechterer Wirkungsgrad, der abgesehen von den rein technisch-physikalischen Gesichtspunkten, seine Ursache auch in den teueren Brennstoffen hatte. Die damaligen Verhältnisse zwangen aber, ausschließlich heimische Rohstoffe zu verwenden. Die Folge war, daß man wohl oder übel wieder auf einen Dampferzeuger für feste Brennstoffe zurückgreifen mußte.

Im Jahre 1937 stellte die Deutsche Reichsbahn als Endprodukt dieser letztgenannten Entwicklung einen vierachsigen von Borsig in Zusammenarbeit mit der Waggonfabrik Wismar gelieferten Dampftriebwagen DT 59 (Abb. 54) mit Schwelkoksdampferzeuger und Wanderrost in Dienst. Es war hier gelungen, gegenüber dem Doble-Prinzip mit einer einzigen Kesselanlage für 220,6 kW Leistung auszukommen. Die Folge war allerdings eine höhere Belastung des vorderen Drehgestells durch das größere Kesselgewicht. Um eine Überlastung dieses Drehgestells zu vermeiden, wurden die auf zwei Achsen wirkenden Dampfmotoren in das rückwärtige Drehgestell eingebaut und die Dampfzu-und -abfuhr durch flexible Leitungen hergestellt. Bemerkenswert ist der im Gegensatz zu den bisherigen Ausführungen abweichende Wagenaufbau mit dem im Bereich der Kesselanlage überhöhten Dach. Die Raumaufteilung zeigte hier erstmals ein geschlossenes 2. Klasseabteil mit Seitengang und

Abb. 54 Dampftriebwagen DT 59 der Deutschen Reichsbahn, Bauart Borsig/Wismar.

Platz für 6 Personen. Die 3. Klasse enthielt 36 Sitzplätze, hinzu kamen noch 6 Notsitze.
Auch dieser Dampftriebwagen kam nicht über das Versuchsstadium hinaus. Spätere Versuche, die Kesselanlage mit Rauchkammerlösche zu fahren bzw. der nach dem II. Weltkrieg noch erfolgte Umbau auf Wendler-Braunkohlenstaub-Feuerung haben nicht den erhofften Erfolg gebracht. Auch die noch geplanten DT 60 und DT 61 kamen nicht mehr zur Ausführung. Letzter Dampftriebwagen in der Reihenbezeichnung wurde nach der Übernahme der Lübeck-Büchener-Eisenbahn durch die Deutsche Reichsbahn der bereits erwähnte Doppelwagenzug Nr. 2000. Mit dem DT 59 war die Entwicklung des Dampftriebwagens in Deutschland endgültig abgeschlossen.
Die Geschichte der Privat- und Kleinbahn-Dampftriebwagen in unserem Land zeigt ein noch weitaus bunteres Bild als es bei den Hauptbahnen je der Fall war. Der Grund lag in der Eigenständigkeit dieser Gesellschaften, und jede hatte natürlich auch ihre eigenen Probleme, die sich in den unterschiedlichsten Lösungen der Triebwagenausführungen wiederspiegelten.
Zu den bekanntesten und im System sehr ähnlichen Dampftriebwagenbauarten gehörten in den frühen Jahren die Konstruktionen von Rowan und Weißenborn. Schon im Kapitel über die historischen Fahrzeuge wurde auf ihre große Verbreitung vor allem im innerstädtischen Verkehr als Dampf-Straßenbahn in nahezu allen großen Städten und Metropolen Europas hingewiesen (Abb. 55). Aber nach und nach wuchs ihr Anteil auch auf den Secundärbahnen. Aus der Vielzahl der für deutsche nicht staatliche Bahnen gebauten Dampftriebwagen sollen nachfolgend noch einmal die bekanntesten Einsatzfälle erwähnt werden.
Einer der ältesten Rowan-Wagen in Preußen dürfte wohl der im Jahre 1877 von der Königlichen Militär-Eisenbahn in Dienst gestellte B′1-Dampftriebwagen

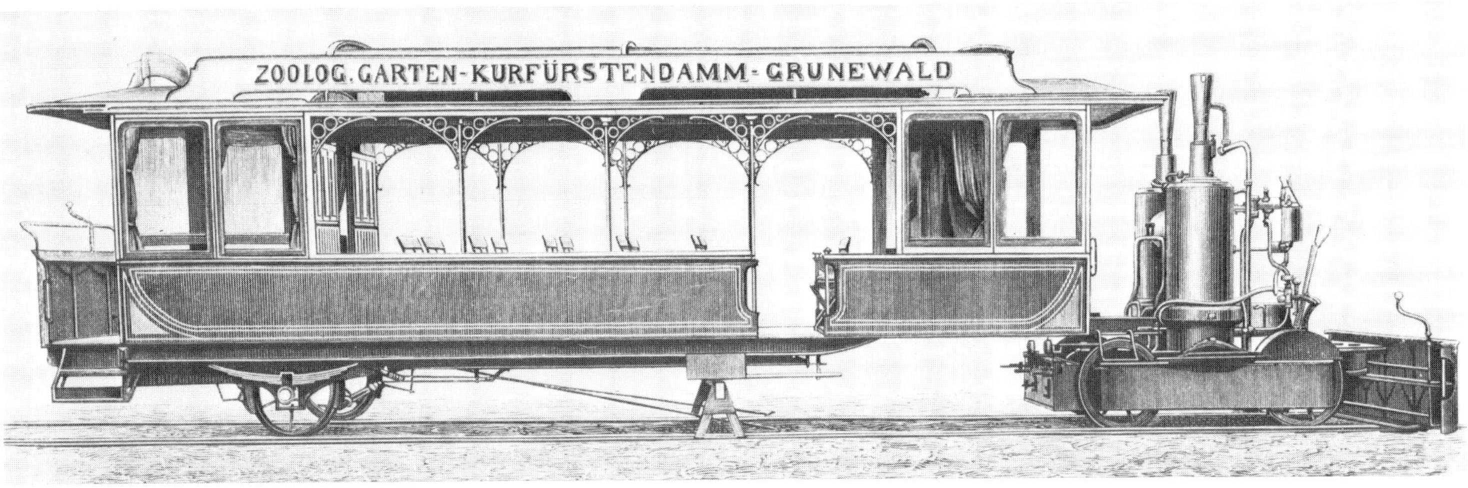

Von oben nach unten:

Abb. 55 Rowan-Triebwagen der Berliner Dampftrambahn.

Abb. 56 Dampftriebwagen Bauart Rowan, 1908 von der Uetersener Eisenbahn in Dienst gestellt.

Abb. 57 A1-Dampftriebwagen der Uetersener Eisenbahn anläßlich seiner Indienststellung am 20. Mai 1908.

Abb. 58 B′2′-Schmalspur-Dampftriebwagen der Ruhr-Lippe Kleinbahnen, im Jahre 1907 von Hohenzollern gebaut.

gewesen sein. Im Jahre 1881 beschaffte die Hoyaer Eisenbahn für die Aufnahme des Betriebes als erste Triebfahrzeuge zwei B′1-Rowan-Dampftriebwagen (Abb. 16), die sowohl im Personen- als auch im Güterverkehr sowie im Rangierdienst eingesetzt wurden. Ähnliche, jedoch mit zwei Drehgestellen ausgerüstete Rowan-Wagen lieferten Borsig und Herbrand im Jahre 1883 an die Schleswiger Kreisbahn und 1908 an die Uetersener Eisenbahn (Abb. 56). Letztere gehörten einer von Borsig bereits weiterentwickelten Bauart des Rowan-Systems an.

Was die Verbreitung der Bauart Weißenborn betrifft, so darf auch hier auf den bei den historischen Fahrzeugen bereits beschriebenen Einsatz von vier Wagen bei der Niederschlesisch-Märkischen Eisenbahn ab 1879 verwiesen werden. Es ist heute kaum noch festzustellen, bei welchen anderen Eisenbahnen weitere Weißenborn-Dampftriebwagen noch im Einsatz gewesen sein könnten, die Annalen geben hierüber keine weiteren Aufschlüsse.

Noch einmal zurückblickend auf die vorerwähnte Uetersener Eisenbahn muß der Vollständigkeit halber noch berichtet werden, daß dieses Unternehmen um 1908 zumindest einen, wenn nicht gar mehrere zweiachsige Dampftriebwagen (Abb. 57) in ihrem Bestand führte, deren Identität aber leider nicht mehr genau festzustellen ist. Dem Aussehen nach hätte es sich, so unwahrscheinlich es klingen mag, um die Bauart Komarek handeln können.

Eine andere Art Dampftriebwagen waren die von der Hannoverschen Waggonfabrik in Lizenz gebauten de Dion-Bouton-Fahrzeuge. Ein typischer Vertreter dieser Bauart war der bereits bei den Hauptbahnen erwähnte Ganz-Triebwagen MBCi der Bayrischen Staatsbahn. Über die Verbreitung dieser Wagen lassen sich keine absolut eindeutigen Angaben mehr machen. Ihre geringe Erwähnung in der Literatur läßt darauf schließen, daß bei den Privatbahnen ein ebenso geringes Interesse an der de Dion-Bouton-Bauart bestand wie bei den Länderbahnen.

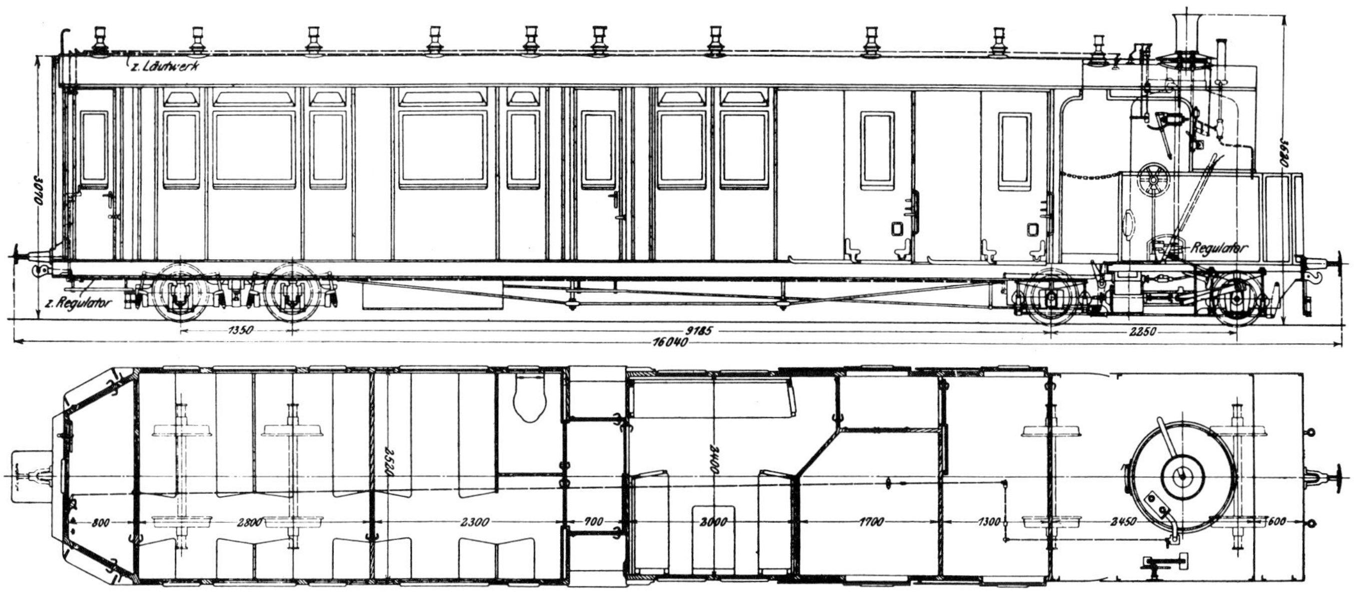

Abb. 59 (A1)2′-Schmalspur-Dampftriebwagen, 1907 von Komarek für die Kerkerbachbahn gebaut.

Den spärlichen Quellenangaben zufolge sind von der Hannoverschen Waggonfabrik de Dion-Bouton-Dampftriebwagen an die Allgemeine Deutsche Kleinbahngesellschaft, die Lenz & Co. (Westdeutsche Eisenbahn-Gesellschaft) und die Hildesheim-Peiner Kreisbahn geliefert worden. Der wohl einzige Export dürfte die an die Compañia Madrileña de Urbanización Madrid erfolgte Lieferung von de Dion-Bouton-Trambahntriebwagen gewesen sein.

Im Jahre 1907 lieferte Hohenzollern unter den Fabriknummern 2137 und 2138 zwei (1A)2′ n2-Rowan-Dampftriebwagen (Abb. 58) für 1000 mm Spurweite an die Ruhr-Lippe Kleinbahnen. Beide Wagen wurden später in einen Gelenk-Personenwagen mit Jakobs-Drehgestellen umgebaut.

Etwa um 1928 erwarb die Deutsche Eisenbahn-Betriebs-Gesellschaft von der Württembergischen Staatsbahn den 1907 übernommenen (1A)2′-Dampftriebwagen Gattung DWss und setzte ihn auf der Jagsttalbahn zwischen Möckmühl und Dörzbach im Personenverkehr ein. Im Jahre 1937 wurde der Dampftriebwagen verschrottet, nachdem bereits 1934 der Dampferzeuger ausgebaut worden war. Drei ähnliche 25,7 kW-Triebwagen der Bauart de Dion-Bouton baute die Hannoversche Waggonfabrik für die Bleckeder Kreisbahn, die ebenfalls 750 mm Spurweite aufwies.

Ein besonderes Merkmal der für deutsche Schmalspurbahnen gebauten Dampftriebwagen war die durchweg vierachsige Ausführung. Ein für deutsche Verhältnisse etwas ungewöhnliches Fahrzeug lieferte die Wiener Firma Komarek im Jahre 1907 an die Kerkerbachbahn in Hessen-Nassau (Abb. 59), wo er auf der Strecke Kerkerbach–Dehrn (Lahn)–Mengerskirchen verkehrte. Sein Aussehen zeigte die bei den österreichischen Personenwagen typische Fensteraufteilung mit den charakteristischen, schmalen Scheiben über den Fenstern. Da dieser Wagen schon bei der Bauart Komarek eingehend erläutert wurde, soll hier auf eine nochmalige Beschreibung verzichtet werden. Ebenfalls für 750 mm Spurweite war der von der Greifenberger Kleinbahn beschaffte Dampftriebwagen, über den aber keine Unterlagen mehr vorliegen.

Das Kapitel der Dampftriebwagen in Deutschland und speziell der einzelnen Bauarten, die bei den Privat-, Klein- und Nebenbahnen liefen, läßt sich nicht mehr genau nachzeichnen, zuvieles liegt im Dunkeln und kann wohl kaum noch der Vergessenheit entrissen werden. Ihre Geschichte wird daher nie den Anspruch auf Vollständigkeit erheben können.

Die bedeutendsten Jahre für die Beschaffung von Dampftriebwagen seitens der nicht unter staatlichem Einfluß betriebenen Eisenbahnen lagen zwischen 1900 und 1914. Nachfolgend noch einmal eine Zusammenfassung der wichtigsten innerhalb des genannten Zeitraumes in Betrieb genommenen Fahrzeuge:

Hildesheim-Peiner Kreisbahn, ein regelspuriger 25,7 kW-de Dion-Bouton-Dampftriebwagen,

Bleckeder Kreisbahn (Lenz & Co.), drei 750 mm spurige, vierachsige 25,7 kW de Dion-Bouton-Dampftriebwagen,

Neuruppin-Herzberger Eisenbahn (Lenz & Co.), ein regelspuriger 36,8 kW-de Dion-Bouton-Dampftriebwagen,

Allgemeine Deutsche Kleinbahn, Berlin, drei 750 mm spurige, vierachsige de Dion-Bouton-Triebwagen mit 36,8 kW Leistung und ein regelspuriger, zweiachsiger 36,8 kW- de Dion-Bouton-Wagen,

Ruhr-Lippe Kleinbahnen, Soest, zwei 1000 mm spurige, vierachsige Rowan-Dampftriebwagen von Hohenzollern,

Kerkerbach-Bahn in Hessen-Nassau, ein 1000 mm spuriger, vierachsiger Komarek-Dampftriebwagen,

Kleinbahn Alt-Landsberg-Hoppegarten, ein regelspuriger, zweiachsiger Stoltz-Dampftriebwagen.

Diese Aufstellung zeigt, daß die Dampfwagen einerseits während des behandelten Zeitraumes eine größere Bedeutung auch bei den Privatbahnen nicht hatten erzielen können, andererseits an den gelieferten Wagen das Ausland in auffallend hohem Maße mit eigenen Patenten beteiligt war.

Frankreich

Die weitläufigen, aber gering frequentierten Nebenstrecken in der Provinz waren auch in Frankreich schon immer recht teuere Sorgenkinder, was den Personenverkehr in diesen Gebieten betraf. Die lokbespannten Kurzzüge fuhren schon vor der Jahrhundertwende relativ schwach besetzt auf den Secundärstrecken, zumal der Komfort einer Eisenbahnreise damals noch fast ein Vorrecht gehobener Gesellschaftsschichten und weniger der ärmlichen Landbevölkerung war. Man stellte sich darum auch schon recht früh auf den Einsatz der in den Unterhaltungs- und Betriebskosten günstigeren Dampftriebwagen um.

Die beiden ältesten Dampftriebwagen mit den Betriebsnummern 1 und 2 lieferte die Compagnie Fives-Lille im Jahre 1879 an die Staatsbahngesellschaft. Es waren dreiachsige Fahrzeuge des Systems Vidard, die dem Gesamtaufbau nach in ihrer Konstruktion praktisch alle Vorzüge eines normalen Eisenbahnzuges beinhalteten. Die doppelstöckigen Wagen (Abb. 60) bestanden im Untergeschoß aus der vornliegenden Maschinenanlage, dem daran anschließenden Gepäckabteil und je einem Abteil 2. Klasse mit 10 Sitzplätzen und 1. Klasse mit 4 Sitzplätzen, die durch einen Postraum voneinander getrennt waren. Der obere Passagierraum war ausschließlich der 3. Klasse vorbehalten und bot Platz für 24 Reisende.

Bei einer Dampfspannung von 9 bar wirkten die beiden Zylinder mit einfacher Dampfdehnung auf die unter dem Langkessel liegende Treibachse. Das Dienstgewicht der beiden rund 11 m langen Dampftriebwagen betrug 27,8 t. Als Personal dienten je-

Abb. 60 A2-Dampftriebwagen System Vidard der Französischen Staatsbahngesellschaft ETAT, Baujahr 1879.

weils nur ein Triebwagenführer und ein »Conducteur«. Die offizielle Indienststellung der Dampftriebwagen Nr. 1 und 2 erfolgte mit einer besonderen Eisenbahnverordnung vom 20. Mai 1880. Die Einführung der Vidard-Doppelstock-Dampftriebwagen inspirierten unter anderem die Hessische Ludwigsbahn, ähnliche Fahrzeuge der Bauart Thomas einzuführen.

Zwischenzeitlich machte die PLM Versuche in den Jahren 1896/97 mit einem Serpollet-Dampftriebwagen auf der Strecke Corbeil – Malesherbes. Der Wagen besaß einen Serpollet-Dampferzeuger für Kohlefeuerung, der je nach Kesselbelastung Dampf von 5 bis 10 bar Spannung lieferte. Das Gesamtgewicht verteilte sich auf zwei Achsen, von denen die vordere als Treibachse diente. Der Fahrgastraum bot Platz für 44 Reisende, darin enthalten waren 32 Sitzplätze. Bei einem Dienstgewicht von 17,4 t konnte der Triebwagen normalerweise noch zusätzlich einen zweiachsigen Personenwagen ziehen.

Während der Versuchsfahrten schwankten die gemessenen Durchschnittsgeschwindigkeiten zwischen 35 und 40 km/h. Vorübergehend erreichte Höchstgeschwindigkeiten lagen bei 50 km/h. Anläßlich der im Bahnhof Malesherbes durchgeführten Belastungsproben wurden von dem Serpollet-Dampftriebwagen bei günstigen Betriebsbedingungen sechs angehängte Personenwagen mit einem Gesamtgewicht von 78 t noch aus dem Stand beschleunigt.

Ende 1897 richtete die NORD-Bahngesellschaft auf Grund eines ministeriellen Beschlusses vom 30. August 1897 eine regelmäßige Bahnpostverbindung zwischen Creil und Beauvais mit einem speziellen Post-Triebwagen ein.

Dieser Wagen (Abb. 61) diente in erster Linie den Bedürfnissen des Postversandes und zwar insbesondere dem Transport von Postgut, das vom Volumen und der Art her nicht in den Post- und Gepäckwagen der fahrplanmäßigen Züge befördert werden konnte. Obwohl vornehmlich nach postalischen Gesichtspunkten ausgelegt, war es im Bedarfsfall möglich, den Postraum umzurüsten und als 2. Klasseabteil mit 12 Sitzplätzen zu verwenden. Als Personal fuhr nur der Triebwagenführer im Maschinenraum des Wagens mit.

Als Dampferzeuger diente ursprünglich ein Serpollet-Kessel mit Brikettfeuerung. Die Kesselspeisung erfolgte automatisch. Der Kessel erzeugte normalerweise Dampf mit einem variablen Druck von 4 bis 8

Abb. 61 Post-Triebwagen mit Turgan-Kessel der ehemaligen französischen NORD-Bahn.

Abb. 62 Purrey-Dampftriebwagen der Französischen Staatsbahngesellschaft ETAT aus dem Jahre 1904.

bar, er konnte aber ohne Schwierigkeiten auch maximal 20 bar erreichen.

Die Zweizylinder-Dampfmaschine wirkte auf die vordere der beiden Achsen. Bei Testfahrten auf der Strecke Creil – Beauvais (40 km) erreichte der Triebwagen eine Höchstgeschwindigkeit von 52 km/h, wobei die Gesamtlast einschließlich des Dampftriebwagens 43,5 t und der Verbrauch an Vorräten 7 l Wasser und 2 kg Brikett pro Kilometer betrug.

Im Jahre 1900 erhielt der Wagen einen Turgan-Kessel mit Brikettfeuerung und größerem Wasserinhalt. Der Vorteil des neuen Dampferzeugers lag unter anderem in der sehr kurzen Anheizzeit von nur 30 Minuten bis zum Erreichen der erforderlichen Dampfspannung. Der so umgebaute Dampftriebwagen wog 18 t und konnte 30 t Anhängelast noch mit einer Durchschnittsgeschwindigkeit von 37 km/h bei einem Brennstoffverbrauch von 3 kg/km befördern. Der als VS1 eingereihte Triebwagen war im Depot von Beauvais beheimatet und verkehrte viele Jahre lang auf seiner Stammstrecke Beauvais – Creil.

Dieser Post-Dampftriebwagen hätte seiner Verwendung nach in das Kapitel »Sonderbauarten« gehört, mit Rücksicht auf seine Zwitterstellung Post-Personenbeförderung und in Anbetracht einer wünschenswerten, entwicklungstechnischen Reihenfolge wurde seine Beschreibung an diese Stelle gesetzt und bei den »Sonderbauarten« mit einem Hinweis auf dieses Kapitel nur kurz gestreift.

In den folgenden Jahren beschafften einige Bahngesellschaften wie die Paris-Orléans Bahn (PO), die Paris-Lyon-Méditerranné Bahn (PLM) und die Staatsbahn-Gesellschaft (ETAT) zahlreiche Dampftriebwagen etwa gleicher Ausführungen, die neben einer Anzahl Verbesserungen gegenüber den bisherigen Dampftriebwagen speziell mit Kesseln der Bauart Purrey ausgerüstet waren.

Die von der PLM in Dienst gestellte Dampftriebwagenserie VBcf 1 – 2 stimmte in den Hauptabmessungen völlig mit der Serie ET 0101 – 0102 der ETAT überein. Die PLM-Dampftriebwagen hatten ein Dienstgewicht von ungefähr 24 t und besaßen 36 Sitzplätze verteilt auf die 2. und 3. Klasse. Die ET

0101–0102 der ETAT (Abb. 62) waren mit 21 t Dienstgewicht etwas leichter und boten nur für 24 Fahrgäste Sitzmöglichkeiten, stattdessen enthielten die Wagen aber ein zusätzliches Gepäckabteil zwischen Maschinen- und Fahrgastraum. Die Wagenbeleuchtung wurde elektrisch von einem durch die hintere Achse angetriebenen Dynamo versorgt. Beide Wagen der ETAT kamen im Jahre 1904 auf der Strecke Bordeaux–Saint André de Cubzac zum Einsatz. Die erreichte Höchstgeschwindigkeit lag bei 90 km/h.

Die PLM-Dampftriebwagen wurden schon ein Jahr früher zwischen Alés und l'Ardoise, einer 58 km langen steigungsreichen Strecke, in Betrieb genommen. Bei verschiedenen Lastfahrten konnten Zuggewichte zwischen 24 t und 51,8 t einschließlich des Eigengewichtes des Dampftriebwagens gezogen werden. Weitere Versuche zeigten, daß selbst bei einer Geschwindigkeit von 75 km/h die Triebwagen noch zufriedenstellend ruhig liefen. Der Brennstoffverbrauch lag je nach Belastung zwischen 2,7 und 3,0 kg Koks pro Kilometer.

Eine zweite Dampftriebwagenserie der PLM wurde ebenfalls von Purrey in Bordeaux gebaut. Diese Fahrzeuge enthielten 41 Sitzplätze und hatten ein Dienstgewicht von 25 t. Sie wurden im Jahre 1906 als VAcf 3–6 in Dienst gestellt. Die Wagen Nr. 3 und 6 bedienten die Strecke Dole–Poligny, während die Wagen Nr. 4 und 5 zwischen Lunel–Sommières und Uzès–Nozières verkehrten.

Ebenfalls ein Purrey-Wagen war der als Ersatz für Lokzüge auf der Strecke La Flèche–Sablé eingesetzte AV1 der PO (Abb. 63). Er unterschied sich von den seinerzeit üblichen, zweiachsigen Dampftriebwagen der Purrey-Bauart durch sein dreiachsiges Fahrwerk, bei dem die mittlere Achse die Treibachse war. Er wog 28,5 t und konnte zusätzlich noch einen etwa 15 t schweren 3. Klasse-Personenwagen mit 50 Sitzplätzen befördern. Die Raumaufteilung zeigte ein 1. Klasseabteil mit 26 Sitzplätzen, ein Postabteil und einen Gepäckraum. Eine Galerie auf dem Dach gestattete ferner, Gepäckstück, die wegen ihrer Länge nicht im Gepäckraum untergebracht werden konnten, auf dem Dach zu transportieren.

Abb. 63 (1A)1-Purrey-Dampftriebwagen, Gattung AV1, Prototyp der Paris-Orléans Bahn aus dem Jahre 1903.

Nach Ablieferung durch die Ateliers Purrey wurden im Mai 1903 auf der Strecke Bordeaux—Eymet (Länge rund 104 km) Versuchsfahrten mit dem 17 t schweren Dynamometerwagen der PO durchgeführt. Hierbei wurde unter anderem festgestellt, daß der Koksverbrauch bei 42 t Gesamtlast etwa 2,9 kg/km betrug. Während einer Testfahrt von Paris nach La Flèche mit dem Dynamometerwagen wurde der Streckenabschnitt Aubrais—Saumur mit einer Durchschnittsgeschwindigkeit von 86 km/h durchfahren.

Die ausgezeichneten Versuchsergebnisse mit dem AV1 veranlaßten die PO, einen neuen Dampftriebwagentyp in zweiteiliger Ausführung in Auftrag zu geben. Der vordere Fahrzeugteil bestand aus einem zweiachsigen Triebdrehgestell, das den Kessel und die Vorräte aufnahm, während der hintere als aufgestützter Wagenkasten mit einer einzelnen Laufachse ausgebildet war.

Diese Fahrzeugaufteilung sollte bei Reparaturen und Überholungsarbeiten das Trennen des Triebdrehgestells vom Wagenkörper und damit die Zugänglichkeit zu den Antriebsteilen erleichtern. Der Vorzug einer Einzelachse gegenüber einem Drehgestell unter dem nachlaufenden Wagen lag in der Forderung, die Triebwagen auf einer sehr einfachen Wendeeinrichtung drehen zu können. Auf einer Halbdrehscheibe mit 4,40 m Bühne, auf der gerade das Triebdrehgestell Platz hatte, wurde der Triebwagen unter Abstützung auf die rückwärtige Einzelachse gewendet. Aber auch die normalen Drehscheiben in den Depots hatten nur 12 m Durchmesser, so daß der Gesamtradstand auf 11,40 m beschränkt bleiben mußte.

Die PO bestellte insgesamt 10 dieser Dampftriebwagen (Abb. 64) und außerdem zwei Reservetriebdrehgestelle. Die Triebgestelle mit den Purrey-Dampferzeugern lieferten SACM und die Etablissements Robatel & Buffand, die Wagenkästen kamen von Carel und Fouché.

Abb. 64 (1A)1-Purrey-Dampftriebwagen, Serienausführung AV2-10 der PO.

Die Triebwagen enthielten ein Gepäckabteil, drei 1. Klasseabteile und drei 3. Klasseabteile. Die Gesamtplatzzahl betrug 55 Sitze. Eine Galerie auf dem Dach diente auch hier wieder der Aufnahme und der Beförderung sperriger Lasten. Das Gesamtgewicht eines Dampftriebwagens lag bei 35,5 t, wovon 14,2 t auf das Triebgestell entfielen.
Versuchsfahrten mit dem PO-Meßwagen auf der Strecke Brétigny – Dourdan ergaben einen Brennstoffverbrauch von 5,2 kg/km bei 61 t Gesamtgewicht des Triebwagens und des Meßfahrzeuges. Die erreichte Höchstgeschwindigkeit wurde mit 85 km/h angezeigt. Am 1. Juli 1906 nahmen die ebenfalls als Reihe AV gekennzeichneten Dampftriebwagen auf verschiedenen Strecken des Bezirks Tours den planmäßigen Fahrdienst auf.
Es sei darauf hingewiesen, daß später einige Wagen dieser Serie auf elektrischen Betrieb umgebaut worden sind und noch bis vor wenigen Jahren auf den Linien Les Aubrais – Orléans und Saint Pierre – Tours eingesetzt waren.
Auch die PLM beschaffte der PO-Serie sehr ähnliche Dampftriebwagen der Gattung VAcef 21 A 32 (Abb. 65), die sich von den PO-Wagen lediglich in einem etwas größeren Platzangebot unterschieden. Das Dienstgewicht lag mit 37,2 t um 1,7 t höher als das der PO-Wagen.
Ein Jahr zuvor – 1905 – stellte die PLM zwei zweiachsige Dampftriebwagen unter der Kennzeichnung VAcf 11 + 12 in Dienst, die mit Darracq-Serpollet-Kesseln ausgerüstet waren. Diese kleine Kesselbauart benötigte gegenüber den bisherigen Systemen nur einen geringen Raumbedarf. Der Dampferzeuger enthielt eine automatische Kesselspeisung und wurde mit Öl gefeuert. Der überhitzte Dampf trieb zwei Zylinder mit einfacher Dampfdehnung an und wurde, ehe er ins Freie austrat, durch einen Speisewasservorwärmer geleitet. Der Antrieb der vorderen Achse erfolgte über eine Kette und eine von den Zylindern direkt betätigte Zwischenwelle.

Abb. 65 (1A)1-Purrey Dampftriebwagen Gattung VAcef 21A32 der PLM.

Bei einem Dienstgewicht von 26,85 t enthielten die Triebwagen je ein Abteil 1. Klasse und 3. Klasse mit insgesamt 42 Sitzplätzen. Die gute Dampferzeugung der Darracq-Serpollet-Kessel ermöglichte, selbst bei zwei zusätzlich angekuppelten Personenwagen, noch eine durchschnittliche Fahrgeschwindigkeit von 60 km/h zu erzielen.

Beide Dampftriebwagen standen einige Jahre lang auf den Strecken Cercy – la-Tours – Gilly-sur-Loire und Mouchard – Salins im Einsatz. Um 1910 wurden sie aber schon aus dem Verkehr gezogen und in Personenwagen (Nrn. AC5fp8501 und 8502) umgebaut.

Nach dem durch den I. Weltkrieg hervorgerufenen Entwicklungsstillstand auf dem Fahrzeugsektor Dampftriebwagen erlosch bald gänzlich das Interesse an dieser Traktionsart, da bereits in zunehmendem Maße sich der Dieselbetrieb im Triebwagenbau auch bei den französischen Eisenbahnen durchzusetzen begann.

Einige wenige Versuchsbauarten wurden in späteren Jahren noch erprobt, so das System Sentinel-Cammell, das bei folgenden Dampftriebwagen Anwendung fand:

PO-Triebwagen ZZZB'C 4 Ey 23911 aus dem Jahre 1926. Dampferzeuger und Fahrzeugrahmen wurden von Sentinel-Cammell, der Wagenkasten von Dyle & Bacalau gebaut.

NORD-Triebwagen ZZ 19 (später ZZNF 1001 der SNCF) – Abb. 66 –, im Jahre 1935 von den bahneigenen Werkstätten nach Zeichnungen und in Lizenz von Sentinel gebaut.

Zwei EST-Triebwagen ZZZACEty 60501 und 60502 (später ZZNF 1101 und 1102) – Abb. 67 – aus dem Jahre 1935 in der Ausführung wie der Dampftriebwagen der NORD.

Alle drei Typen erfuhren keinen weiteren Nachbau mehr, da sich im Betrieb keine nennenswerten Vorteile gegenüber anderen Antriebsarten ergaben.

Abb. 66 Sentinel-Dampftriebwagen ZZ 19 der französischen NORD-Bahn, Baujahr 1935.

Abb. 67 Sentinel-Dampftriebwagen ZZZACEty 60501/502 der EST, Baujahr 1935.

Großbritannien und Irland

Als im Jahre 1903 mit der Einführung der ersten modernen Dampftriebwagen in England eine Periode raschen Aufschwungs dieser neuen Traktionsart auf der britischen Insel einsetzte, erinnerten kaum noch Konstruktion und Ausführung an die bereits 1848 und 1849 gebauten Versuchsfahrzeuge »Enfield« und »Fairfield«. Es waren inzwischen weit über fünfzig Jahre vergangen, in denen neue Erkenntnisse und andere Betriebserfordernisse einen neuen Typ des Dampftriebwagens geprägt hatten.
Während der ersten zehn Jahre zu Beginn des 20. Jahrhunderts bestand bei vielen kleineren britischen und irischen Bahngesellschaften ein ausgesprochenes Interesse für den Dampftriebwagen, da man sich auch hier einen wirtschaftlicheren Verkehr auf den Nebenstrecken gegenüber normalen lokbespannten Zügen erhoffte. Leider mußte man aber zunächst die bittere Erfahrung machen, daß die erwarteten Ergebnisse nicht erreicht wurden. Die Gründe lagen hauptsächlich in der Bauweise dieser Fahrzeuge, die sich noch zu sehr nach den Richtlinien der Standardfahrzeuge orientierten, mit dem Resultat, daß die Wagengewichte in keinem vernünftigen Verhältnis zum Sitzplatzangebot standen. Weiter war die Maschinenleistung infolge mangelnder Kesselreserven derart knapp bemessen, daß kaum ein zusätzlicher Personenwagen bei Bedarf von diesen Triebwagen gezogen werden konnte. Erst spätere Umbauten und Verbesserungen brachten schließlich zufriedenstellende Betriebsergebnisse.
Günstiger sahen die Verhältnisse dagegen bei den größeren Eisenbahngesellschaften aus, wo die Dampftriebwagen infolge besserer Abstimmung der Konstruktionen auf die Belange des Betriebes erfolgreicher eingesetzt werden konnten und daher auch wesentlich länger in Dienst standen. Einige Triebwagen der Lancashire & Yorkshire Railway und der London & North Western Railway waren sogar noch nach dem II. Weltkrieg im Einsatz.
Entsprechend den ausgeführten Typen konnten die englischen Dampftriebwagen in zwei Kategorien unterteilt werden. Die eine zeigte die Aufteilung des Fahrzeuges in eine Maschinen- und Wagenbaugruppe, wobei das Triebfahrzeug eine kleine, zweiachsige Lokomotive war, auf deren Hauptrahmen sich der Wagenkasten mit einem Ende abstützte. Die andere Ausführungsform war die geschlossene Bauweise, bei der die mit einem Lokomotivkessel oder einem vertikalen Dampferzeuger ausgerüstete Maschinengruppe auf einem der beiden Drehgestelle des Triebwagens untergebracht war. Das Triebgestell zeigte bei den verschiedenen Typen entweder gekuppelte Achsen oder die Achsfolgen 1A bzw. A1. Alle Wagen dieser letzten Kategorie besaßen einen zweiten Führerstand am Wagenende für die Rückwärtsfahrt.
Die Einführung der Dampftriebwagen neueren Ursprungs in England begann im Jahre 1903, als die London and South Western Railway auf der Strecke Fratton – Southsea erstmals ein solches Fahrzeug mit der Bahn-Nr. 1 in Dienst stellte. Der Wagen (Abb. 68) besaß je ein 1. und 3. Klasseabteil mit 10 bzw. 32 Sitzplätzen. Ursprünglich waren die Sitzplätze an den Längsseiten angeordnet, später wurden sie jedoch paarweise in Querrichtung aufgestellt. Zwischen Führerhaus und vorderem Einstieg lag zusätzlich noch ein kleiner Gepäckraum. Die Achsfolge war (A1)2′, wobei jedes Drehgestell neben der üblichen Druckluftbremse noch mit einer zusätzlichen Handbremseinrichtung ausgestattet war. Der senkrechtstehende Kessel war direkt auf dem Rahmen des Maschinendrehgestells verlagert, so daß lediglich bewegliche Leitungen für die Speisewasserzufuhr erforderlich waren. Die Leistung des Triebwagens sollte genügen, innerhalb von 30 Sekunden nach dem Anfahren eine Geschwindigkeit von 48 km/h zu erreichen. Leider erwies sich der Dampferzeuger aber bezüglich der Dampfentwicklung für diese Forderung als zu klein. Schon im Dezember desselben Jahres wurde er deshalb gegen einen neuen, leistungsfähigeren Kessel normaler, waagerechter Bauart ersetzt (Abb. 69).
In der zweiten Hälfte des Jahres 1904 wurden weitere drei Dampftriebwagen ähnlicher Bauart (Bahn-

Abb. 68 (A1)2'-Dampftriebwagen Nr. 1 der London and South Western Railway im Ursprungszustand mit senkrechtstehendem Kessel, 1903 in Dienst gestellt.

Abb. 69 Der L&SWR-Triebwagen Nr. 1 nach dem Umbau der Dampferzeugeranlage.

Abb. 70 B′2′-Dampftriebwagen Nr. 2233 der Midland Railway aus dem Jahre 1905.

Nrn.2–4) von den Bahnwerkstätten in Nine Elms gebaut. Diese Wagen besaßen acht 1. Klasse- und 32 3. Klassesitzplätze. In den Jahren 1905 bis 1906 folgten dann nochmals 13 Dampftriebwagen (Bahn-Nrn. 5–17), die sich vor allem durch eine größere Dimensionierung der Zylinder und der Heizfläche von ihren Vorgängerinnen unterschieden. Die Wagen dieser letzten Serie waren hauptsächlich auf der Strecke Basinstoke–Alton, sowie im Bezirk von Plymouth im Einsatz. Alle 17 Triebwagen standen etwa bis 1920 im Dienst.

Als zweite englische Eisenbahngesellschaft nahm die Taff Vale Railway Versuche mit Dampftriebwagen auf. Der erste Triebwagen wurde als Nr. 1 nach Entwürfen von T. Hurry Riches in den bahneigenen Werkstätten gebaut. Eigenartigerweise waren die 12 samt-plüsch-bezogenen 1. Klassesitzplätze an den Längsseiten des Wagens angeordnet, während die 40 3. Klassesitzplätze paarweise rechts und links vom Mittelgang quer zur Fahrtrichtung standen. Die einzelnen Abteile konnten vom stirnseitigen Einstieg (1. Klasse) und vom Mitteleinstieg (1. und 3. Klasse) erreicht werden. Beide Plattformen waren durch schwenkbare Eisengitter gesichert.

Das A1-Triebgestell besaß außenliegende Zylinder mit innerer Stephenson-Steuerung. Der Dampferzeuger war ein querliegender Doppelkessel mit in Maschinenmitte angeordneter Feuerbüchse. Von beiden Rauchkammern führten je ein Abdampfrohr in den gemeinsamen Schornstein an der vorderen Wagenstirnseite. Dampfdom und Sicherheitsventile lagen unmittelbar über der Feuerkiste.

Diesem ersten Probewagen folgten in den nächsten drei Jahren noch weitere 15 Dampftriebwagen ähnlicher Bauart sowie zwei Reservetriebgestelle. Die Wagen Nrn. 14 bis 16 hatten Wagenkästen der Firma Brush Electrical Engineering Company, Loughborough mit Türen anstatt Gittern an den Einstiegen. Die Raumaufteilung sah für die 1. Klasse 16 und für die 3. Klasse 57 Sitzplätze vor. Die Triebfahr-

Abb. 71 B'2'-Dampftriebwagen der Barry Railway, 1905 von der North British Locomotive Company gebaut.

zeuggruppe der Wagen 14–18 war größer und hatte ein anderes Aussehen, da der fast mittig zwischen den Achsen liegende Dampferzeuger gänzlich von der Führerhausverkleidung verdeckt wurde. Die beiden Führerhausaufgänge lagen vor und hinter dem Kessel.

Die 16 Dampftriebwagen waren normalerweise auf den Nebenstrecken Abercynon–Aberdare, Cardiff–Penarth, Pontypridd–Nelson, Pontypridd–Ynysybwl, Pontybridd–Llantrisant–Cowbridge und Porth-Maerdy eingesetzt. Aber auch im Vorortverkehr auf der Hauptstrecke Cardiff (Bute Road)–Cardiff (Queen Street)–Cathays Halt und Maindy (North Road) Halt konnten sie von Fall zu Fall angetroffen werden. Die letzten Dampftriebwagen der Taff Vale Railway schieden ebenfalls wie bei der L&SWR bis Ende 1920 aus dem Verkehr. Von allen britischen Eisenbahngesellschaften stand die Taff Vale Railway, was die Zahl der eingesetzten Dampftriebwagen betraf, an dritter Stelle.

Die Great Western Railway baute ihre ersten beiden Dampftriebwagen im Jahre 1903 nach den Plänen von G. J. Churchward in den Werkstätten von Swindon und stellte sie nach Ablieferung auf der Strecke Stonehouse–Chalford im Oktober desselben Jahres in Dienst. Bis zum Februar 1908 wurden insgesamt 99 Dampftriebwagen beschafft. Außer den Swindon Works der GWR beteiligten sich an der Fertigung der Triebwagen noch die Firmen Kerr, Stuart and Co. und die Gloucester Railway Carriage and Wagon Company. Im Gegensatz zu den mit verschiedenen Kessel- und Maschinenbauarten ausgerüsteten Triebeinheiten erhielten nur die Wagenkästen fortlaufende Betriebsnummern, so daß mit Ausnahme der Triebwagen Nr. 15 und 16 wiederholt bei Reparaturen Wagenkästen im Austauschverfahren mit anderen Triebdrehgestellen kombiniert wurden. Die beiden von Kerr, Stuart & Co. gelieferten Dampftriebwagen Nr. 15 und 16 unterschieden sich von den übrigen GWR-Typen durch das getrennte Trieb-

Abb. 72 Zweiteiliger Dampftriebwagen, 1905 an die Belfast and County Down Railway geliefert.

drehgestell, auf dessen hinterem Rahmenende der Wagenkasten sich einseitig abstützte. Bei allen anderen Ausführungen war das Triebdrehgestell in den durchgehenden Wagenaufbau mit einbezogen. Ferner wurden bei den Fahrwerken der Wagen 15 und 16 nur die zweite Achse angetrieben, während alle übrigen Dampftriebwagen zweifach gekuppelte Triebwerke besaßen. Die Triebwagenlängen waren unterschiedlich, da einige Fahrzeuge mit zusätzlichen Gepäckabteilen ausgerüstet waren. Alle Wagen besaßen ohne Ausnahme nur 3. Klasseabteile, wobei die Platzzahl zwischen 49 und 64 variierte, entsprechend schwankte auch das Gewicht zwischen 34,5 und 46,3 t.

Die Dampftriebwagen der GWR waren nahezu über das gesamte Streckennetz verteilt. Es gab kaum eine Nebenstrecke, auf der sie nicht anzutreffen waren. Die ersten Außerdienststellungen erfolgten dann aber schon im Jahre 1914, während der letzte Streckeneinsatz eines Dampftriebwagens im Herbst 1935 zwischen Neath (Canal Side) und Court Sart erfolgte. Einer der beiden Kerr-Stuart-Wagen (Nr. 15) wurde 1920 von der Firma J.W. Wake aufgekauft und nach einer Überholung an die Nidd Valley Waterworks Railway weiterverkauft, wo der Triebwagen erst im Jahre 1937 ausgemustert wurde.

Ebenfalls in die Blütezeit der britischen Dampftriebwagen fiel die Entwicklung dieser Fahrzeuggruppe in Irland. Als ersten irischen Dampftriebwagen stellte die Great Southern and Western Railway im Jahre 1904 einen von den Inchicore Works in Dublin gebauten Triebwagen der Bauart R. Coey in Dienst. Der Wagen besaß einen durchgehenden Fahrzeugrahmen, auf dem der Kastenaufbau und das Führerhaus verlagert waren. Angetrieben wurden lediglich die Räder der vorderen Achse. Der Fahrgastraum enthielt ein 1. Klasseabteil mit sechs Sitzplätzen am rückwärtigen Ende des Wagens. Ein Längsgang seitlich dieses Abteils führte in das große 3. Klasseabteil mit 40 Sitzplätzen. Zwischen dem Fahrgast-

Abb. 73 B'2'-Dampftriebwagen mit Beiwagen, 1905 von der Furness Railway in Dienst gestellt.

raum und dem Führerhaus lag außerdem noch ein Gepäckabteil. Hauptgrund für die Beschaffung dieses Dampftriebwagens war ein angestrebter wirtschaftlicherer Einsatz billiger Zugeinheiten auf der rund 13 km langen Nebenstrecke Gould's Cross–Cashel, die täglich fünfmal in beiden Richtungen befahren wurde. Dieser einzige Dampftriebwagen der GS&WR wurde schon im Jahre 1912 wieder außer Dienst gestellt.

Für den Nahverkehr auf der Linie Mauchline–Catrine beschaffte die Glasgow and South Western Railway im Jahre 1904 zwei Dampftriebwagen Nr. 1 und 2, die nach den Entwürfen von J. Mason in den Kilimarnock Werken der Bahngesellschaft gebaut worden waren. Es waren zweiteilige Fahrzeuge, die aus einer zweiachsigen Kleinlokomotive bestanden, auf derem rückwärtigen Rahmenende sich der mit einem Laufdrehgestell ausgerüstete Wagenkasten abstützte. Neben den beiden 3. Klasseabteilen mit insgesamt 50 Sitzen war noch ein Gepäckraum im hinteren Teil des Wagens vorhanden. Im Jahre 1905 kamen nochmals zwei Dampftriebwagen des gleichen Typs zum Einsatz. Alle vier Fahrzeuge wurden 1922 ausgemustert.

In vielen Fällen wurden von den verschiedenen Bahngesellschaften nur Einzelexemplare für ganz bestimmte Aufgabenbereiche angeschafft. So stellte beispielsweise die Midland Railway lediglich einen einzigen im Jahre 1905 von den Derby Works gebauten B'2'-Dampftriebwagen (Abb. 70) unter der Betriebsnummer 2233 auf der Morecambe–Heysham-Nebenstrecke in Lancashire in Dienst.

Auch die Great Central Railway beschaffte für den Lokalbahnbetrieb zwischen Seacombe und Wrexham drei Dampftriebwagen, die in den Jahren 1904 und 1905 nach den Plänen von J. G. Robinson von den Bahnwerkstätten in Gorton gebaut worden waren. Die in ungeteilter Bauweise ausgeführten Wagen enthielten den Maschinenraum mit Führerstand, ein Gepäckabteil, ein 1. Klasseabteil mit 12

Abb. 74 B′2′-Dampftriebwagen der Great Northern Railway in Irland.

Sitzplätzen und ein 3. Klasseabteil mit 44 Sitzplätzen. Die Wagen kamen später auch von Fall zu Fall auf der Strecke New Holland–Barton-on-Humber zum Einsatz.
Die North British Locomotive Company lieferte 1905 zwei Triebwagen (Abb. 71) an die Barry Railway für den Personenverkehr auf der Vale of Glamorgan Linie. Auch diese beiden Wagen zeigten wieder die geschlossene Triebwagenform mit einem zweifachgekuppelten Triebdrehgestell. Hinter dem Maschinenraum folgten der Gepäckraum, das 3. Klasseabteil mit 43 Sitzplätzen und das 1. Klasseabteil mit 10 Sitzplätzen. Der Speisewasservorrat wurde wie bei allen diesen Triebwagentypen in Tanks unterhalb des Wagenbodens mitgeführt. Beide Fahrzeuge schieden schon im Jahre 1913 aus dem Verkehr aus.
Zur Entlastung der regulären Züge zwischen Belfast und Holywood beschaffte die Belfast and County Down Railway von 1905 bis 1906 drei zweiteilige Dampftriebwagen mit B-gekuppelten Lokomotiven und aufgesattelten Wagen (Abb. 72), die nur die 3. Klasse führten. Die von Kitson & Co. gefertigten Maschinen besaßen Kessel mit Belpaire-Feuerbüchsen. Alle drei Triebwagen wurden 1918 ausgemustert.
Die Furness Railway stellte ebenfalls im Jahre 1905 für die Strecke Ulverston–Lakeside einen B′2′-Triebwagen ungeteilter Bauform in Dienst, der von Anfang an einen dazugehörigen zweiachsigen Beiwagen mit sich führte (Abb. 73). Das Platzangebot des Dampftriebwagens betrug 12 Sitze in der 1. Klasse und 36 Sitze in der 3. Klasse. Die Einheit war bis 1918 im planmäßigen Einsatz.
Sechs zweiteilige Dampftriebwagen mit Kleinlokomotiven wurden im Jahre 1905 auch von der Great Northern Railway in Dienst gestellt. Die je zwei von den Bahnwerken in Doncaster, von Kitson & Co. und von der Avonside Engine Company gelieferten Triebwagen bewährten sich derart gut auf den

Abb. 75 Versuchstriebwagen der Lancashire and Yorkshire Railway aus dem Jahre 1905.

Strecken Louth – Grimsby, Finchley – Edgware, Hatfield – Hertford, Hatfield – St. Albans und Hitchin – Baldock, daß sie erst 1922 aus dem Verkehr gezogen wurden.

Auch die Great Northern Railway in Irland erwarb für den Nahverkehr zwischen Belfast und Lisburn sowie zwischen Dublin und Howth 1906 vier von Charles Clifford entworfene zweiteilige Dampftriebwagen, deren Lokomotivteil Manning, Wardle & Co. in Leeds, den Wagenteil Brush Electrical Engineering Co. in Loughborough fertigten. Eine weitere einteilige Bauart (Abb. 74) lieferte die North British Locomotive Company etwa zur selben Zeit an die GNRI.

Die Great North of Scotland Railway erhielt im Jahre 1905 zwei zweiteilige Dampftriebwagen von Andrew Barclay, Sons & Co., Kilmarnock, deren Triebeinheit mit querliegenden Kesseln der Bauart Cochran ausgerüstet waren (Abb. 32). Es war hier das erste Mal, daß dieser Kesseltyp bei Lokomotiven eingesetzt worden war. Die Feuerbüchsdecke war als Halbkugel aus einem Blech gedrückt und besaß keine Stehbolzen- oder Nietverbindungen zur Feuerkiste. Die Heizgase strömten durch Seitenöffnungen der Feuerbüchse in die Rauchrohre, von da in eine Verbrennungskammer und zurück durch andere Rohre, bevor sie durch den Schornstein ausgestoßen wurden. Auch der Bodenring war in einem Stück aus einer Blechplatte gepreßt worden. Die beiden Zylinder trieben nur die vordere der beiden Lokomotivachsen an. Der Wagenteil war von den Bahnwerken in Inverurie konstruiert worden und hatte ein Sitzplatzangebot für 45 Reisende. Bei Versuchsfahrten zwischen Inverurie und Aberdeen wurden Höchstgeschwindigkeiten von 96,6 km/h erreicht, wobei die Beschleunigungszeit von 0 auf 48,3 km/h nur 20 Sekunden betragen haben soll. Trotz des guten Rufes des Cochran-Kessels arbeiteten die Triebwagen wegen der schlechten Dampferzeugung aber sehr unwirtschaftlich, sie wurden daher schon

Abb. 76 Standard-Dampftriebwagen der Lancashire and Yorkshire Railway, Baujahr 1906.

1909 bzw. 1910 wieder ausgemustert.
Zwei den bereits erwähnten Taff Vale Railway-Dampftriebwagen nahezu gleiche Ausführungen lieferte Kerr, Stuart & Co. im Jahre 1905 an die Lancashire and Yorkshire Railway. Diese Wagen (Abb. 75) waren aber nur etwa vier Jahre im Dienst. Sie waren zunächst nur für reine Versuchszwecke beschafft worden. Bereits im Mai 1906 folgte der erste Dampftriebwagen einer neuen Serie von 18 Einheiten (Abb. 76), die alle nach den Entwürfen von G. Hughes in den Bahnwerkstätten in Horwich gebaut wurden. Der Wagen war in drei Abteile unterteilt, einem kleinen Gepäckraum, dem geräumigen 3. Klasseabteil mit 56 Sitzplätzen und dem rückwärtigen Steuerraum, der an der Stirnwand einen Übergang zu evtl. mitgeführten Personenwagen besaß. Die B-gekuppelte Lokomotive war mit einem leistungsfähigen, normalen Lokkessel ausgerüstet, der es erlaubte, auch erhöhten Ansprüchen des Betriebes zu genügen. Diese sehr beliebten Dampftriebwagen waren in den Bahnbetriebswerken Colne, Wakefield, Bolton, Southport, Ormskirk, Blackpool North, Blackpool South, Sowerby Bridge und Bacup stationiert. Erst in den Jahren 1927 bis 1948 erfolgte nach und nach ihre Außerdienststellung.
Im Jahre 1905 baute Beyer, Peacock and Co. zwei im Aufbau fast identische Dampftriebwagentypen geteilter Bauart, bei der sich wieder der mit einem zweiachsigen Drehgestell ausgeführte Personenwagen auf der vornlaufenden Kleinlokomotive abstützte. Abgesehen vom Antrieb der vorderen Lokachse unterschieden sich diese Wagen von anderen der gleichen Bauart durch die Art der Führerhausgestaltung. Es war ähnlich wie bei den Trambahnlokomotiven weit nach vorn über den Kessel hinausgezogen, wodurch die Zweiteiligkeit der beiden Fahrzeugbaugruppen nicht so sehr zum Ausdruck kam wie bei den bisher erwähnten Dampftriebwagen dieses Typs. Zwei Exemplare erhielten

Abb. 77 (A1)2′-Dampftriebwagen der London, Brighton and South Coast Railway, 1905 von Beyer, Peacock and Company gebaut.

seinerzeit die London, Brighton and South Coast Railway (Abb. 77), und drei die North Staffordshire Railway. Bei beiden Gesellschaften konnten die Wagen jedoch nicht befriedigen. Die LB & SCR-Wagen kamen von 1908 bis 1912 noch bei den Trinidad Government Railways zum Einsatz ehe sie endgültig aus dem Verkehr gezogen und verschrottet wurden.

Zwischen 1905 und 1907 konstruierte die London and North Western Railway Company sechs Dampftriebwagen (Abb. 78) für den Einsatz auf den Strecken Prestatyn–Dyserth, Bethesda–Bangor, Red Wharf Bay–Holland Arms, Bletchley–Bedford und Oxford–Bicester. Diese nach Plänen von George Whale ausgeführten Fahrzeuge gehörten zur Gruppe der ungeteilten Triebwagen mit in den Wagenkörper miteinbezogener Maschinengruppe. Neben einem Raucher- und einem Nichtraucherabteil für jeweils 24 Reisende enthielten die Wagen noch ein Gepäckabteil und ein Vestibül mit Doppeltüren, das die beiden Passagierräume voneinander trennte. Das B-gekuppelte Fahrwerk wurde von den zwischen den Rahmen angeordneten Zylindern angetrieben. Die gesamte Maschinengruppe konnte nach vorn ausgebaut werden, hierfür war es lediglich nötig, den Wagenkasten leicht anzuheben, um Kessel und Schornstein unter dem Dach Platz zum Ausbau zu schaffen. Einige dieser Dampftriebwagen liefen später auch vorübergehend auf den Strecken Acton–Hammersmith und Chiswick. Der letzte noch von der LMS als Nr. 29988 betriebene Dampftriebwagen dieser Bauart fuhr noch bis 1948 auf dem Abschnitt Beattock–Moffat in Dumfriesshire.

Die irische Northern Counties Committee der Midland Railways beschaffte im Jahre 1905 zwei Dampftriebwagen geteilter Bauart (Abb. 79), die sich in Ausführung und Aussehen wesentlich von dem 1904 für die Midland Railway gebauten Triebwagen unterschieden. Sie waren für den Betrieb auf dem

Abb. 78 B′2′-Dampftriebwagen der London and North Western Railway, erstes Baujahr 1905.

Streckenabschnitt Greenisland – Antrim vorgesehen. Der Wagenaufbau zeigte wieder einen Gepäckraum hinter der Lokomotiveinheit, dem ein 3. Klasse-Raucherabteil und ein entsprechender Nichtrauchersalon derselben Klasse folgten. Ein Abteil war der 1. Klasse vorbehalten. Obwohl keine Besonderheiten der Maschine zu erwähnen sind, wies der Kessel außergewöhnlich große Dampfrohre auf, die vom Dampfdom senkrecht hinunter zu den außenliegenden Zylindern führten. Angetrieben wurden wieder die führenden Räder. Über das Datum der Ausmusterung der beiden Dampftriebwagen liegen keine Angaben mehr vor.

Zwei Dampftriebwagen mit aufgesattelten Personenwagen (Abb. 80) lieferten Kitson & Co. und die Metropolitan Carriage and Wagon Company im Jahre 1905 an die South Eastern and Chatham Railway. Die zweifach gekuppelte Triebeinheit besaß einen Kessel mit Belpaire-Feuerbüchse und Walschaert-Steuerung. Die Vorräte wurden wie bei den Tenderlokomotiven rechts und links neben dem Langkessel in Seitenbehältern mitgeführt. Die Raumaufteilung des Wagens zeigte die inzwischen fast schon zur Norm gewordene Anordnung mit einem 32 Sitzplätze aufweisenden Nichtrauerabteil, ein Raucherabteil für 24 Reisende und einen kleinen Gepäckraum. Die Reisegeschwindigkeit betrug etwa 48 km/h. Der Wagen Nr. 1 war ursprünglich für den Einsatz auf der Sheppey Nebenstrecke zwischen Queensborough und Leysdown, die Nr. 2 für die Lokalbahn Hundred of Hoo zwischen Gravesend und Port Victoria vorgesehen. Im Jahre 1906 folgten nochmals sechs Triebwagen des gleichen Typs, die unter anderem auf den Sandgate-, Dungeness-, New Romney-, Hayes- und Westerham-Linien, sowie zwischen Sevenoak und Swanley Junction, Beckenham und Norwood und Orpington und Crystal Palace verkehrten.

Das Jahr 1905 zeigte einen später nie wieder erreichten Höhenpunkt in der Beschaffung von

Abb. 79 (A1)2′-Dampftriebwagen der irischen Northern Counties Committee aus dem Jahre 1905.

Dampftriebwagen und es schien so, als hätte sich diese neue Triebfahrzeuggattung nun endgültig durchgesetzt. Es gab kaum noch eine bedeutende Eisenbahngesellschaft in Großbritannien, die nicht mit diesem Fahrzeugtyp herumexperimentierte. Um 1911 waren es nur noch die Great Eastern, die North Eastern, die North British, die Caledonian und die Highland Railway, die keine Dampftriebwagen in ihrem Bestand führten.

Aber in den darauffolgenden Jahren konnte ein spürbarer Rückgang im Bau von Damptriebwagen festgestellt werden. Es waren nur noch einige wenige Gesellschaften wie die Dublin, Wicklow and Wexford Railway, die Isle of Wight Central Railway oder die Rhymney Railway, die in den Jahren von 1906 bis 1907 Dampftriebwagen in Auftrag gaben. Es handelte sich hierbei um zweiteilige Einheiten mit B-gekuppelten Lokomotiven und aufgesetzten Personenwagen mit Regeldrehgestellen.

Im Jahre 1908 bauten R. and W. Hawthorn und Hurst, Nelson and Co. für die Port Talbot Railway einen Dampftriebwagen, der durch seine Größe und die Ausbildung des Triebwerkes gegenüber den bisherigen Fahrzeugen aus dem Rahmen fiel. Da der Einsatz auf der sehr steigungsreichen 22,5 km langen Strecke von Cardiff nach Pontyrhill vorgesehen war, erhielt das Triebfahrzeug des in geteilter Bauart ausgeführten Wagens drei gekuppelte Achsen. Der normale Lokkessel war mit der Feuerbüchse nach vorn eingebaut und versorgte die hinter der dritten Kuppelachse liegenden beiden Außenzylinder mit Dampf von 12 bar Spannung. Direkt angetrieben wurde die mittlere der drei Kuppelachsen. Die Anwendung von dreifachgekuppelten Triebwerken im Dampftriebwagenbau war äußerst selten und wurde, soweit bekannt, nur noch einmal im Jahre 1914 bei neun mit senkrechtstehenden Kesseln ausgerüsteten Triebwagen für die Federated Malay States Railways ausgeführt. Der Wagen hatte Sitzplätze für 58 Reisende und

Abb. 80 Zweiteiliger Dampftriebwagen der South Eastern and Chatham Railway, Baujahr 1905.

einen Gepäckraum, in dem erforderlichenfalls noch weiter acht Fahrgäste untergebracht werden konnten. Der Triebwagen hatte eine Gesamtlänge von 22,7 m über die Puffer, womit er zu seiner Zeit das größte Exemplar seiner Bauart darstellte. Der Dampftriebwagen wurde im Juli 1920 abgestellt und schließlich an die Port of London Authority verkauft, auf deren Netz er noch bis 1926 verkehrte.

Die Cardiff Railway, ein Dock-Unternehmen mit einer ca. 5,2 km langen Verbindungsbahn zwischen den Docks und der Hauptstrecke der Rhymney Railway, stellte 1911 zwei von der Gloucester Railway Carriage and Wagon Company gebaute Dampftriebwagen geschlossener Bauart (Abb. 81) mit 16 1. Klasse- und 48 3. Klassesitzplätze in Dienst. Das mit einem vertikalen Röhrenkessel ausgeführte Triebdrehgestell hatte zwei Kuppelachsen, deren hintere von den außenliegenden Zylindern angetrieben wurde. Beide Wagen haben sich nicht bewährt und wurden schon 1914 wieder ausgemustert.

Ende 1911 standen etwa 211 Dampftriebwagen im Einsatz, die sich auf 25 Eisenbahnverwaltungen in England und Irland verteilten. Es vergingen dann 12 Jahre, ehe eine neue Entwicklung die zweite Phase des Dampftriebwagens in Großbritannien einleitete.

Schon bald nach dem Ersten Weltkrieg wurde man sich bewußt, daß der rapide Aufschwung des Straßenverkehrs eine ernst zu nehmende Konkurrenz für den Schienenverkehr bedeutete, und daß diesem nur durch geeignete Maßnahmen, insbesondere der Rationalisierung des Güter- und Personenverkehrs begegnet werden konnte. So nahm es dann kein wunder, daß auch der Dampftriebwagen eine Wiedergeburt erfuhr. Er sollte auf den weniger frequentierten Nebenbahnen die Lokzüge ablösen und damit eine wirtschaftlichere Bedienung dieser Strecken ermöglichen.

Im Jahre 1923 stellten die Sentinel Wagon Works Ltd. in Screwsbury einen neuen in Zusammenarbeit mit Cammell-Laird and Co., Nottingham entwickel-

Abb. 81 B′2′-Dampftriebwagen der Cardiff Railway, 1911 in Dienst gestellt.

ten Dampftriebwagentyp vor, der von der Jersey Railways and Tramways Company für den Einsatz auf der Linie St. Helier – Corbière in Auftrag gegeben worden war. Der mit zwei Drehgestellen ausgeführte Wagen war so konstruiert, daß das Triebgestell eine eigenständige Einheit darstellte, aber über einen Drehzapfen mit dem Hauptrahmen verbunden war. Da das Führerhaus mit der Triebeinheit fest verbunden war, entstand eine bewegliche Verbindung zwischen diesem und dem Wagenkasten, wobei die Gesamtkontur der Seitenflächen aber beibehalten wurde. Der Wagenkasten ging direkt in den Hauptrahmen über, so daß durch diese Art selbsttragende Konstruktion ein Teil der Kräfte auch vom Kasten übernommen werden konnte. Diese Bauart ermöglichte eine beträchtliche Gewichtsreduzierung gegenüber den Konstruktionen der ersten Phase. So wog der Sentinel-Wagen nur 15,4 t bei einem Platzangebot von 56 Sitzen. Die Zweizylinder-Dampfmaschine war liegend im Führerhaus angeordnet und trieb über ein Kettenvorgelege eine Zwischenwelle im Drehgestell an, von der jeweils eine separate Rollenkette zu jeder der beiden Achsen führte. Als Dampferzeuger diente ein senkrechtstehender Röhrenkessel der Bauart Sentinel. Insgesamt beschafften die Jersey Railways drei dieser Dampftriebwagen.

Am 21. Februar 1924 wurde der neue Sentinel-Typ offiziell einem größeren Kreis von leitenden Beamten der britischen Eisenbahnen vorgestellt. Die guten Ergebnisse der Vorführungen und Versuche führten schließlich dazu, daß fünf Gesellschaften Dampftriebwagen bei Sentinel in Auftrag gaben. So bestellten unter anderem die London and North Eastern Railway 24 Exemplare, die in den Jahren 1925 bis 1928 zur Auslieferung kamen. Weitere 49 Triebwagen mit leistungsfähigeren Maschinen, Kardanwellen, durchgehendem Wagenkasten und vielen anderen Neuerungen und Verbesserungen kamen von 1928 bis 1931 ebenfalls bei der L&NER

Abb. 82 Zweiteiliger, kettengetriebener Sentinel-Dampftriebwagen der London, Midland and Scottish Railway, Baujahr 1925.

Abb. 83 Einteiliger Sechszylinder-Dampftriebwagen der Axholme Joint Railway aus dem Jahre 1930.

Abb. 84 Erste Ausführung von zehn Sentinel-Dampftriebwagen der London and North Eastern Railway, die im Jahre 1930 zum Einsatz kamen.

zum Einsatz. Die letzten dieser Dampftriebwagen wurden erst 1948 aus dem Verkehr gezogen.
Auch die London, Midland and Scottish Railway sowie die Axholme Joint Railway beschafften Einzelexemplare dieser Bauart (Abb. 82 und 83).
Die weitere Entwicklung der Sentinel-Dampftriebwagen führte 1930 zur Einführung der ersten fünf Gliederdampftriebwagen bei der L&NER. Diese Triebwagenzüge (Abb. 84) bestanden aus zwei Wagen mit zwei Triebgestellen und einem Regeldrehgestell. Die beiden 73,6 kW-Sechszylinder-Dampfmaschinen waren im vorderen und im mittleren Drehgestell untergebracht, wobei letzteres als Jakobsdrehgestell ausgebildet war. Angetrieben wurde im vorderen Triebgestell die erste Achse, im Jakobdrehgestell die zweite Achse. In den zur Verfügung stehenden Abteilen konnten 132 Sitzplätze untergebracht werden.
Ein ganz wichtiger Faktor im Dampftriebwagenbau war das Bestreben, das Verhältnis von Eigengewicht zur Zahl der Sitzplätze so gering wie möglich zu halten, d. h. pro Sitz einen möglichst kleinen Anteil des Fahrzeuggewichtes zu erhalten, um dadurch eine größtmögliche Wirtschaftlichkeit im Betrieb zu erzielen. Das wiederum bedeutete aber, daß das Fahrzeug extrem leicht sein mußte. Im Jahre 1933 baute Sentinel nach diesen Gesichtspunkten einen Dampftriebwagen für die Southern Railway (Abb. 85), die ihn nach Ablieferung auf der Strecke Brighton–Dyke einsetzte. Der Triebwagen war für Einmannbedienung und automatische Rostbeschickung vorgesehen. Die 73,6 kW-Zweizylinder-Verbundmaschine mit Stephenson-Steuerung war als kompakte Einheit in der Art wie bei den Einzelachsantrieben der Elektrolokomotiven direkt auf einer Achse montiert. Außergewöhnlich und ungewohnt waren auch die nach außen auf die Achsschenkel verlegten Bremstrommeln. Der vertikale Röhrenkessel besaß einen automatischen Speisewasserregler, der in Zusammenarbeit mit der

Abb. 85 Sentinel-Leichttriebwagen der Southern Railway, Baujahr 1933.

Abb. 86 Clayton-Dampftriebwagen Nr. 42 der London and North Eastern Railway, aufgenommen am 21. Dezember 1928.

Speisepumpe für einen konstanten Wasserstand im Kessel sorgte. Die mechanische Rostbeschickung wurde ebenfalls von dem Regler gesteuert und zwar so, daß der Anteil der der Feuerbüchse zugeführten Kohle proportional zur Menge des zu verdampfenden Wassers stand. Der Triebwagen enthielt neben den beiden stirnseitigen Führerständen zwei Großraumabteile mit 24 bzw. 20 Plätzen. Es waren keine Zug- und Stoßvorrichtungen vorhanden, lediglich leichte Stoßstangen. Der Triebwagen bewährte sich ausgezeichnet. Später wurde er auch auf der Strecke Dunton Green – Westerham eingesetzt. Die extrem leichte Bauart führte jedoch bei einer dieser Fahrten infolge Überladung zum Bruch des Hauptrahmens. Auf Grund dieses Unfalles wurde der Wagen vorzeitig ausgemustert. Es war der letzte Sentinel-Dampftriebwagen, der für eine Bahngesellschaft in Großbritannien gebaut worden war.
Eine andere interessante englische Dampftriebwagenkonstruktion war die Bauart Clayton. Die Clayton Wagons Ltd., Abbey Works in Lincoln, führten den ersten dieser Dampftriebwagen im Jahre 1927 bei der London and North Eastern Railway ein, die ausgiebige Versuche mit ihm im Frühjahr desselben Jahres durchführte. Äußeres Merkmal des Clayton-Triebwagens (Abb. 86) war das zweiachsige Triebgestell mit innenliegender Maschine und außen durch Kuppelstangen verbundene Räder. Der Kessel war auf dem rückwärtigen Teil des Triebgestells so angeordnet, daß er noch im Führerhaus untergebracht werden konnte, während die Vorräte vor dem Führerhaus auf dem freien Teil des Triebgestells in einem besonderen Vorbau enthalten waren.
Nach Ablauf der erfolgreich verlaufenen Testfahrten bestellte die L&NER zehn weitere Clayton-Dampftriebwagen, die aber alle bereits 1937 wieder ausgemustert wurden, da sich im Betrieb doch noch manche Mängel einstellten. Sechs ähnliche Triebwagen wurden im Jahre 1928 auch an die Great Southern Railway in Irland geliefert. Weitere Aufträge auf diese Bauart wurden für die Ägyptische Staatsbahn und Polen ausgeführt. Der Gesamtanteil des Clayton-Dampftriebwagens am Inlandsmarkt und am Export blieb verschwindend klein.
Nach der Verstaatlichung der Bahngesellschaften und Übernahme durch die British Railways am 1. Januar 1948 befanden sich nur noch drei Dampftriebwagen im Einsatz. Eigenartigerweise war nur ein modernes Fahrzeug unter ihnen, der Sentinel-Triebwagen »Hope« der L&NER aus dem Jahre 1928. Der zweite Dampftriebwagen lief als Nr. 18 früher bei der Lancashire and Yorkshire Railway und war 1911 als geteilte Einheit mit Lok und aufgestütztem Wagen gebaut worden. Als letzter existierte noch der ex-London and North Western Railway Dampftriebwagen Nr. 29988 der LMS aus der Gründerzeit zwischen 1905 und 1907. Er hatte es immerhin auf rund 40 Betriebsjahre gebracht und dürfte damit der älteste und am längsten in Betrieb gewesene Dampftriebwagen Englands gewesen sein.

Italien

Auch auf der Apeninenhalbinsel lag der Schwerpunkt des Dampftriebwagenseinsatzes innerhalb der Ära des ersten Jahrzehntes des 20. Jahrhunderts, also der Blütezeit dieser Fahrzeuggattung, wie sie bereits in den meisten anderen Ländern beobachtet werden konnte. Die wenigen Typen, die von der FS beschafft wurden, kamen vorwiegend in den Jahren 1906 und 1907 zum Einsatz.
Nachdem schon Erfahrungen mit Dampftriebwagen der Bauart Purrey gesammelt worden waren, lieferte die heimische Firma Officine Meccaniche in Mailand 1906 den ersten von drei in Auftrag gegebenen (1A)2′-Dampftriebwagen der Gruppe 85 (Abb. 87). Die Maschinenanlage mit dem normalen Lokomotivkessel kam von der englischen Firma Kerr, Stuart & Co. in London. Das Triebgestell mit dem allseitig geschlossenen Führerhaus bildete eine selbstständige Baugruppe, auf die sich der mit einem zweiachsigen Regeldrehgestell ausgerüstete Personenwagen ab-

Abb. 87 Ehemaliger (1A)2′-Dampftriebwagen Gruppe 85 der FS. Auf dem Bild bereits im umgebauten Zustand mit Dieselmotor.

Abb. 88 B′2′-Dampftriebwagen Gruppe 86 der FS, im Jahre 1906 von Kerr, Stuart & Co. gebaut.

Abb. 89 B′B′-Dampftriebwagen, im Jahre 1908 von Ganz an die Adriatico-Amandola-Fermo-Eisenbahn geliefert.

Abb. 90 Bo′2′-Dampfschnelltriebwagen mit Doble-Dampferzeuger, 1934 von der FS in Dienst gestellt.

stützte. Während die Kohlenvorräte auf dem Maschinenrahmen untergebracht werden konnten, wurde das Speisewasser in einem unter dem Wagenboden aufgehängten zylindrischen Behälter mitgeführt. Das 19,4 m lange Fahrzeug verfügte über je ein Abteil 1. Klasse mit 16 Sitzplätzen und 3. Klasse mit 50 Sitzplätzen sowie einen Gepäckraum. Die Höchstgeschwindigkeit betrug 60 km/h. Die drei Dampftriebwagen erhielten die Betriebsnummern 851 bis 853, und wurden im Bezirk von Bergamo eingesetzt. Mitte der Zwanziger Jahre wurden die Wagen schließlich wegen Unrentabilität umgebaut. Die Dampfmaschinenanlage wurde gegen ein Dieselaggregat ausgetauscht und die ursprüngliche 1. Klasse ebenfalls in ein 3. Klasseabteil umgerüstet. Mit dem Umbau erhielten die Wagen auch die neue Gruppenbezeichnung 860.
Zur gleichen Zeit, als die Triebwagen der Gruppe 85 gebaut wurden, fertigte die Firma Kerr, Stuart & Co. in London zwölf Dampftriebwagen der Gruppe 86 für die FS. Im Gegensatz zur vorherigen Serie zeigte diese Bauart (Abb. 88) einen durchgehenden Kastenrahmen, in dem das B-gekuppelte Triebgestell und der Lokomotivkessel miteinbezogen waren. Im übrigen zeigte der Wagenaufbau kaum Unterschiede zur Vorgängerserie. Auch hier war wieder dieselbe Raumaufteilung in je ein 1. und 3. Klasseabteil mit 16 bzw. 50 Sitzplätzen sowie den kleinen Gepäckraum vorgenommen worden. Das rund 20 m lange Fahrzeug ruhte vorn auf dem zweiachsigen Triebgestell und hinten auf einem normalen Drehgestell. Die Höchstgeschwindigkeit war auf 60 km/h begrenzt. Die Dampftriebwagen wurden unter den Betriebsnummern 861 bis 872 in den FS-Fahrzeugbestand eingereiht und auf der 92 km langen Strecke Brescia-Parma sowie im Bezirk von Cremona betrieben.
Ein Einzelexemplar eines A1-Dampftriebwagens baute die Firma Komarek in Wien kurz nach der Jahrhundertwende für die normalspurige Privatbahn Societe Venetia. Der Wagen hatte je ein Abteil 2. und 3. Klasse, wies aber sonst keine nennenswerten Besonderheiten auf.
Weitere fünf (1A)2′-Dampftriebwagen mit 58,8 kW Leistung (Abb. 89) lieferte Ganz im Jahre 1908 an die Adriatico-Amandolo-Fermo-Eisenbahn für deren 950 mm spuriges Streckennetz.
Noch einmal machte die FS im Jahre 1934 einen Versuch mit drei Dampf-Schnelltriebwagen der Gattung ALv 72. Die Wagen (Abb. 90) waren mit zwei zweiachsigen Drehgestellen ausgerüstet, von denen das vordere Triebgestell zwei Zweizylinder-Dampfmotore mit zusammen 161,8 kW Leistung enthielt. Der 23 m lange Wagenkörper besaß stirnseitig jeweils einen Führerstand, wobei hinter dem vorderen Führerstand der von Henschel gelieferte Schnellverdampfer der Bauart Doble installiert war, während am rückwärtigen Ende ein Dienstabteil und die Toilette lagen. Der lange, mit Mittelgang ausgerüstete Fahrgastraum 3. Klasse bot für 72 Reisende Sitzplätze. Das Gesamtgewicht eines Wagens betrug 31,6 t, die Höchstgeschwindigkeit 120 km/h. Nach ihrer Fertigstellung erhielten die drei Triebwagen die Betriebsnummern 72.301 bis 303. Sie wurden hauptsächlich im Schnellverkehr auf der Strecke Padua–Bologna eingesetzt, erwiesen sich aber im Laufe der Zeit so störungsanfällig, daß sie bereits Ende 1940 wieder aus dem Verkehr gezogen wurden.

Österreich, einschl. k.u.k.-Monarchie

Der damaligen politischen Situation entsprechend finden wir in diesem Kapitel die Entwicklungsgeschichte all jener Dampftriebwagen, die seinerzeit in den diesem Staatenbund angehörenden Ländern gelaufen sind.
Zu den ganz frühen Erprobungen von Dampftriebwagen in der Österreichisch-Ungarischen Monarchie gehörten die Versuche mit einem Triebwagen der Bauart Grantham, die im Jahre 1876 auf der Wiener Straßenbahn zwischen der Simmeringer Trambahnstation und dem Centralfriedhof durchgeführt worden sind. Es war ein straßenbahnähnliches

Abb. 91 B'2'-Dampftriebwagen der Elbogener Local-Bahn, im Jahre 1880 von Ringhoffer gebaut.

Fahrzeug mit offenen Stirnbühnen, einem zweiachsigen Laufdrehgestell und einer einzelnen Treibachse. Der Wagen war von der englischen Firma Starbuck Car & Wagon Co. in Birkenhead speziell für den Betrieb auf der Wiener Tramway Gesellschaft konstruiert worden. Die Maschinenanlage und den Kessel lieferte Shand, Mason & Company. Der Dampferzeuger besaß geneigt in Reihen angeordnete Wasserrohre, die sich übereinander kreuzten und eine aufrechtstehende Feuerbüchse. Die Zylinder lagen direkt hinter der vorderen Plattform und wirkten über Treibstangen auf die einzelne Treibachse. Die Speisewasserbehälter waren unter die Sitze des Wagens verlegt worden. Der Wagen bot Plätze für 24 Fahrgäste. Obwohl der Kessel sehr schnell Dampf erzeugte, hatte er in seiner Funktion als Trambahnantrieb einen zu kleinen Wasserraum und damit eine zu geringe Leistung, die außerdem noch sehr von den starken Druckschwankungen infolge unterschiedlicher Kesselbeanspruchung beeinflußt wurde. Die unbefriedigenden Betriebsergebnisse führten daher schon bald zum Abbruch der Versuche.

Der erste heimische Dampftriebwagen ist in der Tschechoslowakei bei Ringhoffer in Prag-Smichow gebaut worden. Es war ein B'2'-Triebwagen des Systems Böhm-Schwind (Abb. 91), der im Jahre 1880 von der Elbogener Local-Bahn, einer in Westböhmen gelegenen Linie, auf der Strecke Elbogen – Neusattl in Dienst gestellt wurde.

Der Kasten des Dampfwagens war in vier Abteile, den Maschinenraum, das daran anschließende 3. Klasse-Doppelabteil mit 24 Sitzplätzen, das 2. Klasseabteil mit 8 Sitzplätzen und eine am Wagenende liegende, überdachte Plattform aufgeteilt. Das Dach war über dem Maschinenraum abnehmbar,

Abb. 92 A1-Probetriebwagen System Serpollet, 1902 von der kkStB für die Lokalbahn Laun – Libochowitz beschafft.

um einen besseren Zugang zu den Kesselarmaturen zu erhalten. Als Heizung dienten je ein mit Sand gefüllter Kasten in beiden Abteilen, durch den Dampfrohre geleitet waren, die während des Stillstandes des Triebwagens mit Frischdampf beaufschlagt wurden und den Sand soweit erhitzten, daß während der Fahrt genügend Wärme abgegeben werden konnte. Zur Verständigung zwischen dem Schaffner und dem Maschinisten diente ein längsseits des Wagens verlaufender Steg mit Geländer.

Als Dampferzeuger diente ein stehender Röhrenkessel, der unmittelbar auf der Decke des Triebgestells verlagert war. Die beiden außenliegenden Zylinder mußten unter 15° geneigt angeordnet werden, da der Radstand mit 1,85 m zu gering für eine horizontale Verlagerung war. Die Dampfverteilung besorgte eine Stephenson-Steuerung. Entsprechend den vorhandenen Betriebsverhältnissen auf der 6 km langen Nebenbahn war eine Durchschnittsgeschwindigkeit von 12 km/h vorgesehen. Im Winter verkehrte der Triebwagen allein, im Sommer führte er zusätzlich noch einen leichten Personenwagen mit sich. Berichten zufolge soll sich der Dampftriebwagen nicht sonderlich bewährt haben. Schon im Jahre 1888 stand der Wagen nicht mehr bei der Elbogener Local-Bahn in Betrieb. Es wird angenommen, daß er um 1900 ausgemustert wurde.

Nach den wenig erfreulichen Erfahrungen mit dem Böhm-Schwind-Triebwagen, schien das Interesse an derartigen Wagen in den Donauländern der Monarchie für lange Zeit erloschen zu sein. Erst die von Deutschland ausgehende Entwicklung der Esslinger-Dampftriebwagen veranlaßte die kkStB, im Jahre 1902 einen A1-Probetriebwagen des Systems Serpollet für die Lokalbahn Laun-Libochowitz zu beschaffen (Abb. 92). Die Maschinen-

Abb. 93 A1-Dampftriebwagen mit Komarek-Kessel der Lokalbahn Böhmisch-Leipa-Steinschönau, von Ringhoffer im Jahre 1903 geliefert.

fabrik Esslingen lieferte Kessel und Maschine, Ringhoffer den Wagen. Der im Äußeren und im Aufbau den späteren württembergischen Kittelwagen sehr ähnliche Triebwagen besaß ein hinter dem Führerstand liegendes 2. Klasseabteil mit 8 Sitzplätzen und ein daran anschließendes 3. Klasseabteil mit 30 Sitzplätzen. Der Kessel wirkte als Schnellverdampfer ohne Wasserraum und gab den Dampf direkt an die außenliegenden Zylinder ab, von wo die Kraftübertragung auf die vordere Achse über Treibstangen erfolgte. Die Indienststellung des Wagens geschah noch unter der Bezeichnung »Serpollet Nr. 1«, später reihte ihn die kkStB als 2.001 ein. Leider waren die Betriebserfahrungen nicht zufriedenstellend. Häufige Rohrbrüche führten zu öfteren Reparaturaufenthalten in den Werkstätten. Auch war die Kesselleistung gemessen an den Betriebserfordernissen viel zu gering. Die ČSD übernahm in den folgenden Jahren den Triebwagen und klassifizierte ihn als M 113.001. Im Jahre 1926 baute sie ihn schließlich in einen Personenwagen um.

Mit den beiden 1903 für die Lokalbahn Böhmisch-Leipa – Steinschönau bei Ringhoffer in Auftrag gegebenen A1-Dampftriebwagen (Abb. 93) kehren wir wieder an die Wiege der k.u.k.-Dampftriebwagen nach Prag zuruck. Während Ringhoffer wieder den wagenbaulichen Teil übernahm, lieferte Komarek in Wien Kessel und Zwillingsmaschine. Damit begegnen wir bereits dem zweiten bedeutenden Hersteller von Dampftriebwagen der alten Donaumonarchie. Nach Graz und Ringhoffer begann die Wiener Maschinenfabrik Komarek im Jahre 1903 mit der Fertigung von Dampftriebwagen, die sie mit Kesseln eigener Entwicklung ausrüstete.

Die zwei genannten Wagen erhielten eine Zweizylinder-Verbundmaschine mit Joy-Steuerung. Der einzige Unterschied zwischen beiden Fahrzeugen lag

Abb. 94 Komarek-Dampftriebwagen, 1904 an die MÁV geliefert.

in der verschiedenartigen Abteileinrichtung. Während der Wagen Nr. 1 zwei Abteile 3. Klasse mit insgesamt 32 Plätzen besaß, erhielt der Wagen Nr. 2 eine 2. Klasse mit 8 und eine 3. Klasse mit 24 Sitzplätzen. Auch diese Wagen konnten sich nicht auf der vorgesehenen Strecke bewähren, zumal die vorhandenen 33 ‰ Steigungen ihren Einsatz als denkbar ungeeignet erscheinen ließen.

In den Jahren 1905 und 1906 kaufte die kkStB die Wagen auf und setzte sie als 1.001 und 1.002 auf der Linie Laun–Libochowitz und auf der Lokalbahn Opočno–Dobruška ein. Nach ihrer Übernahme durch die ČSD wurden sie in M 124.001 und M 124.002 umgezeichnet. Während der M 124.002 bis zu seiner Ausmusterung im Jahre 1941 auf seiner Stammstrecke verblieb, kam der M 124.001 nach 1923 noch zur Kuttenberger Lokalbahn, wo er bis 1947 verblieb. Heute steht dieser Dampftriebwagen im Prager Verkehrsmuseum.

In diesen Jahren lieferte Komarek eine ganze Reihe Dampftriebwagen an die kkStB und verschiedene andere Bahngesellschaften so u. a. auch an die MÁV (Abb. 94). In Gemeinschaft mit Ringhoffer baute Komarek 1903/04 die beiden A1-Triebwagen CM 14100-101 (später 1.201–202) für die kkStB. Der CM 14101 kam zur Welser Lokalbahn, während der CM 14100 (Abb. 95) nach anfänglichem Probebetrieb auf die Achsfolge 1A1 umgebaut wurde. Im Jahre 1916 wurden beide Wagen aus dem Verkehr gezogen und in Personenwagen umgewandelt.

Im Jahre 1906 stellte die kkStB versuchsweise einen A1-Komarek-Dampftriebwagen auf der Wiener Stadtbahn in Dienst. Bei Vergleichsfahrten mit Konkurrenztriebwagen und Leichtlokomotiven erzielte er zwar die besten Ergebnisse seiner Fahrzeuggattung, konnte aber nicht die Wirtschaftlichkeit der mit im Wettbewerb gestandenen Kleinlokomotiven erreichen. Der Triebwagen kam als 1.101 im Vil-

Abb. 95 A1-Dampftriebwagen CM 14100 der kkStB, 1903 in Gemeinschaftsarbeit von Komarek und Ringhoffer gebaut.

lacher Bezirk zum Einsatz und wurde 1925 bereits ausgemustert.

Von den einzelnen Sekundärbahnen waren es vor allem die Niederösterreichischen Landesbahnen (NÖLB), die der Einführung von Dampftriebwagen sehr positiv gegenüberstanden. Im Jahre 1903 lieferte Komarek drei schmalspurige 760 mm-Triebwagen mit Verbundmaschinen (Nr. 1 3), die sich aber nicht bewährten und schon ab 1908 bis 1911 ausgemustert wurden. Einen ähnlichen Wagen bezog die Lokalbahn Triest-Parenzo im Jahre 1903 (Abb. 96). Da er aber den betrieblichen Anforderungen nicht genügen konnte, kam er 1906 zur Pinzgauer Lokalbahn, wo er als 1.001/S bis 1929 im Bestand geführt wurde.

Die Erkenntnis, daß die kleinen zweiachsigen Dampftriebwagen leistungsmäßig den Anforderungen nicht gewachsen waren, führte zur Einführung vierachsiger Triebwagen. Die kkStB beschaffte im Jahre 1908 einen B'2'-Dampftriebwagen (Abb. 97) von der Ersten Böhmisch-Mährischen Maschinenfabrik in Prag, dessen Wagen und Laufwerk Ringhoffer beistellte. Das zweiteilige, gelenkige Fahrzeug enthielt einen Komarek-Kessel und eine Verbund-Zwillingsmaschine mit Heusinger-Steuerung. Der Wagen führte die 2. Klasse mit 8 Sitzplälzen und die 3. Klasse mit 31 Sitzplätzen. Eingesetzt wurde der Triebwagen als 1.401 auf der Lokalbahn Swietla–Ledeč–Kačow. Nach Übernahme durch die ČSD erfolgte die Umnumerierung in M 223.001. Seine Ausmusterung wurde im Jahre 1948 veranlaßt.

Im Jahre 1909 lieferte die Brünn-Königsfelder Maschinenfabrik zwei Dampftriebwagen Nr. 1.301 und 1.302 (Abb. 98) für die ehemalige Nordbahnstrecke Saitz–Czeitsch–Göding. Es waren die einzigen Wagen, bei denen die Achsfolge B'1 zur Ausführung kam. Ein nicht vorherzusehender erheblicher Spur-

Abb. 96 A1-Komarek-Dampftriebwagen, im Jahre 1903 an die Lokalbahn Triest-Parenzo geliefert.

Abb. 97 B′2′-Dampftriebwagen Nr. 1.401 der kkStB, von der Ersten Böhmisch-Mährischen Maschinenfabrik im Jahre 1908 gebaut.

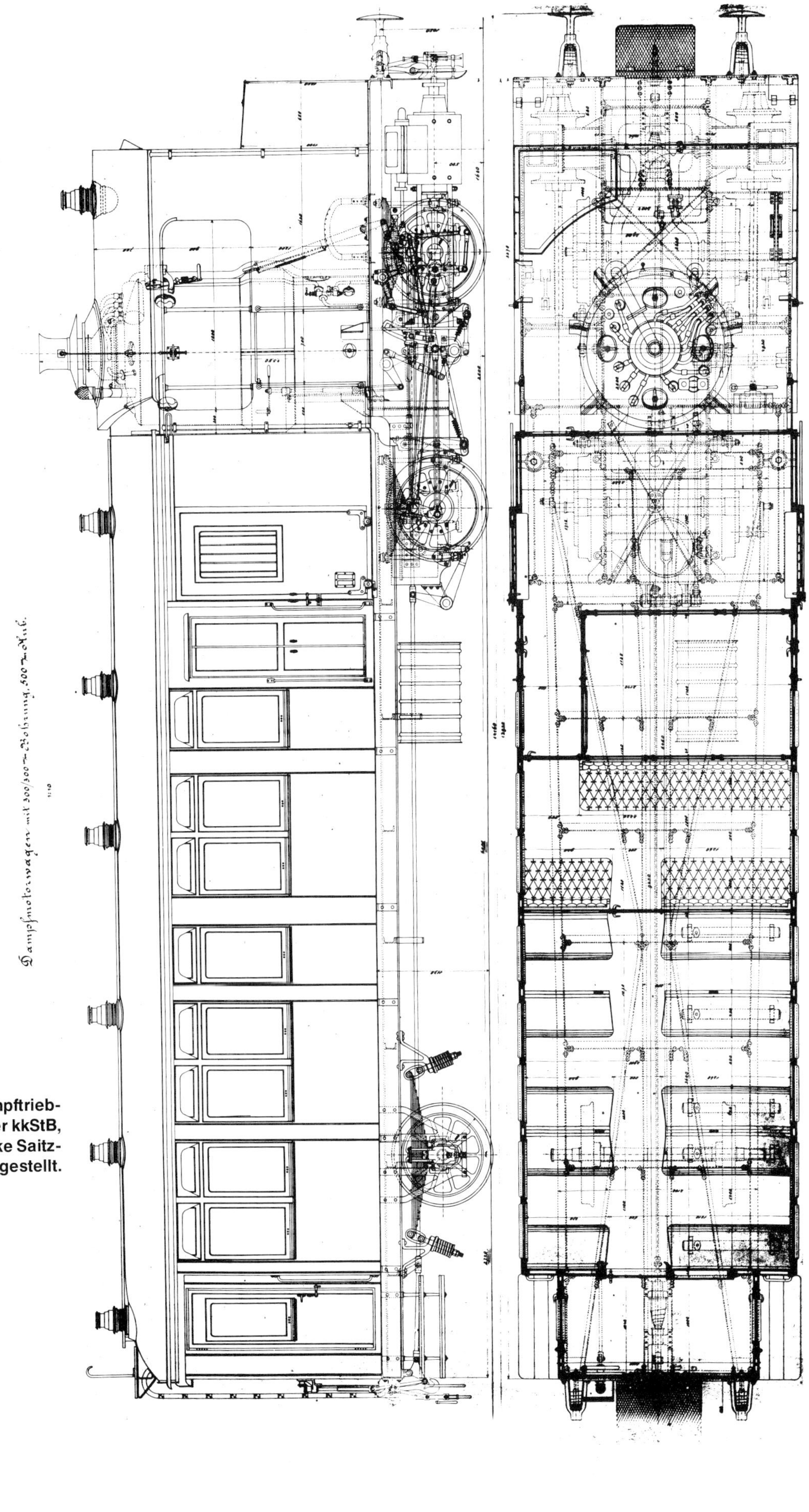

Abb. 98 B′1-Dampftriebwagen Nr. 1.301 der kkStB, 1909 auf der Strecke Saitz-Göding in Dienst gestellt.

Abb. 99 Normalspuriger 1A1-Dampftriebwagen Nr. 30 der Niederösterreichischen Landesbahnen, Baujahr 1905.

Abb. 100 Erster in Ungarn 1883 von Ganz gebauter Dampftriebwagen der Bauart Rowan.

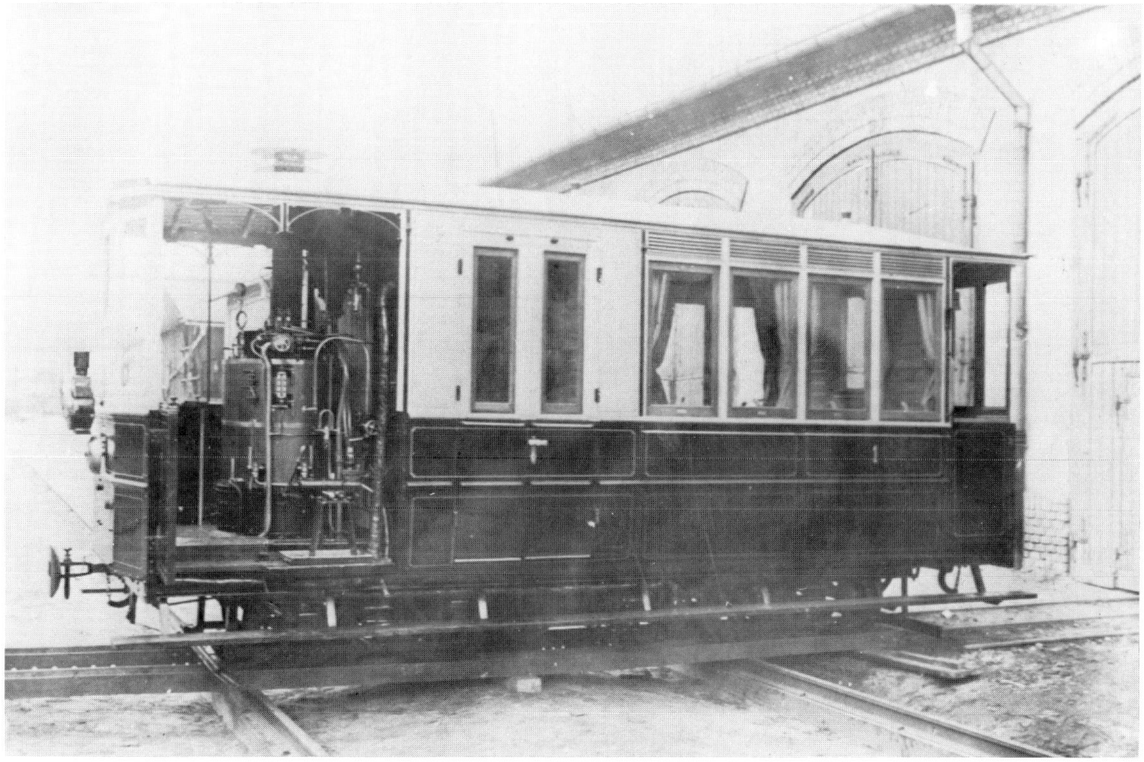

Abb. 101 Im Jahre 1901 von Ganz an die AEGV gelieferter B′2′-Schmalspur-Dampftriebwagen.

Abb. 102 (1A)1-Dampftriebwagen für 760 mm Spurweite der AEGV, erstes Baujahr 1902.

Abb. 103 (A1)1-Dampftriebwagen, im Jahre 1903 von Ganz an die ACSEV geliefert.

kranzverschleiß führte später zum Umbau der Wagen in die Ausführung (1'B)1. Trotz ihrer wenig befriedigenden Betriebsergebnisse kamen sie noch als M 212.001 und M 212.002 zur ČSD, wurden aber schließlich im Jahre 1925 schon außer Dienst gestellt.
Auf ihrem 760 mm Netz setzten die Niederösterreichischen Landesbahnen ab 1906 fünf (1'B)2'-Komarek-Triebwagen mit Zwillingstriebwerk ein (Abb. 28), die ein Platzangebot von 44 Sitzen hatten. Die Wagen Nr. 40 und 41 waren in Gmünd, die Wagen Nr. 42 bis 44 in St. Pölten stationiert. Nach anfänglicher Bewährung machte sich aber beim Publikum eine gewisse Abneigung gegenüber der starken Verschmutzung der Dampftriebwagen durch Ruß und Funkenflug bemerkbar. Die Folge war, daß im Jahre 1916 die drei St. Pöltener Triebwagen zur Oderberger Tramway kamen. Die Waldviertel-Wagen waren bis 1911 im ständigen Einsatz. Der Wagen Nr. 40 kam 1921 noch zur Freistritztalbahn, während der 41er 1922 von der BBÖ übernommen, aber nicht mehr in Betrieb genommen wurde. Im Jahre 1926 wurde er verschrottet.
Auch auf ihrem Normalspurnetz nahmen die NÖLB im Jahre 1903 zwei A1-Komarek-Triebwagen Nr. 20 und 21 auf den Strecken Siebenbrunn – Orth und Gänserndorf – Gaunersdorf in Betrieb. Nochmals vier größere 1A1-Wagen Nr. 30 bis 33 (Abb. 99) kamen in den Jahren 1905 und 1906 hinzu. Ihr Einsatzgebiet waren die Linien Korneuburg – Ernstbrunn und Ernstbrunn – Mistelbach – Hohenau. Alle Wagen wurden zwischen 1918 und 1919 aus dem Verkehr gezogen und verkauft.
Ein dem Dampftriebwagen gegenüber nicht minder aufgeschlossenes Land der Donaumonarchie war Ungarn. Bereits im Jahre 1883 wurde der erste in Ungarn gebaute Dampftriebwagen von der Budapester Firma Ganz fertiggestellt. Es war ein dreiachsiger Rowan-Wagen (Abb. 100), der nach einer Reihe von Probefahrten bei der MÁV schließlich 1886 an die Compagnie Générale Française de Transport in Marseille verkauft worden ist, wo er

Abb. 104 Dreiachsiger Dampftriebwagen der Brassó-Háromszéki Lokalbahn aus dem Jahre 1903.

noch 1940 in Betrieb war. Die Maschinenanlage ruhte auf dem vorlaufenden Drehgestell, dessen erste Achse direkt von den Zylindern, die zweite über ein Riemenvorgelege angetrieben wurde.

In besonderer Weise wurde in Ungarn der Einsatz von Dampftriebwagen auf Nebenbahnen gefördert. Die Versuche der Arad-Csanáder Bahn unter der Führung ihres damaligen Betriebsleiters Endre Sármezey hatten seit 1901 so erfolgversprechende Ergebnisse erbracht, daß nicht nur diese Gesellschaft, sondern auch die MÁV beabsichtigten, auf ihren Nebenbahnnetzen ausschließlich Triebwagen einzusetzen.

Den ersten Versuchswagen (Abb. 101) lieferte die Firma Ganz im Jahre 1901. Der Wagen ruhte auf zwei zweiachsigen Drehgestellen mit 950 mm Radstand und war mit einem Kessel der Bauart de Dion-Bouton ausgerüstet, den die im Betrieb der Arad-Csanáder Bahn stehende Wirtschaftseisenbahn »Alföldi Elso Gazdasági Vasut« (AEGV) noch im November desselben Jahres auf ihrem 760 mm spurigen Streckennetz in Betrieb nahm. Der Wagen enthielt einen Gepäckraum und ein Abteil mit 17 Sitzplätzen. Das Dienstgewicht betrug 8,6 t, die Höchstgeschwindigkeit des Triebwagens 40 km/h.

Es folgten im Jahre 1902 bereits zwei weitere, gleichartige de Dion-Bouton Dampftriebwagen (Abb. 102) von Ganz, die auf der 50 km langen Strecke Kovácsháza – Csaba der AEGV eingesetzt wurden. Ganz hatte inzwischen von de Dion-Bouton die Lizenz zur Herstellung dieser Kesselbauart erhalten und baute nach diesem Prinzip bis 1905 noch weitere fünf Wagen derselben Bauart für diese Bahn.

Eine von den genannten Triebwagen abweichende Bauart stellte die Arad – Csanáder Bahn im Jahre 1902 versuchsweise in Dienst. Es war ein A1-Dampftriebwagen mit 25,7 kW Leistung und je einem Abteil 2. und 3. Klasse. Noch eine weitere Variante war ein dreiachsiger (A1)1-Dampftriebwagentyp (Abb. 103), von dem die Arad-Csanáder Bahn ebenfalls mehrere Fahrzeuge in ihrem Bestand führte.

Abb. 105 A1-de Dion-Dampftriebwagen, im Jahre 1904 an die Brassó-Háromszéki Lokalbahn geliefert.

Außer an die AEGV lieferte Ganz unter anderem Dampftriebwagen an folgende weitere ungarische Privatbahnen: Brassó-Háromszéki Lokalbahn (Abb. 104 und 105), Slavonische Drautalbahn, Miskolcs-Diósgyöri Lokalbahn (Abb. 106), Borsavölgyer Wirtschaftseisenbahn und Szatmár-Erdödi Lokalbahn.

Die MÁV erhielt bis zum Jahre 1906 von Ganz 29 Dampftriebwagen mit der Achsfolge A1 (Abb. 107) und Leistungen zwischen 25,7 kW und 58,8 kW. Eine Ausnahme war lediglich der (1A)2′-Typ der Reihe BCa 6200 (Abb. 108) aus dem Jahre 1907, der hauptsächlich auf der Linie Siófok–Mocsoládi lief.

Der schon früh einsetzende Durchbruch neuer Traktionsarten mit Benzin- und Dieselmotoren führte auch bei der MÁV zur baldigen Aufgabe des Dampftriebwagens.

In der Entwicklungsgeschichte der Ganz'schen Dampftriebwagen muß ferner der zweimotorige Versuchstriebwagen aus dem Jahre 1904 erwähnt werden. Die Überlegungen gingen von dem Bestreben aus, mehrere Dampfmotoren in einem Fahrzeug unterzubringen, um die Gesamtleistung zu erhöhen. Ganz baute daher einen Dampftriebwagen mit zwei Motoren, von denen je einer auf die vordere und hintere Achse des zweiachsigen Wagens wirkte. Die zugehörigen Dampferzeuger waren im Führerstand nebeneinander aufgestellt. Bei einem Dienstgewicht von 26,7 t entwickelte der Triebwagen eine Leistung von 73,6 kW. Dieser Versuchstriebwagen wurde später von der Florida East Coast Railway übernommen.

Der zweitgrößte Hersteller von Dampftriebwagen in Ungarn war neben Ganz die Ungarische Waggon- und Maschinenfabrik (Magyar Vagon és Gépgyár, Györ). Sie lieferte ihre Triebwagen mit Maschinenanlagen des Systems Stoltz. Die Ungarische Staatsbahn stellte insgesamt 13 Wagen der Bauart Stoltz unter den Betriebsnummern Cmot 07701–07713 in Dienst. Die ersten sechs Wagen der in zwei Serien gebauten 58,8 kW-Einheiten waren zweiachsig mit einem Radabstand von 6000 mm. Sie besaßen nur

Abb. 106 A1-de Dion-Dampftriebwagen der Miskolcs-Diósgyöri Lokalbahn, im Jahre 1906 von Ganz gebaut.

die 3. Klasse mit 40 Sitzplätzen. Die Triebwagen verkehrten ab 1905 hauptsächlich auf der Strecke Budapest – Kecskemét – Lajosmizse. Die Wagen der zweiten Serie hatten die Radsatzfolge (1A)A mit zwei Dampfmotoren zu je 29,4 kW Leistung und führten eine 2. Klasse mit 17 Sitzplätzen sowie die 3. Klasse mit 33 Sitzplätzen.

Außer der MÁV stellte auch die Debrecziner Lokalbahn zwei A1-Stoltz-Dampftriebwagen mit 4,95 m Radstand, 13,6 t Leergewicht und 33 Sitzplätzen 3. Klasse in Dienst. Ihre Höchstgeschwindigkeit wurde mit 60 km/h angegeben. Beide Wagen verkehrten zunächst von Juni 1905 bis August 1906 auf der städtischen Straßenbahn und kamen anschließend auf der neu eröffneten Lokalbahnstrecke Debreczin – Hajdusámson zum Einsatz.

Einer der wenigen Sonderfälle der sonst ausschließlich auf ihre Systeme de Dion-Bouton und Stoltz ausgerichteten ungarischen Firmen war ein Gemeinschaftsauftrag, den eines der beiden Unternehmen mit Komarek – Ganz für den Fahrzeugteil und Komarek für die Maschinenanlage – während der Jahre 1903/04 ausführte. Es handelte sich hierbei um zwei (1A)2′-25,7 kW-Dampftriebwagen für die Serbische Staatsbahn (Abb. 109), die aber keine lange Dienstzeit erreicht haben dürften, da sie im Fahrzeugverzeichnis der Serbischen Staatsbahn von 1912 nicht mehr erwähnt wurden.

Der Bedarf an Dampftriebwagen innerhalb der Donaumonarchie wurde nahezu ausschließlich von der heimischen Industrie gedeckt, Importe waren dagegen äußerst selten. Eine dieser Ausnahmen waren drei im Jahre 1908 von Borsig für die Montenegrinischen Staatsbahnen gelieferte (1′B) 2′n2-Dampftriebwagen für 760 mm Spurweite, die für die Strecke Antivari – Virpazar bestimmt waren. Die unter den Fabriknummern 6902 – 6904 gebauten Wagen trugen die Namen RIJEKA, NIKSIC und CETINJE.

Es wurden eine Reihe in Ungarn gebauter Dampftriebwagen auch an verschiedene andere Eisenbahngesellschaften speziell in Nachbarländer der

Abb. 107 A1-de Dion-Dampftriebwagen, 1903 von der MÁV in Dienst gestellt.

Abb. 108 (1A)2′-Dampftriebwagen der Siófok-Mocsoládi Lokalbahn aus dem Jahre 1907.

Abb. 109 (1A)2′-Dampftriebwagen mit Komarek-Kessel, 1903/04 von Ganz für die Serbische Staatsbahn in zwei Exemplaren gebaut.

Abb. 110 B′2′-Dampftriebwagen DT 101 der Eisenbahn Wien-Aspang, Baujahr 1935.

Österreichisch-Ungarischen Monarchie, so auch nach Rußland, exportiert, welche alle aufzuzählen aber nicht lohnt, da sie meistens Einzelexemplare waren, die keine besonderen konstruktiven Neuerungen aufwiesen.
Als Sonderlinge seien noch zwei dreiachsige A2-Versuchstriebwagen der StEG (Staats-Eisenbahn-Gesellschaft) erwähnt, die mit Turgan-Kessel ausgerüstet waren. Der erste Wagen kam 1906 zu den schon genannten Vergleichsfahrten auf die Wiener Stadtbahn, konnte sich hier aber während der Probefahrten nicht bewähren. Über den zweiten Wagen ist kaum etwas bekannt, wahrscheinlich kam er später noch zur MÁV.
Der Höhepunkt des Dampftriebwageneinsatzes in der k.u.k.-Monarchie lag unumstritten in den Jahren von 1903 bis etwa 1908. Nach dem Ersten Weltkrieg war die Entwicklung praktisch abgebrochen und es lag kaum noch eine Veranlassung vor, diese inzwischen überholte Triebfahrzeugart neu aufleben zu lassen. Die ČSD machte zwar mit einem in Lizenz der englischen Firma Sentinel von Škoda gebauten B′2′-Dampftriebwagen noch einmal einen Versuch. Es blieb aber bei dieser Einzelanfertigung. Der Wagen lief als M 220.001 in Böhmen und Mähren auf der Kuttenberger Lokalbahn und wurde erst im Jahre 1948, nach dem er längere Zeit in Reserve gestanden hatte, ausgemustert.
Der letzte Dampftriebwagen kam 1935 in Österreich zum Einsatz. Die rückläufige Tendenz im Verkehrsaufkommen der dreißiger Jahre veranlaßte die Aspangbahn (EWA), die Wiener Lokomotivfabrik in Floridsdorf mit dem Bau eines Dampftriebwagens zu beauftragen, der in der Leistung den älteren 1B-Lokomotiven gleich sein sollte, jedoch wirtschaftlicher als diese betrieben werden konnte.
Der Entwurf zeigte einen B′2′-Dampftriebwagen mit Dreizylindermaschine und ölgefeuertem 294,2 kW-Dampferzeuger mit jedoch nur 39 m² Verdampfungsfläche und 18 bar Dampfspannung. Ungewöhnlich war bei diesem Fahrzeug die erhöhte Lage des Führerstandes oberhalb des Fahrgastraumes, die ihm ein äußerst ungewöhnliches Aussehen verlieh. Die Bedienungseinrichtungen waren ebenso wie die Ölfeuerung ganz auf Einmannbedienung zugeschnitten. Angetrieben wurden beide Achsen des Triebgestells, wobei die Räder untereinander durch Kuppelstangen verbunden waren. Das Sitzplatzangebot betrug 42 im vorderen und 38 Plätze im hinteren Wagenteil. Das Dienstgewicht lag etwa bei 39 t, die Höchstgeschwindigkeit bei 85 km/h.
Der Triebwagen (Abb. 110) wurde im Januar 1935 als DT101 von der EWA übernommen. Im Jahre 1937 kam er zur BBÖ, die ihn in DT2.01 umnummerierte. Bei der Deutschen Reichsbahn konnte man den nun als C4idT17 gekennzeichneten Wagen in keinen ordnungsgemäßen Umlauf eingliedern, was letztlich damit begründet war, daß es sich hier um ein Einzelfahrzeug handelte. Die ÖBB übernahm während des Zweiten Weltkrieges den schwer beschädigten Wagen, setzte ihn wieder instand und reihte ihn als 3041.01 in ihren Bestand ein. Nach längerem Einsatz auf der Strecke Sankt Valentin – Gaisbach/Wartberg wurde der Triebwagen wegen unwirtschaftlichen Arbeitens aus dem Verkehr gezogen und in einen Bauzug-Küchenwagen umgebaut.

Schweiz

Die Schweiz als relativ kleines Bahnland führte trotz der schon früh einsetzenden und sich rasch verbreitenden Elektrifizierung noch bis zum Jahre 1961 Dampftriebwagen und dürfte damit das Land sein, in dem sich diese Triebfahrzeuggattung am längsten im öffentlichen Verkehr gehalten hat.
Insgesamt waren in der Schweiz ca. 30 Dampftriebwagen im Einsatz, davon allein acht auf Schmalspurstrecken und elf als Zahnradwagen auf der Pilatusbahn. Erstaunlich ist der Umstand, daß nur zwei Fahrzeuge aus dem Ausland, nämlich von Esslingen bezogen wurden und alle übrigen Dampftriebwagen von der heimischen Industrie geliefert worden sind, obwohl sich hier keine Firma wie in England oder Frankreich auf dieses Gebiet spezialisiert hatte.

Abb. 111 B-gekuppelter Dampftriebwagen BCFZm21 der Rorschach-Heiden-Bergbahn, 1909 von der SLM gebaut.

Schon bei den historischen »Dampfwagen« begegneten wir dem ersten schweizerischen Dampftriebwagen, dem sogenannten Dampfomnibus von Brunner. Dieses formschöne und ansprechende Doppelstockfahrzeug, das seiner Zeit um Jahrzehnte vorauseilte, entsprach in der Gesamtkonzeption schon den späteren vierachsigen Triebwagen. Nach seiner Fertigstellung im September 1876 wurden auf einem provisorisch verlegten Schmalspurgleis in Winterthur zahlreiche Versuchsfahrten durchgeführt, die auf Grund der erzielten guten Ergebnisse schließlich zum praktischen Einsatz des Wagens im Dezember des Jahres 1876 auf der Lausanne-Echallens-Bahn führten. Der Wagen ersetzte praktisch einen kompletten Zug, wobei die Einsparungen an Betriebskosten etwa 60% betragen haben. Leider konnte sich die LEB in der Folgezeit nicht zu einer endgültigen Übernahme des Dampftriebwagens entschließen, da ihr die Maschinenleistung doch recht knapp bemessen erschien. Der Brunner-Dampftriebwagen wurde später nach Frankreich verkauft, wo er noch viele Jahre auf der Linie Marlieux – Chatillon der Chemin de fer du Nord de Lyon in Dienst stand.

Der erste größere Einsatz von Dampftriebwagen bei einer schweizerischen Bahngesellschaft erfolgte ab 1886 auf der Welt steilsten Zahnradbahn, der Pilatusbahn . Entscheidend für die Wahl von Dampftriebwagen war die enorme Steigung von 480‰, die eine maximale Reduzierung des Totgewichtes erforderte. Da im Kapital Sonderbauarten noch eine eingehende Beschreibung dieser Wagen erfolgt, soll hier nicht weiter auf konstruktive Einzelheiten eingegangen werden.

Neben den regulären Voll- und Schmalspurbahnen betrieb als einziges städtisches Unternehmen die Genfer Straßenbahn, oder »Voie étroite Genêve«, wie sie offiziell hieß, ab 1894 einen zwiachsigen,

Abb. 112 1′A1-Dampftriebwagen der Chemin de fer Régional Saignelégier-Glovelier in der Schweiz, 1910 von der SLM geliefert.

dampfbetriebenen Trambahnwagen mit Serpollet-Kessel auf ihrem 1000 mm spurigen Netz. Ihm folgten 1897 nochmals vier weitere Dampftriebwagen. Auf Grund der um die Jahrhundertwende durchgeführten Elektrifizierung schieden schon im Jahre 1900 zwei Triebwagen aus. Die übrigen drei Wagen kamen 1907 zur Genf-Veyrier-Bahn, die sie 1910 noch auf elektrischen Oberleitungsbetrieb umbaute.

Im Jahre 1902 wurde als erster regelspuriger Dampftriebwagen der Schweiz der von der Maschinenfabrik Esslingen gebaute Serpollet-Wagen Cm 1/2 Nr. 1 von der SBB in Dienst gestellt. Das den späteren Kittel-Wagen sehr ähnliche Fahrzeug leistete 29,4 kW und hatte Sitzplätze für 40 Reisende. Im Betrieb konnte er sich auf der Strecke Zürich – Meilen – Rapperswil wegen seiner Störanfälligkeit nicht lange behaupten, die SBB zog ihn daher 1906 aus dem Verkehr und verkaufte ihn anschließend an die Uerikon-Bauma-Bahn (UeBB). Die neue Besitzerin ließ den Dampfwagen in Deutschland aufarbeiten und mit einer 73,6 kW-Maschineneinheit ausrüsten. In der neuen Ausführung wurde er 1907 wieder in Dienst gestellt und bewährte sich während der nun folgenden 41jährigen Dienstzeit bis zur Auflösung des Bahnbetriebes der UeBB ausgezeichnet. Im Jahre 1948 von der SBB wieder übernommen, fand sich kein rechtes Einsatzgebiet mehr für den Dampftriebwagen. Er wurde zunächst als historisches Fahrzeug für das Verkehrshaus der Schweiz in Luzern zurückgestellt, soll dann aber 1973 vom Dampfbahnklub Bern übernommen worden sein, der ihn für Sonderfahrten wieder herrichten lassen will.

Ein weiteres interessantes Fahrzeug war der im Jahre 1909 von der Schweizerischen Lokomotiv- und Maschinenfabrik in Winterthur an die Rorschach-Heiden-Bergbahn gelieferte B-gekuppelte Dampf-

Abb. 113 1′A1-Dampftriebwagen CZm1/3 Nr. 32 der schweizerischen Ramsei-Sumiswald-Huttwil-Bahn, Baujahr 1912.

triebwagen BCFZm 21 (Abb. 111). Diese Bahn ist normalspurig und besitzt mit Zahnstangen ausgerüstete Steilstrecken mit einer Maximalsteigung von 90‰. Da der Triebwagen aber nur auf einem mit Adhäsionsantrieb noch zu befahrenen Teilstück der Strecke verkehrte, besaß er keinen Zahnradantrieb, dafür aber ein Bremszahnrad und eine Gegendruckbremse. Der Antrieb der Kuppelräder erfolgte durch eine im Rahmen zwischen beiden Radachsen angeordnete Zweizylinder-Dampfmaschine, die auf eine Blindwelle wirkte. Die weitere Kraftübertragung besorgten Kuppelstangen. Nach nur vier Jahren Dienstzeit wurde er 1913 außer Betrieb gesetzt und kam nach einer Probezeit bei der Uetlibergbahn 1917 endgültig zur Régional Val de Travers (RVT), wo er erst 1946 ausgemustert wurde.

Im Jahre 1910 lieferte die Schweizerische Lokomotiv- und Maschinenfabrik (SLM) erstmals einen 1′A1-Dampftriebwagen einer neuen Serie an die Chemin de fer Régional Saignelégier – Glovelier (RSG). Der Wagen (Abb. 112) war mit einem Röhrenkessel und Überhitzer ausgerüstet. Die beiden außenliegenden Zylinder trieben direkt über die Treibstangen die zweite Achse an. Die zusätzliche vordere Bisselachse wurde wegen des durch den Dampferhitzer hervorgerufenen Gewichtsüberhanges erforderlich. Neben dem 3. Klasseabteil mit 32 Sitzplätzen war noch ein größeres Gepäckabteil zwischen Führerstand und Fahrgastraum vorgesehen worden. Eine Besonderheit war ein spezieller unter dem Wagenrahmen hinter der letzten Achse aufgehängter Kasten zur Beförderung von Postsendungen.

Die sparsame Betriebsweise war Anlaß, daß dem ersten als CFZm 1/3 unter der Bahnnummer 4 in Dienst gestellten Triebwagen 1913 noch ein zweiter Wagen mit der Nr. 5 der gleichen Bauart folgte. Als die RSG im Jahre 1953 auf Schmalspur umstellte

Abb. 114 B′2′-Schmalspur-Dampftriebwagen CFm2/4, 1913 von der SLM an die Biel-Meinisberg-Bahn geliefert.

und elektrifizierte, wurden etwa zur selben Zeit auch die beiden Triebwagen ausrangiert.
Zwei nahezu gleiche Dampftriebwagen dieser SLM-Serie (Abb. 113) erwarb die Ramsei-Sumiswald-Huttwil-Bahn (RSHB) im Jahre 1912. Der wesentliche Unterschied zu den RSG-Wagen lag in dem etwas kleineren Platzangebot mit nur 28 Sitzplätzen. Beide Triebwagen CZm 1/3 Nr. 31 und 32 wurden 1931/32 wegen zu großen Verschleißes in Personenwagen umgebaut.
Nochmals zwei gleiche SLM-Dampftriebwagen mit je 40 Sitzplätzen stellte die Huttwil-Eriswil-Bahn 1915 in Dienst. Beide Wagen CZm 1/3 Nr. 41 und 42 der HEB wurden erst in den Jahren 1945/46 aus dem Verkehr gezogen und ebenfalls in kombinierte Gepäck-Personenwagen umgebaut.
Zwischenzeitlich übernahm die SLM die Konstruktion und den Bau von zwei Schmalspur-B′2′-Dampftriebwagen CFm 2/4 (Abb. 114) für die Biel-Meinisberg-Bahn (BMB), die sie im Jahre 1913 als Nr. 1 und 2 in ihren Fahrzeugbestand aufnahm. Interessant war die Verlegung der beiden Zylinder seitlich neben den Röhrenkessel in Höhe des Fahrzeugrahmens, unterhalb des Führerstandes. Die Drehmomentenübertragung erfolgte von den Zylindern über eine Getriebestufe, die Blindwelle und die Kuppelstangen auf die Räder beider Achsen des vorderen Drehgestells. Der Kastenaufbau war in den Führerstand, ein Gepäckabteil und den 3. Klasse-Fahrgastraum mit 32 Sitzplätzen unterteilt. Die Vorräte wurden sämtlich in Behältern innerhalb des Führerhauses mitgeführt. Die Triebwagen verkehrten sowohl im Personenzug- als auch im leichten Güterverkehr, bis sie im Jahre 1924 aus dem Betrieb genommen und abgebrochen wurden.
In der Reihe der schweizerischen Dampftriebwagen folgte im Jahre 1918 ein von der SLM gebauter A1-Dampftriebwagen für die Sursee-Triengen-Bahn

(ST), der von den bisherigen Ausführungen insofern abwich, als er ausschließlich für die Post- und Gepäckbeförderung bestimmt war. Da der Triebwagen eine Sonderstellung innerhalb der hier behandelten Fahrzeuge einnimmt, ist eine ausführliche Beschreibung dieses Triebwagens bei den Sonderbauarten wiedergegeben.
Im Jahre 1922 erwarb die Sensetalbahn (STB) einen A1-Dampftriebwagen der Bauart Esslingen. Der Historie nach soll es sich hierbei um den im Jahre 1908 von der Königlich Preußischen Militär-Eisenbahn (KME) in Dienst gestellten Heißdampftriebwagen DT 1, Nr. 301 handeln, der ursprünglich mit Ganz-Kessel ausgerüstet, später umgebaut wurde und einen Kittel-Kessel erhielt. Im Gegensatz zu den üblichen Abteilanordnungen dieser Wagen erhielt der KME-Dampftriebwagen neben dem 3. Klasseabteil einen durch den mittleren Einstieg abgetrennten 2. Klassesalon mit Längssofas und langem Klapptisch. Bis zur Übernahme durch die Deutsche Reichsbahn-Gesellschaft verkehrte der Triebwagen zunächst hauptsächlich auf dem KME-Streckenabschnitt Kummersdorf – Zossen. In den letzten Jahren allerdings kam er praktisch kaum mehr fahrplanmäßig zum Einsatz, sondern wurde nur noch von Fall zu Fall für Dienstfahrten eingesetzt.
Konstruktiv konnte der Dampftriebwagen mit dem 1902 von der Schweizerischen Nordostbahn beschafften Dampftriebwagen verglichen werden. Er unterschied sich von diesem lediglich in der Art des Dampferzeugers, der anderen Abteilanordnung und dem größeren Radstand. Im Jahre 1939 erwarb die Régional Val de Travers (RVT) den Sensetalbahn-Dampftriebwagen, die ihn dann noch bis zum Jahre 1946 in ihrem Bestand führte und dann ausmusterte.
Letzter und jüngster Dampftriebwagen war der 1930 von der SLM für die Oensingen-Balsthal-Bahn (OeBB) gelieferte Gepäcktriebwagen. Wie bereits beim Sursee-Triengen-Triebwagen erwähnt, erfolgt eine ausführliche Beschreibung dieser beiden Sondertriebwagen in einem nachfolgenden besonderen Kapitel, in dem auf diese Fahrzeuge näher eingegangen wird.

Der Einsatz von Dampftriebwagen in den übrigen europäischen Ländern

Der Dampftriebwagen als Sonderfahrzeug trat naturgemäß nicht in den Stückzahlen auf, wie beispielsweise die Lokomotive, die nun einmal das Triebfahrzeug schlechthin darstellte. Die Verkehrsstruktur und das Beförderungsvolumen der jeweiligen Bahnen in den einzelnen Ländern bestimmten vornehmlich die Einsatzmöglichkeiten von Dampftriebwagen, deren Haupteinsatzgebiet der leichte Personenverkehr auf Nebenstrecken war. Natürlich waren vor allem in den frühen Jahren der vielseitigen Verwendung des Dampftriebwagens schon wegen seiner gegenüber der Lokomotive geringeren Leistung Grenzen gesetzt.
Aus dem Vorhergesagten resultiert daher auch die Tatsache, daß in vielen Ländern der Einsatz von Dampftriebwagen oft auf wenige Einzelexemplare beschränkt blieb, deren Bauarten zum Teil schon gar nicht mehr bekannt sind und sich auch der geringen noch vorhandenen Unterlagen wegen nicht mehr rekonstruieren lassen. Es kann daher im folgenden manchmal nur noch auf die ehemalige Existenz solcher Wagen hingewiesen werden.
Beginnen wir im Norden Europas. Unter den skandinavischen Ländern waren, soweit bekannt, eigentlich nur Schweden und Dänemark dem Einsatz von Dampftriebwagen gegenüber positiv eingestellt. So unterhielten z. B. die Gribskovbahnen auf der Strecke Hilleröd Grästed einige Rowan-Triebwagen im Personennahverkehr, die genaue Stückzahl ist nicht bekannt.
In unserem Nachbarland Holland konnte der Dampftriebwagen nicht recht Fuß fassen. Im Jahre 1903 stellte die Nederlandse Centraal Spoorwegmaatschappij (NCS) als Nr. 1 einen feuerlosen Dampftriebwagen der Bauart Lamm-Francq in Dienst. Die Maschinenanlage lieferte Hohenzollern in Düsseldorf, den Wagenkasten die Firma Herbrand in Köln. Beide angetriebenen Achsen waren durch Ketten untereinander verbunden. Die Zylinder lagen waagerecht, beidseits außerhalb des Rahmens

Abb. 115 B'2'-Dampftriebwagen der holländischen Gooischen Stoomtram, im Jahre 1908 von Henschel in Gemeinschaft mit der Waggonfabrik Görlitz gebaut.

zwischen den Achsen. Im Jahre 1905 erfolgte ein Umbau des Dampferzeugers, der Speicher wurde gegen einen kohlegefeuerten Kessel mit Überhitzer ausgetauscht. Doch schon 1907/08 wurde der Triebwagen abgebrochen. Auf das Untergestell mit der Maschinenanlage wurde ein normaler Lokomotivkasten, wie er seinerzeit bei den Trambahnlokomotiven üblich war, aufgesetzt. Der Wagenkasten dagegen erhielt ein einfaches Untergestell mit zwei Achsen und wurde als normaler Personenwagen verwendet.

Als zweite holländische Bahn erwarb die Gooische Stoomtram (GS) im Jahre 1908 einen Dampftriebwagen (Abb. 115), dessen Maschinenteil Henschel, den Wagenteil die Waggonfabrik Görlitz bauten. Bei diesem Wagen lag der Kessel etwa in Fahrzeugmitte, die Vierzylindermaschine war in einem der beiden Drehgestelle angeordnet und trieb eine Achse direkt an, während die Nachbarachse über Kuppelstangen mitgenommen wurde. Später wurde die einfachwirkende Vierzylindermaschine gegen eine Zweizylinder-doppeltwirkende-Verbundmaschine ausgetauscht. Im Jahre 1924 ließ die Gooische Stoomtram den Dampftriebwagen in einen Dieseltriebwagen umbauen.

Auf der iberischen Halbinsel war dem Dampftriebwagen auch keine große Verbreitung beschieden. In Spanien liefen lediglich bei der Compañia Madrileña de Urbanización Madrid Dampftriebwagen der Bauart Stoltz, die von der Hannoverschen Waggonfabrik gebaut worden waren. Die Wagen waren zweiachsig, leisteten 36,8 kW und waren für eine Höchstgeschwindigkeit von 55 km/h ausgelegt.

Borsig in Berlin baute im Jahre 1906 in Gemeinschaft mit der Waggonfabrik Düsseldorfer Eisenbahnbedarf zwei B'2'-Dampftriebwagen für die Portugiesische Staatsbahn (Abb. 116). Der Kessel erinnerte an die Bauart Rowan, die früher schon von Borsig ausgeführt worden war. Die außenliegende Zwillingsmaschine trieb die zweite Achse des Triebgestells an, während die Räder der vorderen Achse über Kuppelstangen mit den Treibrädern verbunden waren. Der mit Teakholz verkleidete Wagenkasten besaß Sitzplätze für 20 Reisende der 2. Klasse und 40 Reisende der 3. Klasse. Zwischen Führerstand und Passagierraum war zusätzlich ein Gepäckabteil vorgesehen worden. Die maximale Geschwindigkeit der Wagen betrug 60 km/h. Diese beiden Exemplare blieben die einzigen Dampftriebwagen in Portugal.

Bei der Betrachtung des südosteuropäischen Raumes soll kurz auf den versuchsweisen Einsatz eines Serpollet-Dampftriebwagen auf der Chemins de fer de Thessalie in Griechenland hingewiesen sein.

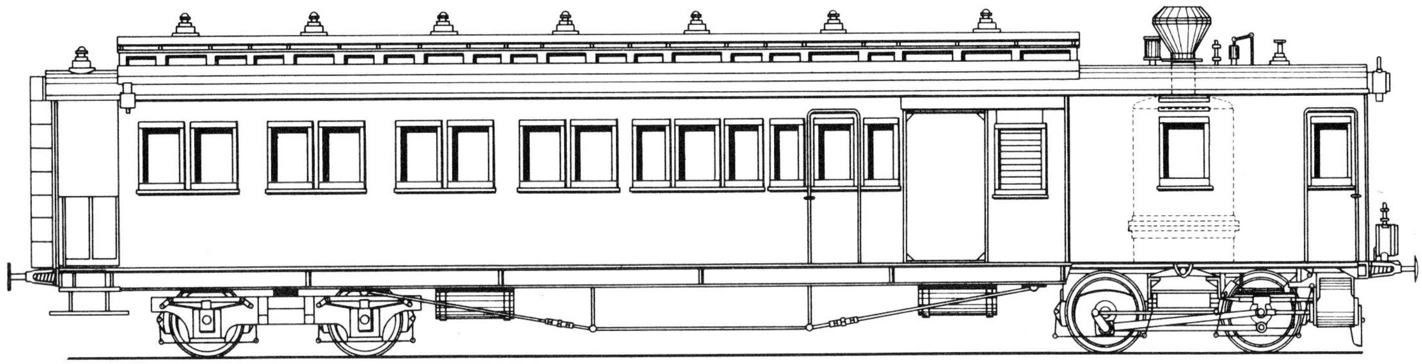

Abb. 116 B'2'-Dampftriebwagen von Borsig im Jahre 1906 an die Portugiesische Staatsbahn geliefert.

Leider verläuft das Schicksal auch dieses Wagens im Dunkeln.

Die Rumänische Staatsbahn bestellte 1931 sechs Einzel- und zwei Doppeleinheiten Dampftriebwagen mit Drehgestellen, die vornehmlich für den Betrieb auf schwach belegten Nebenstrecken vorgesehen waren, bei Sentinel in England. Die in der ersten Serie gebauten Einzelwagen erhielten einen ölgefeuerten Kessel, der gemeinsam mit den Wasser- und Ölbehältern sowie den Sandkästen, dem Luftpresser etc. an gewohnter Stelle in einem Maschinenraum hinter dem vorderen Führerstand untergebracht waren. Der Sechszylinder-Dampfmotor mit 73,6/110,3 kW Leistung lag hinter dem vorlaufenden Triebdrehgestell unter dem Fahrzeugrahmen und trieb die zweite Achse an. Die Kraftübertragung wurde über eine Kardanwelle auf das mit der Treibachse verbundene Achsgetriebe eingeleitet. Sämtliche Bedienungselemente waren zweimal vorhanden, d. h. sowohl im vorderen Führerstand, als auch im rückwartigen Steuerraum. Die beiden 2. und 3. Klasseabteile enthielten Dampfheizung und Dachbelüftung. Der Außenanstrich der Triebwagen war dunkelblau. Alle Wagen einschließlich der etwas später fertiggestellten Doppeleinheiten wurden auf der Fähre von Harwich nach Zeebrugge überführt und fuhren dann mit eigener Kraft über Aachen, Passau, Hegyeshalom und Cutici nach Rumänien, wo sie nach ihrer Ankunft dem vorgesehenen Einsatz zugeführt wurden.

Vor dem Ersten Weltkrieg liefen in Rumänien bei der Ploesti-Valeni-Lokalbahn drei (1A) 2'-Ganz-Dampftriebwagen (Abb. 117) unter der Reihenbezeichnung C^A 1—3, die im Jahre 1907 geliefert worden waren. Etwa aus der gleichen Zeit stammte auch ein (1A) 1-Ganz-Triebwagen, der bei der Tramway N. Basilescu – Bucuresti Noui in Dienst stand (Abb. 118).

Im östlichen Europa wurde der Einfluß des Dampftriebwagens immer geringer, er konnte praktisch nie eine wesentliche Strukturänderung des Lokal- und Nebenbahnverkehrs herbeiführen, dafür war die Zahl der beschafften Fahrzeuge zu klein. Soweit bekannt ist, lieferte die ungarische Firma Ganz im Jahre 1905 zwei A1-36,8 kW-Dampftriebwagen an die Russische Staatsbahn, denen im Jahre 1906 ein weiterer vierachsiger 2x36,8 kW-Triebwagen (Abb. 119) folgte. Im selben Jahr lieferte Ganz einen (1A) 2'-Salon-Dampftriebwagen für den Zar, der später aber noch bei den Sonderbauarten näher erläutert wird. Hiermit dürfte schon fast das Interesse der Russischen Eisenbahnen am Einsatz von Dampftriebwagen erschöpft gewesen sein.

Abb. 117 (1A)2′-Ganz-Dampftriebwagen der Ploesti-Valeni Lokalbahn in Rumänien aus dem Jahre 1907.

Abb. gegenüberliegende Seite:

Abb. 118 (1A)1-Ganz-Dampftriebwagen der Tramway N. Basilescu-Bucuresti Noui.

Abb. 119 (1A)2′-Dampftriebwagen, im Jahre 1906 von Ganz für die Russische Staatsbahn gebaut.

Nicht viel anders sah es in Polen aus. Bekanntestes Versuchsexemplar bei der PKP war ein etwa um 1928/29 von der englischen Firma Clayton gelieferter B′2′-Dampftriebwagen, über dessen Betriebsergebnisse aber keine Unterlagen mehr vorliegen.
Bleiben nur noch die baltischen Staaten. Hier ist sehr ungewiß, ob je in Estland, Lettland und Litauen auch nur versuchsweise Dampftriebwagen gelaufen sind. Damit ist der Kreis der europäischen Staaten wieder geschlossen. Die Betrachtungen haben gezeigt, daß die Entwicklung und Verbreitung der Dampftriebwagen nur auf wenige Länder wie England, Frankreich, Belgien, Deutschland und die österreichisch-ungarische Monarchie beschränkt geblieben sind und auf das übrige Ausland keinen durchgreifenden Einfluß haben nehmen können.

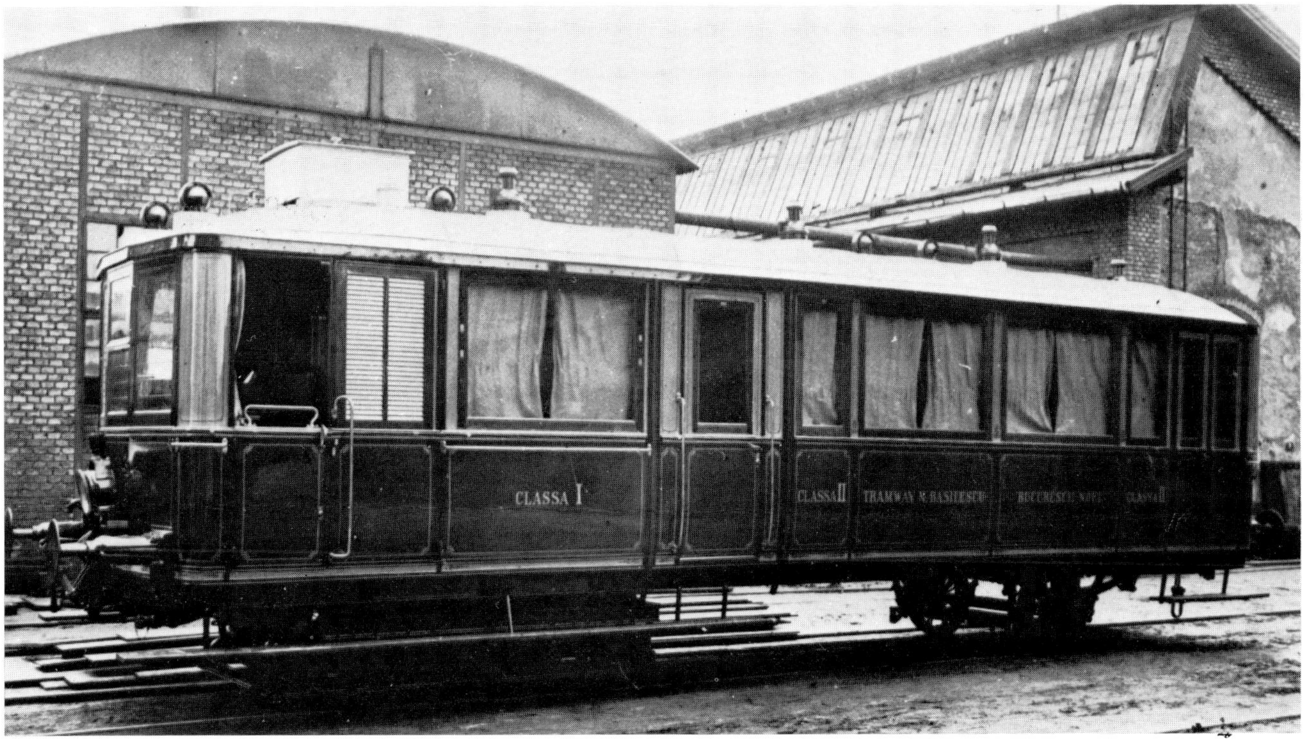
CLASSA I
CLASSA II

II КЛАССЪ
48 МѢСТЪ
Б.Ж.Д.

DAMPFTRIEBWAGEN IN ÜBERSEE

Afrika

Die Entwicklung bei den europäischen Eisenbahnen und besonders der Einsatz neuer Fahrzeuge wurde von den afrikanischen Staaten schon immer mit größtem Interesse verfolgt, da die Nähe des europäischen Kontinents und nicht zuletzt die Einflüsse kolonialistischer Bindungen mit den Mutterländern die meisten afrikanischen Länder in eine gewisse Abhängigkeit verwiesen hatten, die zwangsläufig eine Orientierung nach den nördlichen Nachbarn erforderte. Maßgebend für die Einführung und Verbreitung des Dampftriebwagens in Afrika war England. Auch hier spielten noch bestehende bzw. aus früherer Zeit herrührende politische und wirtschaftliche Vereinbarungen eine große Rolle. Es ist daher nicht verwunderlich, daß bis auf verschwindend wenige Fälle, englische Fabrikate bevorzugt eingeführt wurden. Die nachfolgenden Erläuterungen werden diesen Einfluß noch eingehender erkennen lassen.

Ägypten

Im Jahre 1930 erhielten die Ägyptischen Staatsbahnen (ESR) von der Birmingham Railway Carriage & Wagon Co., Ltd. die erste Teillieferung von fünf in Auftrag gegebenen zweiteiligen Dampftriebwagen (Abb. 120), die sowohl für den Nahverkehr rund um Kairo als auch für den Einsatz auf weniger befahrenen Nebenlinien vorgesehen waren.
Die Triebwagen bestanden aus zwei Wageneinheiten mit jeweils einem Führerstand an der vorderen und hinteren Stirnfront. In der Mitte stützten sie sich auf ein gemeinsames als Triebfahrwerk ausgebildetes Maschinendrehgestell ab, an den Kopfseiten auf normale Laufdrehgestelle. In der Ausführung der Inneneinrichtung waren die Triebwagen in zwei Baugruppen unterteilt, und zwar erhielten die für den Nahverkehr bestimmten Wagen neben der 2. und 3. Klasse noch ein 1. Klasseabteil, während die auf den Nebenstrecken verkehrenden Wagen nur die 2. und 3. Klasse besaßen. Alle Abteile waren durch einen Mittelgang begehbar, eine direkte Verbindung zwischen beiden Wagenhälften war nur für das Personal vorgesehen, da der Raum über dem mittleren Drehgestell für die Maschinenanlage frei bleiben mußte.

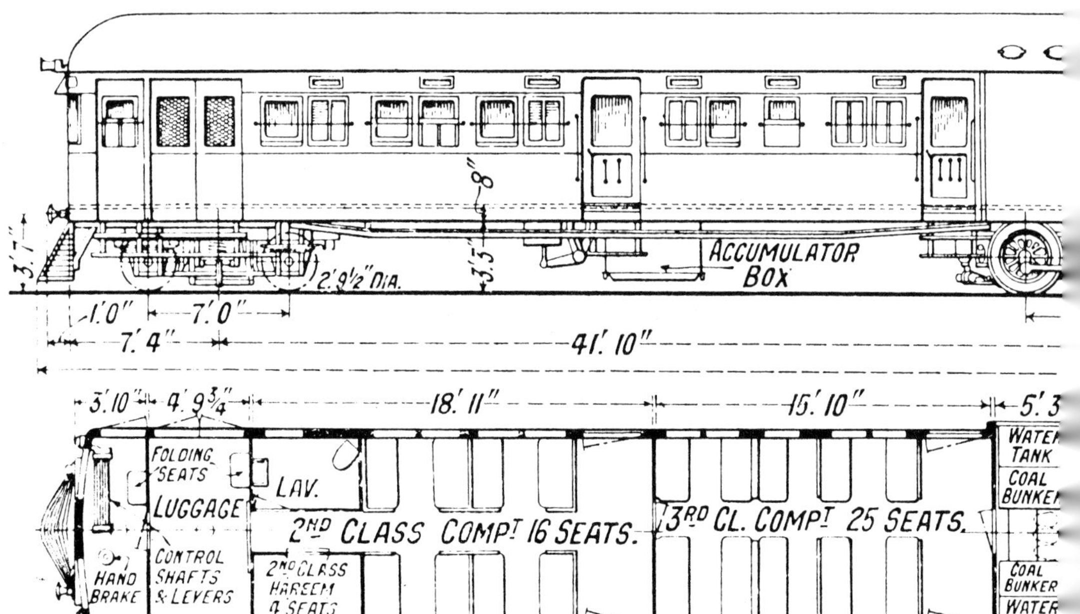

Abb. 120 2'B'2'-Gelenkdampftriebwagen der Ägyptischen Staatsbahnen, 1930 von der Birmingham Railway Carriage & Wagon Company gebaut.

Das zweiachsige Triebgestell mit dem Dampferzeuger und der Maschine konnte als komplette Einheit leicht von den beiden Wagenkörpern getrennt und für Überholungsarbeiten ausgebaut werden, ohne daß beispielsweise Dampfleitungen hätten getrennt werden müssen. Der Doppel-Röhrenkessel mit Überhitzer war quer zur Wagenachse montiert und wurde durch die in der Mitte liegende Feuerbüchse beschickt. Seine Heizfläche betrug 12,4 m², die Rostfläche 0,67 m² und der Kesseldruck 19,3 bar. Die Überhitzertemperaturen schwankten zwischen 314,7 und 340,9 °C. Der Vorzug dieser Kesselbauart lag bei einer etwa gleich kompakten Bauweise wie die vertikalen Dampferzeuger in der größeren Verdampfungsheizfläche, die sich natürlich bei stärker schwankenden Dampfentnahmen den Belastungen besser anpassen konnte als die Einrohr-Schnellverdampfer.
Die Dreizylinder-Dampfmaschine des Typs »Yorkshire« hatte 127,0 mm Kolbendurchmesser sowie 203,2 mm Hub und wirkte über ein zweistufiges Stirnradgetriebe auf eine im selben Gehäuse verlagerte Kurbelwelle. Die äußere Dampfverteilung erfolgte durch eine Joy-Steuerung. Von der Kurbel-

Abb. 121 Führerstand der im Jahre 1935 an die Ägyptischen Staatsbahnen gelieferten Gelenkdampftriebwagen.

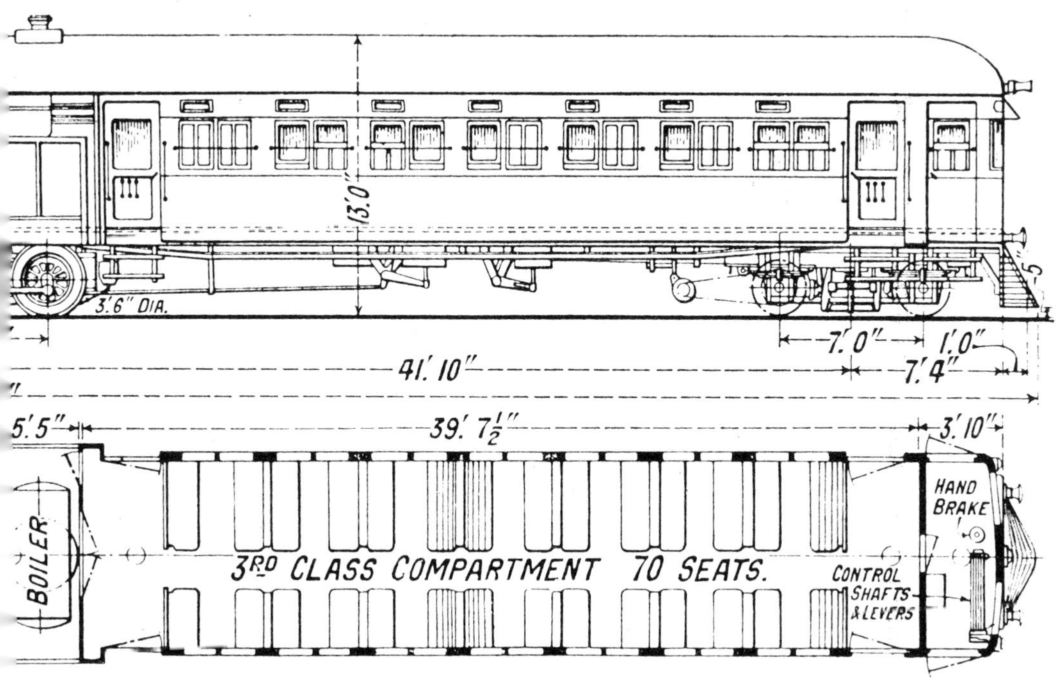

Abb. 122 Sentinel-Woolnough-Dampferzeugeranlage der ägyptischen Gelenkdampftriebwagen.

welle übertrugen Kuppelstangen das Drehmoment auf die beiden Treibachsen. Die Maschine entwikkelte 112 kW Leistung bei 61,2 km/h Geschwindigkeit.

Die Wasser- und Kohlenvorräte waren ebenfalls im Maschinenraum untergebracht und zwar an den beiden Seitenwänden eines der beiden Wagenkästen. Die Übernahme der Vorräte erfolgte durch seitliche Einfüllöffnungen im Dach.

Die Höchstgeschwindigkeit der Triebwagen war mit 72,4 km/h festgelegt worden, durch Änderung der Zylinder- und Getriebedimensionen konnten im Bedarfsfall auch 100 km/h erreicht werden. Die Inneneinrichtung der Wagen zeigte für die 3. Klasse mit gestrichenem Sperrholz verkleidete Wände und für die 2. Klasse eine in Teak-Art gehaltene Ausstattung. Alle Abteile besaßen einheitlich weiß gestrichene Decken. Die paarweise gegeneinander gesetzten Bankreihen waren für die 2. Klasse grün gepolstert, für die 3. Klasse in lattenförmiger Holzbauweise ausgeführt, wie sie von den alten preußischen Abteilwagen her den älteren Lesern noch bekannt sein dürften. Der Außenanstrich in seiner dezenten silber-grauen Tönung verlieh den Dampftriebwagen ein ansprechendes Aussehen und eine dem heißen Klima angepaßte wärmedämpfende Schutzschicht. Die fünf Fahrzeuge kamen unter den Betriebsnummern 5005–5009 zum Einsatz.

Abb. 123 Dreiteiliger Gelenkdampftriebwagen der Ägyptischen Staatsbahnen, Baujahr 1951.

Fünf Jahre später stellten die Ägyptischen Staatsbahnen weitere zehn Dampftriebwagen einer neuen Serie in Dienst, die für den Einsatz im Plan von Eilzügen vorgesehen waren. Die Fahrzeuge zeigten auch hier wieder zwei auf drei Drehgestellen abgestützte Wagenhälften, bei denen aber im Gegensatz zur vorherigen Ausführung die gesamte Kesselanlage nach vorn in den Kopf des Maschinenwagens gelegt worden war. Die ausführenden Firmen waren für den antriebstechnischen Teil die Sentinel Waggon Works, für den Wagenteil mit den Drehgestellen die Metropolitan-Cammell Carriage & Wagon Company.

Die mit zwei stirnseitigen Führerständen (Abb. 121) ausgerüsteten Triebwagen führten im vorlaufenden Maschinenwagen hinter dem Kesselraum ein 3. Klasse-Großraumabteil mit 59 Sitzplätzen und zwei senkrecht stehende, bis zum Wagenübergang reichende viereckige Wasserbehälter mit rund 3,2 m^3 Inhalt, der für eine Fahrlänge von 80 km bei normalen Betriebsverhältnissen ausreichte. Die im Dach eingelassenen Füllöffnungen waren so angelegt, daß die bei den ESR üblichen Wasserkräne verwendet werden konnten. Der Steuerwagen enthielt je einen voneinander getrennten Post- und Gepäckraum, gefolgt von einem 2. Klasseabteil mit 16 Sitzen sowie einem Toilettenraum und daran anschließend zwei kleinere 3. Klasseabteile mit zusammen 39 Sitzen. Die Sitzbänke der 2. Klasse waren mit einer bräunlichen Polsterung überzogen, während in der 3. Klasse ausschließlich Holzbänke verwendet wurden. Den Gepflogenheiten der ESR entsprechend erhielten die Wagen keine Dachlüfter, vielmehr wurden die Ventilatoren oberhalb der Fenster angeordnet und die Lüfteröffnungen in die Abschlußleisten verlegt. Die Triebwagen besaßen an beiden Stirnseiten nur leichte Zug- und Stoßvorrichtungen, da das Mitführen weiterer Wagen oder das Fahren in Doppeltraktion nicht vorgesehen war.

Die beiden Standard-Sechszylinder-Sentinel-Dampfmotoren waren unter dem Fahrzeugboden des Maschinenwagens jeweils vor der innenliegenden Achse des vorderen und mittleren Drehgestells angeordnet und trieben über Gelenkwellen und Zwischengetriebe die äußere Achse eines jeden der beiden Drehgestelle an. Die Zylinderabmessungen betrugen 152,4 mm für den Durchmesser und 177,8 mm für den Hub. Das hintere Drehgestell war im Aufbau ähnlich den beiden Triebgestellen, diente aber lediglich der Abstützung der zweiten Wagenhälfte. Neben einer Westinghouse-Vakuum-Bremseinrichtung konnte über zwei handbetätigte Bremsen vom vorderen Führerstand das erste Triebgestell abgebremst werden, vom hinteren das mittlere Triebgestell, das Laufdrehgestell blieb ungebremst.

Als Dampferzeuger diente ein Sentinel-Woolnough-

Abb. 124 3. Klasseabteil des ägyptischen Gelenkdampftriebwagens aus dem Jahre 1951.

Kessel mit drei Wasserrohrtrommeln (Abb. 122). Das zugeführte Speisewasser wurde vor dem Eintritt in den Kessel durch einen Gresham-Vorwärmer geschickt und nahezu auf Kesseltemperatur erhitzt. Die Dimensionierung des Dampferzeugers erlaubte, bei 1,1 m^2 Rostfläche, 36,5 m^2 Verdampfungsheizfläche und 12,5 m^2 Überhitzerheizfläche Dampf mit 23,6 bar Spannung und 341 bis 367° C Temperatur zu erzeugen. Die Trennwand zwischen Kesselraum und dahinterliegendem Kohlenbunker war besonders sorgfältig abisoliert, um die Wärmeabstrahlung vom Führerstand fern zu halten.

Die unter den Betriebsnummern 5060 bis 5069 von den ESR übernommenen Dampftriebwagen erzielten in der Ebene eine Höchstgeschwindigkeit von 103 km/h, auf Steigung 1:140 wurde mit besetzten Wagen eine Geschwindigkeit von 80 km/h erzielt.

Anknüpfend an die guten Erfahrungen mit diesen letztgenannten Triebwagen bestellten die Ägyptischen Staatsbahnen nach dem Zweiten Weltkrieg noch einmal zehn moderne Dampftriebwagenzüge, die im Jahre 1951 zur Auslieferung gelangten.

Die neuen Garnituren (Abb. 123) entsprachen im konstruktiven Aufbau weitgehend ihren Vorgängerinnen aus dem Jahre 1935. Auffälligster Unterschied war die Verlängerung der Züge durch einen hinzugekommenen Mittelwagen. Betrug die Sitzplatzverteilung bei der letzten Ausführung noch 32 Sitze in der 2. Klasse und 78 Sitze in der 3. Klasse (die 2. Klasse war zwischenzeitlich erweitert worden), so erhöhte sich das Platzangebot in der neuen Version auf 42 Sitze in der 2. und 144 Sitze in der 3. Klasse (Abb. 124). Erstaunlicherweise hat man trotz des höheren Zuggewichtes die bisherige Antriebsanord-

Abb. 125 Dreiteilige Dampftriebwagen-Einheit der Nigerian Railways, Baujahr 1954.

nung mit nur je einer Treibachse in den beiden vorderen Drehgestellen beibehalten. Ebenso wurden die Maschinenleistungen mit rund 261 kW und die maximale Geschwindigkeit von 103 km/h unverändert übernommen. Ein Zeichen dafür, daß bereits bei der vorherigen Serie eine äußerst günstige Auslegung des Antriebes vorgenommen worden sein muß.

Mit diesen als 5201 bis 5210 eingereihten Fahrzeugen besaßen die Ägyptischen Staatsbahnen einen der modernsten und größten Dampftriebwagentypen, die je gebaut worden sind.

Nigeria

Eine der modernsten und jüngsten Dampftriebwagenbauarten lieferte die Metropolitan-Cammell Carriage & Wagon Company, Birmingham, im Jahre 1954 an die Nigeria Railways (NR).

Die dreiteiligen Einheiten (Abb. 125) bestanden aus je einem vierachsigen Maschinenwagen, einem in der Zugmitte laufenden Personenwagen und einem Steuerwagen. Die im Stil der neuzeitlichen Dieseltriebwagen ausgeführten Fahrzeuge enthielten ausschließlich 3. Klasseabteile (Abb. 126) mit kunststoffbezogenen Sitzen, die an der einen Seite als Dreier-, an der anderen als Doppelsitzbänke ausgebildet waren. Das Gesamtplatzangebot betrug 240 Sitze, wovon 110 auf den Steuerwagen, 80 auf den Mittelwagen und 50 auf den Maschinenwagen entfielen.

Der Sentinel-Dampferzeuger stand in einem eigenen Maschinenraum, der sich direkt an den stirnseitigen Führerstand der Triebeinheit anschloß. Der Antrieb der beiden Drehgestelle erfolgte von den unter dem Hauptrahmen aufgehängten zwei Dampfmotoren über Gelenkwellen und Kegelradgetriebe. Der als reiner Personenwagen ausgebildete Mittelwagen enthielt des besseren Fahrgastflusses wegen insgesamt sechs Einstiege und Faltenbalgübergänge zu den Nachbarwagen. Auch der Steuerwagen diente nahezu vollständig als Fahr-

Abb. 126 3. Klasseabteil der nigerianischen Dampftriebwagen.

gastraum, lediglich der stirnseitige Führerstand und die geringere Anzahl Einstiege unterschieden ihn vom Mittelwagen.

In der Gesamtkonzeption zeigte dieser Typ viele technischen Gemeinsamkeiten mit den zuletzt an die Ägyptischen Staatsbahnen gelieferten Dampftriebwagen, weswegen sich weitere Einzelheiten zur Ausführung erübrigen. Wenn man dem Railway Year Book 1975 Glauben schenken darf, müßten 1973/74 noch zwei dieser Triebwagenzüge vorhanden gewesen sein.

Südafrika

Unter den kleinen südafrikanischen Eisenbahnen gab es nur zwei Gesellschaften, die einen einmaligen Versuch mit Dampftriebwagen unternahmen.

Die erste waren die kapspurigen Cape Government Railways (CGR), die im Jahre 1905 von den North British Locomotive Works einen zweiteiligen B'2'-Dampftriebwagen (Abb. 127) bezogen. Obgleich im Aufbau den seinerzeit üblichen Triebwagen mit

Abb. 127 B′2′-Dampftriebwagen der afrikanischen Cape Government Railways aus dem Jahre 1905.

Kleinlokomotiven völlig gleich, zeigte der CGR-Triebwagen eine einmalige Kuriosität, die darin bestand, daß die Lokomotive umgekehrt mit dem Führerhaus voraus lief und der Wagen sich an der Rauchkammerseite auf der Maschine abstützte.
Die Lokomotive war eine normale, zweiachsige Tenderlokomotive mit seitlichen Vorratsbehältern und mit, der umgekehrten Fahrtrichtung wegen, eingezogener rückwärtiger Führerhausstirnwand. Der Personenwagen war im typisch englischen Stil gehalten und zeigte sogar am Dienstabteil den charakteristischen »Seitenerker« für den Zugführer. Der übrige Fahrgastraum war in zwei kleine 3. Klasse- und ein größeres 2. Klasseabteil aufgeteilt.
Als zweite Bahngesellschaft beschaffte die Central South African (CSA) im Jahre 1906 ebenfalls einen zweiteiligen Dampftriebwagen normaler Bauart mit einer zweiachsigen Kleinlokomotive und aufgesatteltem Personenwagen (Abb. 128). Das für 1067 mm Spurweite konstruierte Fahrzeug entsprach weitgehend den damaligen englischen Triebwagen dieses Typs.
Die South African Railways (SAR), eine der größten Eisenbahngesellschaften Afrikas, führten schon im Jahre 1906 erstmalig Versuche mit dem Einsatz von Triebwagen auf ihren Nebenstrecken durch. Es standen hierfür sechs Fahrzeuge zur Verfügung, davon waren fünf mit Benzinmotoren und einer mit einer Dampfmaschine ausgerüstet. Aber keiner der fünf Benzintriebwagen konnte befriedigen, lediglich der Dampftriebwagen zeigte während seines Einsatzes auf der Strecke Durban – Cato Ridge zufriedenstellende Ergebnisse, wobei als einziger Mangel die Flexibilität der unabhängigen Lokomotive kritisiert

Abb. 128 B'2'-Dampftriebwagen der Central South African, 1906 in Dienst gestellt.

wurde. Spätere Vergleiche mit lokbespannten Kurzzügen bewiesen jedoch die Unrichtigkeit dieser Behauptung.
Im Jahre 1911 folgte erstmals ein von der SAR selbst gebauter B'1-Dampftriebwagen mit Ölfeuerung und etwa 53,7 kW Leistung. Die mit ihm erzielten Ergebnisse waren ausgezeichnet, jedoch führten stetige Reparaturen an dem etwas zu schwach bemessenen Kessel zu einer frühen Ausmusterung des Wagens.
Inzwischen waren die technischen Verbesserungen an den Verbrennungsmotoren soweit fortgeschritten, daß dem Dampftriebwagen zunächst keine weitere Chance mehr eingeräumt wurde und vorwiegend Versuche mit Bezintriebwagen erfolgten. Erst der durch die Weltwirtschaftskrise eingetretene Mangel an Erdölprodukten ließ den Gedanken an eine Wiedereinführung von Dampftriebwagen neu erwachen.
Im Jahre 1930 stellten die SAR einen neuen B'2'-Dampftriebwagen der Bauart Clayton in Dienst, der versuchsweise bei dem Cape Western System und für kurze Zeit auch auf der Milnerton Linie zum Einsatz kam. Es war ein Fahrzeug der normalen Clayton-Serie mit Triebgestell und vor der vorderen Stirnseite des Wagens liegendem Speisewasserbehälter. Lediglich die 1067 mm Spurweite und die dem engeren Lichtraumprofil angepaßten Dimensionen unterschieden ihn von der in England weitverbreiteten Regelausführung dieser Bauart.
Nach weiteren Erprobungen auf der Cape Flats Linie und anderen Strecken kam man zu der Erkenntnis, daß sich mit dem Einsatz von Dampftriebwagen keine größeren Vorteile gegenüber dem Verbrennungsmotor erwirtschaften ließen. Mit Aufhebung der Ölknappheit verlor schließlich auch dieses Argument seinen Wert und man entschied sich endgültig zu Gunsten der neuen Antriebsart mit »Dieselmotoren«.

Abb. 129 B′2′-Dampftriebwagen der Otavi-Eisenbahn im ehemaligen Deutsch-Südwestafrika, Baujahr 1907.

Südwestafrika

Einzige bekannte Dampftriebwagenbauart in Südwestafrika waren zwei im Jahre 1907 von der MAN in Zusammenarbeit mit J.A. Maffei an die Otavibahn gelieferte B′2′-Triebwagen (Abb. 129).
Die Otavi-Eisenbahn war ursprünglich ein industrielles Unternehmen der Otavi-Minen- & Eisenbahn Gesellschaft, die im Jahre 1900 als Tochterunternehmen der Deutsch-Englischen Südwestafrika-Kompanie zum Zweck der Ausbeutung der Otavi-Kupfer- und Bleigruben gegründet worden war.
Im Gegensatz zu dem sich günstig entwickelnden Güterverkehr spielte die Personenbeförderung zunächst eine untergeordnete Rolle. Man glaubte daher, mit einem recht kleinen Fahrzeugpark dem Personenverkehr genügen zu können und beschaffte daher zwei Dampftriebwagen geteilter Bauart, deren Kleinlokomotiven mit doppeltwirkenden, beide Achsen gleichzeitig treibenden Zylindern ausgerüstet waren. Während der Dampf- und Triebteil von J.A. Maffei in München hergestellt wurde, lieferte die MAN den wagenbaulichen Teil. Die Triebwagen hatten eine Spurweite von 600 mm, ihre Länge betrug 13,6 m, die größte Breite 1,8 m, die Höhe 2,9 m. Das Triebgestell besaß einen Radstand von 2,1 m, das Laufgestell des Wagens 1 m, das Gesamtgewicht betrug 16 t. Die Fahrzeuge waren Durchgangswagen mit Mittelgang. Sie enthielten je ein Abteil mit 16 Sitzplätzen für weiße und je eins mit 4 Sitzplätzen für schwarze Reisende. Außerdem waren auf jedem Triebwagen ein kombinierter Gepäck- und Postraum vorhanden.
Betrug früher die Fahrzeit mit den gemischten Personen-Güterzügen von Swakopmund nach Tsumed (567 km) rund drei Tage, so konnte durch den Einsatz der Dampftriebwagen diese Zeit um die Hälfte reduziert werden. Mit der Verbesserung der Per-

Abb. 130 (1A)2′-Dampftriebwagen, im Jahre 1907 von Kerr, Stuart & Co. für die Eisenbahn der Insel Mauritius gebaut.

sonenbeförderung infolge kürzerer Fahrzeiten stieg auch die Zahl der Reisenden an, die Folge war, daß die Triebwagen schon bald nicht mehr den Anforderungen gewachsen waren und durch lokbespannte, reine Personenzüge ersetzt werden mußten.

Sudan

Die Sudan Government Railways (SGR) stellten im Jahre 1929 zwei von der englischen Firma Clayton Wagons Ltd., Lincoln, gebaute Dampftriebwagen in Dienst, die in ihrem Gesamtaufbau und im Aussehen den bekannten Erstausführungen der Clayton-Triebwagen glichen, wie sie vornehmlich bei einer Reihe britischer Eisenbahnen seinerzeit liefen.
Jeder der beiden Wagen enthielt ein 1. Klasseabteil mit 12 Sitzplätzen, ein 3. Klasseabteil mit 39 Sitzen und einen Gepäckraum. Ferner waren an jedem Wagenende ein Führerstand für die Vor- und Rückwärtsfahrt vorhanden. Das B-gekuppelte Triebgestell mit dem vorgebauten Wasserbehälter trug den etwa in Höhe der zweiten Achse montierten Kessel und die horizontal zwischen den beiden Achsen angeordnete Dampfmaschine. Die Zylinder trieben über ein Zwischengetriebe die erste Achse an, die weitere Kraftübertragung auf die zweite Achse erfolgte durch außenliegende Kuppelstangen.
Die Inneneinrichtung bestand für die 1. Klasse aus Teakholzwänden und gepolsterten Sitzen, während die 3. Klasse braun gestrichene Wände und Lattensitzbänke besaß. Beide Fahrzeuge waren mit elektrischer Beleuchtung und Vakuum-Bremseinrichtung ausgerüstet. Die ganz in weiß gehaltenen Wagenkästen stützten sich vorn auf dem Triebgestell und hinten auf einem zweiachsigen Regeldrehgestell ab. Die Dampftriebwagen entwickelten eine Höchstge-

schwindigkeit von rund 60 km/h und konnten zusätzlich noch einen angehängten Personenwagen befördern.
Nach den noch vorhandenen Unterlagen besaßen die SGR nur diese beiden Dampftriebwagen, weitere Fahrzeuge dieser Klasse wurden nicht beschafft.

Mauritius

Verlassen wir das afrikanische Festland und wenden uns der im Indischen Ozean östlich von Madagaskar gelegenen Insel Mauritius zu.
Früher eine englische Kolonie, stand auch die gesamte Entwicklung des Eisenbahnwesens unter dem Einfluß des Mutterlandes. Das normalspurige Streckennetz war in drei Abschnitte, die Nordlinie, die Südlinie und eine Stichbahn zum Südzipfel der Insel unterteilt, wobei die Gesamtlänge aber nur rund 132 km betrug.
Der recht bunte Triebfahrzeugpark mit seinen typisch englischen Ausführungsformen wurde im Jahre 1907 durch ein Einzelexemplar eines von Kerr Stuart gebauten (1A)2′-Dampftriebwagen (Abb. 130) bereichert. Das Fahrzeug gehörte zu der nach der Jahrhundertwende auf der britischen Insel soviel verbreiteten geteilten Bauart mit einer Kleinlokomotive und einem auf die Maschine aufgesattelten Personenwagen. Das Triebgestell enthielt einen normalen Röhrenkessel, seitliche Vorratsbehälter für den Brennstoff und im Durchmesser gleich große Lauf- und Treibräder. Die beiden Dampfzylinder lagen außen unmittelbar hinter der Laufachse und wirkten über Stangen auf die Räder der zweiten Achse. Das Führerhaus war zum Teil in den Wagenteil miteinbezogen, was sich speziell auf die Plattform und das vorgezogene Dach bezog. Die Führerhausstirnwand konnte sich in Verbindung mit dem Triebgestell unabhängig gegenüber dem Wagenkasten bewegen. Da das Hauptanbauprodukt der Insel Zuckerrohr war, wurde die Feuerkiste neben Kohlenfeuerung auch für die Verbrennung von Zukkerrohrabfällen ausgebildet. Das Speisewasser wurde in einem langen, unter dem Wagenboden aufgehängten Behälter mitgeführt. Das Wageninnere enthielt hölzerne Doppelsitzbänke mit einem Mittelgang und ein am hinteren Ende liegendes Sonderabteil, das sowohl als 2. Klasse- als auch bei Bedarf als Gepäckabteil genutzt werden konnte.
Der Dampftriebwagen erhielt keine besondere Betriebsnummer oder Klassifizierung, da er auf Mauritius einziger Vertreter dieser Bauart blieb. Der geringe Personenverkehr dürfte spätestens Anfang der 20er Jahre zur Ausmusterung dieses Wagens geführt haben.

Nord-Amerika

Amerika – Kontinent der unendlichen Weiten, der endlosen Schienenstränge, der küstenverbindenden Fernzüge – ein Erdteil, der nicht mit europäischen Dimensionen und Maßstäben vergleichbar und meßbar ist. Wie schon das Eisenbahnwesen Amerikas ganz allgemein in der Struktur und im Betriebswesen erheblich von europäischen Verhältnissen abweicht, so bezieht sich dieser Unterschied im besonderen auch auf die Ausbildung des Fahrzeugparks, eine Tatsache, die bereits vor hundert Jahren ebensolche Bedeutung hatte, wie in der Gegenwart. Diese Erkenntnis mag daher das Verständnis für die geringe Bedeutung, die dem Dampftriebwagen in Nord- und Südamerika beigemessen wurde, erleichtern.

Vereinigte Staaten von Nordamerika

Die Vorgeschichte der nordamerikanischen Dampftriebwagen geht bis auf das Jahr 1875 zurück, als die Baldwin Locomotive Works erstmals einen Trambahn-Triebwagen bauten, der 1876 probeweise auf der Atlantic Avenue Railway in Betrieb genommen wurde. Im Juni 1876 kam er nach Philadelphia, wo er auf der Market Street-Line fast bis zum Ende der damals dort stattfindenden Weltausstellung verkehrte. Die unterflur angeordneten Zylinder wirkten auf die vordere, gekröpft ausgebildete Achse. Der hölzerne, sehr schwache Fahrzeugrahmen wurde Ende 1876 anläßlich einer Hauptuntersuchung bei Baldwin durch eine Eisenkonstruktion ersetzt, auf der der vertikale Kessel und die Maschine unabhängig von dem mit dem Rahmenwerk vernieteten Wagenkasten verlagert wurden. Der umgebaute Wagen kam am 21. März 1877 wieder auf der Market Street Tramway zum Einsatz und legte im regulären Betrieb täglich 88 Meilen = 141,7 km zurück.

Dieser wie auch für verschiedene andere Gesellschaften von Baldwin gebaute Dampftriebwagen konnten aber auf die Dauer wegen ihrer zu geringen Leistung nicht befriedigen. Baldwin verließ daraufhin zunächst den Bau von Dampftriebwagen und verstärkte die Entwicklung von Straßenbahnlokomotiven.

Eine andere amerikanische Lokomotivfabrik, die sich mit Triebfahrzeugen für Trambahnen befaßte, war Porter, Bell & Co. in Pittsburg, Pennsylvania. Aber auch dieses Unternehmen wandte sich nach anfänglichen Bemühungen mit Trambahntriebwagen dem Bau von Kleinlokomotiven zu und blieb damit unbedeutend für die spätere Entwicklung der einheimischen Triebwagen.

Die Einführung und Entwicklung des Dampftriebwagens ging in den USA maßgeblich von den sogenannten Inspektionslokomotiven aus. Wie schon früher erwähnt, verließ man schon bald die normale Dampflokomotive zugunsten dampfgetriebener Wagen, die in der Unterhaltung wirtschaftlicher und für den vorgesehenen Verwendungszweck geeigneter erschienen.

Als ersten Dampftriebwagen der USA stellte die Susquehanna Coal Company im Jahre 1889 einen (1A)2′-Dampftriebwagen mit dem Namen »NYDIA« als Inspektionsfahrzeug in Dienst. Das von den Baldwin Locomotive Works in Philadelphia gebaute Fahrzeug besaß einen normalen Lokomotivkessel der Regelbauart, der direkt auf dem mit außenliegenden Zylindern ausgerüsteten Triebgestell verlagert war. Angetrieben wurden die Räder der zweiten Achse. Diese komplette Kleinlokomotive war in den Wagenkasten miteinbezogen und diente gleichzeitig als vorderes Drehgestell. Diese Bauart findet man bei vielen der frühen amerikanischen Dampftriebwagen. Zwei weitere Merkmale waren einmal der den normalen Reisezugwagen nachempfundene Wagenkasten mit dem typischen Lüfteraufsatz, zum anderen waren alle amerikanischen Dampftriebwagen Drehgestellfahrzeuge. Eine Ausnahme war lediglich ein später noch erwähntes zweiachsiges Versuchsfahrzeug, das aus Europa importiert worden war.

Die New Jersey and New York Railroad stellte im Jahre 1897 probeweise einen von Alco (American Locomotive Company) gebauten B′2′-Dampftrieb-

Abb. 131 B'2'-Dampftriebwagen der New Jersey and New York Railroad, Baujahr 1897.

wagen (Abb. 131) in Dienst, der gegenüber dem vorerwähnten Triebwagen NYDIA ausschließlich für den normalen Personenverkehr vorgesehen war. Der Wagenkasten enthielt neben dem vornliegenden Maschinenraum ein geräumiges Gepäckabteil und einen Fahrgastraum mit Mittelgang und zehn Doppelsitzplätzen auf jeder Seite. Der Einstieg zum Passagierraum war als offene Bühne ausgebildet und an das rückwärtige Ende verlegt worden. Die Speisewasservorräte wurden in zwei langen zylindrischen Behältern mitgeführt, die unter dem Fahrzeugrahmen aufgehängt waren. Des höheren Fahrzeuggewichtes wegen wurden zur Übertragung größerer Zugkräfte beide Achsen des vorderen Drehgestells durch Kuppelstangen miteinander verbunden, wobei die beiden außenliegenden Zylinder die Räder der zweiten Achse antrieben. Besonders hervorzuheben ist die bei diesem Dampftriebwagen angewandte Walschaert-(Heusinger-)Steuerung, die zu jener Zeit in den USA noch sehr wenig Verbreitung gefunden hatte und daher noch recht selten ausgeführt wurde. Eine weitere Neuerung war der senkrechtstehende Dampferzeuger, der seinen Ursprung wohl in den vorwiegend um diese Zeit in England verwendeten Konstruktionen hatte. Der unter der Betriebsnummer 680 in Dienst gestellte Wagen kam später noch zur Erie Railroad, blieb aber ein Einzelexemplar, über dessen Schicksal keine Aufzeichnungen mehr existieren.

Zwei ähnliche Fahrzeuge lieferten Baldwin 1897 an die Cincinnati Hamilton & Dayton Traction Company und Alco an die New England Railroad (später von der New Haven Railroad übernommen). Eine Eigentümlichkeit des Baldwin-Triebwagens war das Vauclain-Verbundtriebwerk, bei dem im gleichen Zylinderblock Hoch- und Niederdruckzylinder übereinander angeordnet waren und gleichzeitig auf ein und denselben Kreuzkopf wirkten. Die Dampfvertei-

Abb. 132 (1′B)2′-Dampftriebwagen mit Vauclain-Verbundmaschine, 1898 von Baldwin für die Pittsburgh, Cincinnati, Chicago & St. Louis Railroad gebaut.

Abb. 133 (1′B)2′-Vauclain-Dampftriebwagen der Detroit & Lima Northern Railroad, Baujahr 1898.

Abb. 134 (1A)2′-Dampftriebwagen von Baldwin 1902 an die Rochester & Pittsburgh Coal & Iron Company geliefert.

lung erfolgte für jedes Zylinderpaar über einen gemeinsamen Verteilerkasten mit Kolbenschieber.

Man begegnet dieser Verbundbauart bei den meisten der älteren Baldwin-Dampftriebwagen, so zum Beispiel bei den beiden einander sehr ähnlichen (1B)′2′-Triebwagen, die im Jahre 1898 zu je einem Exemplar an die Pittsburgh, Cincinnati, Chicago & St. Louis Railroad (Abb. 132) und an die Detroit & Lima Northern Railroad (Abb. 133) geliefert wurden.

Im Jahre 1902 baute Baldwin noch einmal einen kleinen (1A)2′-Dampftriebwagen für die Rochester & Pittsburgh Coal & Iron Company (Abb. 134), der seinem Gesamtaufbau nach einen abgewandelten Nachbau des NYDIA-Triebwagens darstellte. Die beiden Wagen gemeinsamen Hauptmerkmale waren das 1A-Triebwerk mit normalem Regelkessel und die beiden offenen Stirnbühnen an den Wagenenden.

Eine für den amerikanischen Dampftriebwagenbau ausgefallene und einmalige Konstruktion war die Bauart »Kobusch-Wagnehals«. Im Jahre 1906 baute die St. Louis Car Company einen Probewagen, der zu den größten je in den USA konstruierten Dampftriebwagen gehören sollte. Die Gesamtlänge betrug 25 m, der Drehzapfenabstand 16,15 m, das Reibungsgewicht 52,4 t und das Gesamtgewicht des leeren Triebwagens 81 t.

Das Triebgestell besaß zwei Achsen, deren vordere die zwischen den Rahmenwangen waagerecht liegende Zweizylindermaschine über die Treibstangen direkt antrieb, während die zweite Achse über die außenliegenden Kuppelstangen mitgenommen wurde. Die Treibräder hatten einen Durchmesser von 1066,8 mm, der Radabstand des Maschinengestells betrug 2743,2 mm. Die Antriebsmaschine entwickelte bei 279,4 mm Zylinderdurchmesser und 330,2 mm Hub eine Leistung von 179 kW. Als maximale Zugkraft wurden 36,7 kN bei einer Fahrge-

schwindigkeit von ca. 8 km/h erreicht. In der Ebene war der Triebwagen in der Lage, 546,6 t Zuggewicht (einschließlich Eigengewicht des Triebwagens) zu befördern, auf 1 % Steigung lag die Lastgrenze bei 303,8 t, auf 2 % Steigung bei 174,8 t. Die in der Horizontalen mit 208,3 t Zuggewicht erreichte Höchstgeschwindigkeit betrug 67 km/h. Als Dampferzeuger war ein Röhrenkessel aus dem Schiffsbau gewählt worden, der bei 112,9 m^2 Verdampfungsheizfläche Heißdampf von 17,6 bar Spannung lieferte. Beheizt wurde der Kessel durch fünf Ölbrenner, denen das Rohöl durch Druckluft zugeführt wurde. Die Vorräte wurden in langen zylindrischen Behältern mitgeführt, die unter dem Wagenboden angeordnet waren. Trotz der sehr großzügigen Dimensionierung konnte diese Bauart sich jedoch nicht durchsetzen. Verschiedene Nachteile, die vornehmlich in der Kesselkonstruktion und im verhältnismäßig großen Eigengewicht des Fahrzeuges lagen, ließen daher diesen Dampftriebwagen schon bald wieder in Vergessenheit geraten.

Eine andere recht interessante Entwicklung stellte der im Jahre 1907 von der Chicago, Rock Island & Pacific Railway in Dienst gestellte (1A)2′-Dampftriebwagen der Bauart Ganz dar. Der gute Ruf der in Ungarn von der Firma Ganz gebauten Dampftriebwagen veranlaßte die Railway Auto Car Company in New York als Lizenznehmerin dieses System auch bei den amerikanischen Eisenbahngesellschaften einzuführen.

Der Wagen hatte eine Gesamtlänge von 16,7 m und ein Platzangebot von insgesamt 52 Sitzen, davon 16 im Raucher- und 36 im Nichtraucherabteil. Dem Fahrgastraum schloß sich nach vorn ein sehr geräumiges Gepäckabteil von 2,18 m Länge und der Maschinenraum an. Der etwa über der vorderen Achse des Triebgestells angeordnete Dampferzeuger entsprach wie die Maschineneinheit der bewährten Bauart Ganz. Beide Aggregate waren für diesen Einsatzfall aus Ungarn importiert worden. In Verbindung mit der auf die zweite Achse wirkenden Verbundmaschine erzeugte die gesamte Maschinenein-

Abb. 135 (1A)2′-Dampftriebwagen der Chicago, Rock Island & Pacific Railway mit Ganz-Maschinenanlage, Baujahr 1909.

Abb. 136 Zweimotoriger Ganz-Versuchstriebwagen, Baujahr 1904, später nach den USA an die Florida East Coast Railway Company verkauft.

heit maximal 89,5 kW Leistung. Der Kessel erzeugte überhitzten Dampf mit einer Spannung von 19 bar. Der Kohlevorrat wurde in einem vor dem Führerstand angeordneten Kasten mitgeführt, während zwei unter dem Wagenboden aufgehängte Behälter das Speisewasser enthielten. Der Wagenkasten war in Ganzstahlausführung mit eichenbeschlagenen Innenwänden ausgeführt. Das Dienstgewicht des Triebwagens betrug 36,6 t. Laut Lastenheft konnte der Wagen in der Ebene eine Geschwindigkeit von 56,4 km/h und auf 1% Steigung 38,6 km/h erreichen.

Diesem ersten amerikanischen Dampftriebwagen der Bauart Ganz folgte bereits im Jahre 1908 eine zweite Ausführung für die Erie Railroad, die ebenfalls von der Railway Auto Car Company konstruiert und gebaut worden war. Auch für diesen (1A)2′-Triebwagen lieferte Ganz wieder die komplette Maschinenanlage.

Die dritte Exportlieferung in die USA tätigte die Firma Ganz im Jahre 1909. Baldwin hatte einen Auftrag für die Chicago, Rock Island & Pacific Railway auf einen (1A)2′-Dampftriebwagen übernommen, der im Prinzip weitgehend der Erstausführung für dieselbe Bahnverwaltung entsprach und keine nennenswerten Neuerungen aufwies. Der Triebwagen (Abb. 135) kam unter der Betriebsnummer 2551 zum Einsatz.

Die Chicago, Rock Island & Pacific Railway gehörte seinerzeit zu den wenigen amerikanischen Eisenbahngesellschaften, die ein echtes Interesse für die Verwendung von Dampftriebwagen zeigten und die auch ein entsprechendes Einsatzgebiet für diese Fahrzeuggattung aufzuweisen hatte. Schon im Jahre 1908 stellte sie einen weiteren von Alco gelieferten (1A)2′-Dampftriebwagen mit der Betriebsnummer 2552 in Dienst. Das Triebgestell war mit einer außen zwischen Lauf- und Treibachse angeordneten normalen Zweizylinder-Verbundmaschine mit Walschaert-(Heusinger-)Steuerung ausgerüstet. Der waagerecht liegende Kleinkessel war zwecks Vermeidung beweglicher Dampfleitungen ebenfalls

direkt auf dem Triebgestell verlagert. Die kompakte Bauweise der Maschinengruppe erlaubte einen einfachen Ausbau des Triebgestells aus dem Wagenkasten bei erforderlichen Reparatur- und Wartungsarbeiten.
Wir wollen jetzt die Chicago, Rock Island & Pacific-Triebwagen verlassen und nachfolgend zwei verschiedene Versuchsausführungen betrachten, die jedoch nur demonstrativen Charakter hatten und keine Nachahmung in den USA fanden.
Die bereits mehrfach erwähnte ungarische Lokomotivfabrik Ganz in Budapest baute im Jahre 1904 einen zweiachsigen Versuchstriebwagen (Abb.136) mit zwei Dampfmotoren zu je 36,8 kW Leistung, wodurch einem besonderen Übel der damaligen Dampftriebwagen, der geringen Leistungsfähigkeit und beschränkten Zugkraft, abgeholfen werden sollte. Die völlig geschlossene Bauart der Motore mit dem ins Gehäuse miteinbezogenen Zahnradvorgelege bedingten eine direkte Verbindung mit der Treibachse in der Art eines auf die Achse aufgesteckten Hohlwellenantriebes. Die Beweglichkeit der angetriebenen Lenkachsen erforderten aber andererseits eine nachgiebige Verbindung zwischen den Motoren und dem Wagenkasten, die dadurch erzielt wurde, daß die Motorgehäuse sich seitlich über Distanzstangen gegen die Achse abstützen, während kreuzgelenkige Stangen zwischen Wagenboden und Zylinder als Drehmomentstützen wirkten. Durch diese Anordnung wirkte die Zentrifugalkraft der Motore unterstützend auf die Einstellung der Lenkachsen in den Gleiskrümmungen.
Natürlich erforderte der Betrieb dieser Maschinenanlage die doppelte Dampfmenge der bisherigen Ausführungen. Die Firma Ganz wählte daher die einfachste Lösung und stellte zwei ihrer normalen zylindrischen Wasserrohrkessel getrennt nebeneinander auf, wobei zwar jeder Dampferzeuger nur einen ihm zugeordneten Motor mit Dampf versorgte, die Dampfverteilung aber gleichzeitig vom Führerstand gesteuert wurde. Dieses Verfahren mag zunächst umständlich erscheinen, war aber gemessen am Stand der Kesseltechnik und dem Verwendungszweck als Versuchsfahrzeug gegenüber einer

Neukonstruktion eines entsprechend leistungsfähigen Dampferzeugers durchaus gerechtfertigt. Man nahm sogar in Kauf, daß die Räumlichkeiten im Führerstand durch die zwei Kesselaggregate sehr beengt waren.
Der Triebwagen wurde zahlreichen Testfahrten unterworfen, von denen die bekanntesten die vom 28. und 29. Juli 1904 auf den Streckenabschnitten

Abb. 137 Letzter in der USA 1937 von der New York, New Haven & Hartford Railroad in Dienst gestellter Dampftriebwagen der Gelenkbauart.

Budapest – Hatvan und Budapest – Párkány – Nánav waren, bei denen unter anderem auf ebener Strecke eine Höchstgeschwindigkeit von 86 km/h erreicht wurde. Trotz günstiger Ergebnisse fand sich aber keine europäische Bahn bereit, dieses Fahrzeug zu übernehmen. Der Triebwagen wurde schließlich an die Florida East Coast Railway Company in die USA verkauft, wo er später sang- und klanglos verschwand. Es existieren heute keinerlei Unterlagen mehr über seinen Einsatz bei dieser Bahngesellschaft.

Eine spätere nicht minder interessante amerikanische Konstruktion war der im Jahre 1927 von der Railway Locomotor Company gebaute »Railway Locomotor No. 1« – ein ausgesprochenes Demonstrationsfahrzeug, das eine Reihe neuer Konstruk-

tionsprinzipien speziell bei der Kesselanlage aufwies.
Die Besonderheiten dieses 22,25 m langen Dampftriebwagens war der von der International Havester Company in Chicago entwickelte Hochdruckkessel mit Rückkondensation, der neben der Beschickung der Kesselanlage mit reinem Speisewasser einen dampffreien Betrieb bei wesentlich höherer Leistungsentwicklung garantieren sollte.
Der Hochdruckkessel enthielt radial in verschiedenen Lagen angeordnete Rohrbündel des Vorwärmers, Verdampfers und Überhitzers, die durch die vom zentrisch angeordneten Ölbrenner aufgeheizten Gase bestrichen wurden. Während des Betriebes gelangte der Abdampf der Zylinder in den unter dem Fahrzeugdach über dem vorderen Führerstand liegenden luftgekühlten Oberflächenkondensator, wo er soweit abgekühlt wurde, daß er als Kondensat niederschlug und über einen Ölabscheider einem Sammelbehälter zugeführt werden konnte. Von hier aus förderte die Speisepumpe das noch etwa 55 ° C warme Kondensat wieder in den Kessel, wo es erneut den Wärmeprozeß bis zur Überhitzung durchlief und als Heißdampf in den Zylindern seine Energie abgab. Der tägliche Wasserverlust, der durch Frischwasser ergänzt werden mußte, lag bei rund 18 Litern. Die Speisewasserzufuhr und die Brennerregulierung erfolgten in Abhängigkeit von der Kesselbelastung. Die Dampfspannung betrug maximal 42 bar. Der Brennstoff wurde in fein zerstäubter Form in den Brenner geblasen, wobei eine Verdampfung vor der eigentlichen Entzündung im Brenner stattfand. Je nach Außentemperatur dauerte die Erreichung der Betriebsbereitschaft des Kessels vom Entzünden des Brenners an etwa 9 bis 12 Minuten.
Als Dampfmaschinen dienten zwei unter dem Wagenboden aufgehängte Achtzylinder-Gleichstrom-Dampfmotoren mit zusammen 223,7 kW Leistung, die über Gelenkwellen jeweils die innenliegende Achse eines jeden Drehgestells antrieben. Die Drehgestelle besaßen Stahlgußrahmen und 914,4 mm Treib- und Laufräder.
Der Wagenaufbau zeigte einen sehr geräumigen Passagierraum mit 63 Sitzplätzen, dem das rund 5 m lange Gepäck- und Maschinenabteil folgten. Alle Bedienungselemente waren doppelt vorhanden, da jede Stirnseite einen Führerstand besaß. So vielversprechend diese neue und wohldurchdachte Dampftriebwagenbauart auch zu sein schien, so kam sie doch viel zu spät, auch in den USA hatte der Dieseltriebwagen seinen Siegeszug bereits angetreten.
Noch ein letztes Mal erfolgte im Jahre 1937 in den USA ein Versuch mit einem nach modernen Gesichtspunkten ausgeführten Dampftriebwagen (Abb. 137). Die New York, New Haven & Hartfort Railroad hatte 1936 beschlossen, als Vergleichsfahrzeug zu ihrem damals gerade eingeführten dieselbetriebenen Renomierzug »Comet« einen Triebwagenzug mit Dampfbetrieb zu beschaffen, um die Anpassungsfähigkeit und das Fahrverhalten beider Systeme bei stark schwankenden Betriebsverhältnissen prüfen zu können und Rückschlüsse für spätere Entwicklungen zu erhalten.
Aus Ersparnisgründen entschied man seitens der maschinentechnischen Abteilung der Bahngesellschaft, keinen Neubau der geplanten Triebfahrzeugeinheit aufzulegen, sondern hierfür zwei entsprechende, etwa 20 Jahre alte Personenwagen in Ganzstahlausführung zu verwenden, die für den vorgesehenen Zweck umgebaut wurden. Das Äußere dieses Zweiwagenzuges erhielt eine den damals stromlinienförmigen Wagen der Gesellschaft angepaßte Form, wobei weitgehend überflüssige Details der alten Konstruktion entfielen, was einem wünschenswerten geringeren Wagengewicht entgegenkam. Ebenso wurde das Wageninnere grundlegend geändert, wodurch eine günstigere Raumaufteilung mit neuen Sitzen und neu angelegten Waschräumen mit Toiletten geschaffen werden konnte.
An der vorderen Stirnseite des Motorwagens war ein 2,4 m langer Maschinenraum eingerichtet, in dem der Dampferzeuger und die Hilfs- und Steuereinrichtungen Platz fanden. Ihm folgte ein 3,7 m langes Gepäckabteil. Über die gesamte Länge dieser beiden Räume erstreckte sich der im Dach eingebaute Abdampf-Kondensator mit seinen Ventilatoren. Die

restliche Fahrzeuglänge wurde vom Fahrgastraum eingenommen. Das vollständige Platzangebot des Triebwagens belief sich auf 152 Sitze in beiden Wageneinheiten.
Als Dampferzeuger war ein ölgefeuerter Hochdruck-Röhrenkessel der Bauart Besler mit Rückkondensation gewählt worden. Der Prozeßablauf ähnelte dem des vorerwähnten Railway Locomotor Nr. 1. Das Speisewasser wurde als Kondensat einem Sammler entnommen und dem Kessel zugeführt, wo es verdampfte und nach der Expansion in den Zylindern im Kondensator niederschlug und wieder in den Sammler zurückkehrte. Die maximale Dampfspannung betrug 105,5 bar.
Der Triebwagen wurde nur durch das vordere als Triebeinheit ausgebildete Drehgestell angetrieben. In dem 5,4 m langen Fahrgestellrahmen waren je eine Zweizylinder-Hoch- und Niederdruckmaschine zwischen den Achsen angeordnet, die jede für sich auf eine Achse wirkten. Die in Verbundwirkung arbeitenden Zylinder hatten 165,1 mm und 279,4 mm Durchmesser bei 228,6 mm Hublänge. Die Dampfverteilung erfolgte über eine Stephenson-Steuerung. Die von der Maschinenanlage erzeugte effektive Leistung betrug 447 kW.
Der zweiteilige Dampftriebwagen erhielt wegen seines Aussehens und des blauen Anstrichs bald den Spitznamen »Blaues Bügeleisen«. Zahlreiche Testfahrten bewiesen zwar die Verwendbarkeit dieses Fahrzeuges vor allem hinsichtlich der flexiblen Anpassungsfähigkeit der Dampfmaschine an die wechselnden Betriebsbelastungen, doch waren die Vorteile zu gering, als daß diese Konstruktion ernsthaft mit dem Dieseltriebwagen in Konkurrenz hätte treten können. Der Besler-Dampftriebwagen wurde daher fast ausschließlich im Nahverkehr und von Fall zu Fall auf der Strecke Bridgeport, Conn. – Hartford eingesetzt. Betriebliche Mängel an der Kesselanlage führten schließlich zur Ausmusterung des Zuges Anfang der 40er Jahre. Der Steuerwagen wurde 1943 in einen normalen vierachsigen Personenwagen, das Motorfahrzeug 1945 in einen kombinierten Gepäck-Personenwagen umgebaut.
Die wenigen hier genannten Dampftriebwagen der USA gehörten zu den interessantesten Konstruktionen der ohnehin sehr geringen Zahl dieser Fahrzeuggruppe. Welche unbedeutende Rolle der Dampftriebwagen in den Vereinigten Staaten spielte, mögen abschließend noch folgende Tatsachen dokumentieren. Seit dem Einsetzen der Verdieselung der nordamerikanischen Eisenbahnen wuchs die Anzahl der Diesellokomotiven und -triebwagen produzierenden Firmen auf über 70 an. Dem standen aber nur 6 oder 7 Hersteller von Dampftriebwagen gegenüber. Soweit wegen der sehr wenigen noch existierenden Unterlagen überhaupt ein Überblick über die Dampftriebwagen der USA möglich ist, dürfte nach vagen Schätzungen ihre Zahl noch nicht einmal 100 erreicht haben, von denen der überwiegende Teil etwa in dem Zeitraum zwischen 1906 und 1909 gebaut worden war.

Kanada

Ähnlich wie in den USA spielte der Dampftriebwagen auch in Kanada eine völlig untergeordnete Rolle. Die Anzahl der seinerzeit von den beiden großen Gesellschaften Canadian Pacific (CP) und Canadian National (CN) betriebenen Fahrzeuge lassen sich fast an den Fingern einer Hand abzählen. Es ist bezeichnend für die geringe Bedeutung, die diese Fahrzeuggattung in Nordamerika hatte, daß kaum noch Aufzeichnungen und Kenntnisse über sie existieren und die überaus spärlichen Unterlagen zum Teil nur noch Fragmente darstellen.
Die Canadian Pacific Railway fertigte im Jahr 1906 in ihren bahneigenen Werkstätten in Montreal einen (A1)2′n2-Dampftriebwagen (Abb. 138), für den allem Anschein nach ein vorhandener vierachsiger gemischter Gepäck-Personenwagen verwendet und entsprechend umgebaut worden ist. Der nur mit einem einzigen vornliegenden Führerstand ausgerüstete Triebwagen besaß einen normalen Dampferzeuger der Regelbauart, der in der Art der Kleinlokomotiven direkt auf das Fahrgestell montiert war. Aus nicht ganz ersichtlichen Gründen wählte man als Vorlaufachse die mit 1066,8 mm Raddurchmesser

Abb. 138 (A1)2′-Dampftriebwagen der Canadian Pacific Railway, 1906 in den bahneigenen Werkstätten gebaut.

ausgeführte Treibachse, während die Laufachse und die hintenliegenden Zylinder nachgeschleppt wurden. Der sehr geräumige, rund 6 m lange Maschinenraum diente gleichzeitig als Führerabteil und als Gepäckraum. Im folgten die Toilette und je ein Raucher- und ein Nichtraucherabteil mit zusammen 56 Sitzplätzen. Der Wagenkasten war noch in der seinerzeit üblichen Holzbauweise mit Stahlrahmen hergestellt und zeigte neben dem charakteristischen hohen Dachlüfteraufsatz das den Rahmen unterstützende Sprengwerk, wie es damals alle Vierachser aufwiesen. Mit einer Gesamtlänge von 23,5 m war dieser Wagen der längste aller kanadischen Dampftriebwagen. Im April 1907 wurde der Triebwagen offiziell unter der Betriebsnummer 88 in Betrieb genommen. Um 1911 ist er wahrscheinlich in Nr. 70 umnummeriert und später infolge fehlender Aufgabenbereiche wieder in einen gemischten Gepäck-Personenwagen zurückgebildet worden. Etwa um 1948 dürfte dann seine endgültige Ausmusterung erfolgt sein. Der Wagen Nr. 88 war der einzige Dampftriebwagen, der überhaupt bei der CP im Einsatz gewesen ist.

Bei den Canadian National Railways liefen insgesamt vier verschiedene Dampftriebwagen unterschiedlicher Bauart, die aber alle mit nur einer Ausnahme von der Grand Trunk Railway übernommen worden waren.

Ältestes Fahrzeug war der Triebwagen Nr. 15902 (Abb. 139), der bereits im Jahre 1907 von der amerikanischen Bahngesellschaft Louisville & Nashville Railway gebaut und im Jahre 1923 an die CN verkauft worden ist. Der Wagen enthielt ein B-gekuppeltes Triebwerk und einen kleinen normalen Lokomotivkessel, der wieder direkt auf dem Maschinendrehgestell fest montiert war. Trotz einer Gesamtlänge von immerhin 21,5 m war aber nur knapp die Hälfte als Passagierraum genutzt. Die Aufteilung erfolgte in einen kleinen Rauchersalon mit 10 Plätzen und ein Nichtraucherabteil mit 28 Plätzen. Der

Abb. 139 B′2′-Dampftriebwagen Nr. 15 902 der Canadian National Railways aus dem Jahre 1907.

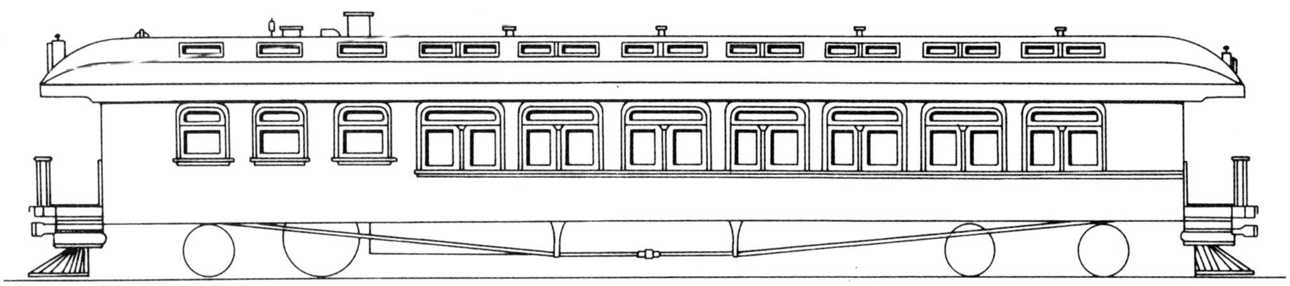

Abb. 140 (1A)2′-Dampftriebwagen, im Jahre 1910 von der Grand Trunk Railway gebaut, später von der CN übernommen und als 15 900 in Dienst gestellt.

restliche Teil war in einen 5,8 m langen Maschinenraum und einen 2,9 m langen Gepäckraum unterteilt. Etwa in der Wagenmitte lag auf der rechten Seite die Toilette. Der Triebwagen war ferner mit zwei Führerständen für Vor- und Rückwärtsfahrt ausgerüstet. Das Speisewasser wurde auch hier in besonderen Behältern unter dem Hauptrahmen mitgeführt, während die Kohlenvorräte im Maschinenraum untergebracht waren. Nach nur dreijähriger Dienstzeit zog die CN den Triebwagen aus dem Verkehr und baute ihn 1926 in einen Unterrichts- und Lehrwagen für Druckluft-Bremseinrichtungen um.

Ein nicht minder altes Modell stellte der im Jahre 1910 von der Grand Trunk Railway für den eigenen Bedarf gebaute (1A)2′n2-Dampftriebwagen Nr. 1 (Abb. 140) dar. Im Gegensatz zu allen übrigen kanadischen Dampftriebwagen waren bei diesem nur mit einem Führerstand ausgerüsteten Fahrzeug die beiden stirnseitigen Einstiegsbühnen offen. Über die vordere Bühne gelangte man in den Maschinen-und Führerraum, über die hintere in das Raucher-und Nichtraucherabteil. Das Platzangebot betrug 58 Sitze, davon 16 im Raucher- und 42 im Nichtraucherabteil. Als Dampferzeuger diente ein normaler kohlegefeuerter Lokomotivkessel. Die beiden 228,6 mm großen Zylinder trieben die zweite mit 1270 mm hohen Rädern ausgeführte Achse des Triebgestells an. Der Dampftriebwagen wurde ebenfalls im Jahre 1923 von der CN übernommen und in

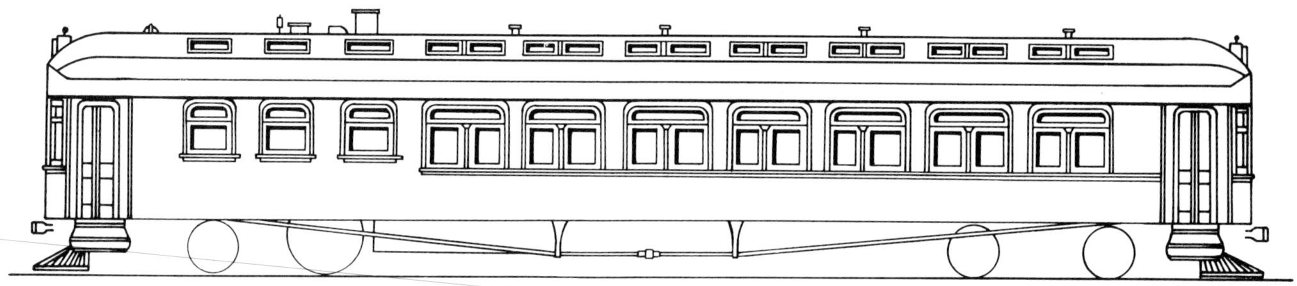

Abb. 141 (1A)2′-Dampftriebwagen Nr. 15 901 der CN aus dem Jahre 1911, ursprünglich Grand Trunk Railway, später von der CN aufgekauft.

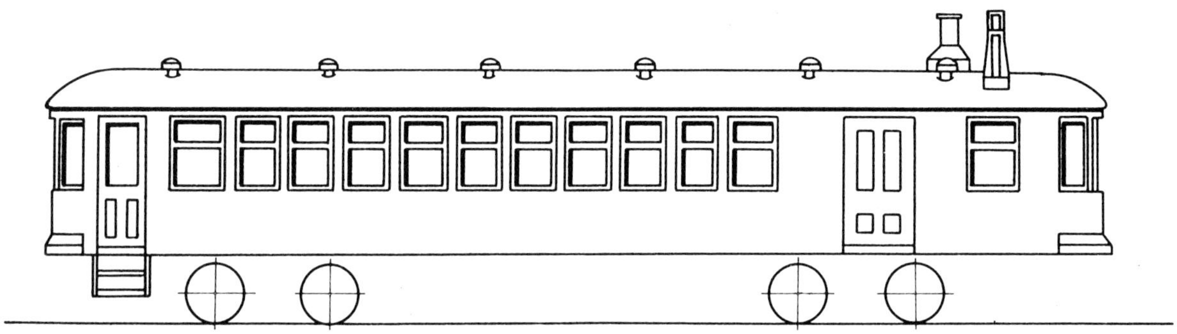

Abb. 142 (1A)2′-Dampftriebwagen der CN, im Jahre 1922 von der Unit Car Company für die Grand Trunk Railway gebaut, später von der CN als Nr. 15 805 übernommen.

Nr. 15900 umnummeriert. Er erlebte die längste Dienstzeit aller dieser Triebwagen und wurde erst im Jahre 1936 in Scarboro, wo er stationiert war, ausgemustert.

Als drittes Fahrzeug erwarb die CN im selben Jahr wie die vorherigen Wagen einen im Jahre 1911 von der Grand Trunk Railway in Dienst gestellten (1A)2′n2-Dampftriebwagen, den sie nach der Übernahme als Nr. 15901 in ihren Bestand einreihte. Dieser Triebwagen (Abb. 141) entsprach bis auf die hier geschlossenen Einstiege an den Stirnseiten weitgehend dem vorerwähnten Fahrzeug Nr. 15900. Im Jahre 1929 schied er aus dem regulären Dienst aus und wurde in einen Ausbildungswagen umgebaut.

Der letzte der von der CN übernommenen Dampftriebwagen der Grand Trunk Railway war ein (1A)2′-Dampftriebwagen (Abb. 142), der 1922 von der Unit Car Company in Boston gebaut worden war und bei der GTR in der Provinz Brunswick im Einsatz stand. Abweichend von der nach der Jahrhundertwende kreierten Bauform von Personenwagen zählte diese Konstruktion bereits zu jener Leichtbauart, wie sie sich zunächst nur im Straßenbahnwagenbau durchgesetzt hatte. Äußerliche Merkmale hierfür waren unter anderem das Tonnendach und die Fachwerkdrehgestelle, in derem vorderen auch der Zweizylinder-Dampfmotor Bauart Stanley mit Antrieb auf die zweite Achse verlagert war. Erstaunlich, gemessen am Baujahr, war die schon frühe Verwendung eines Hochdruck-Röhrenkessels für 56,2 bar Dampfspan-

nung und Ölfeuerung. Allerdings dürften die erforderlichen beweglichen Dampfleitungen zwischen dem hinter dem Führerstand im Wagen angeordneten Dampferzeuger und dem Antrieb im Drehgestell manchen Kummer bereitet haben. Eine weitere Eigenart dieses Dampftriebwagens war der große Überhang der Stirnseiten gegenüber den Drehgestellen, wobei namentlich das Gewicht des Kessels eine ungünstige Belastung für den Rahmen darstellte. Der mit einem Mittelgang, beidseitigen Doppelsitzen für 46 Fahrgäste und Abort ausgerüstete Wagen war 16,4 m lang und wog 30,5 t.
Nach seiner Übernahme durch die CN erhielt er die Betriebsnummer 15805. Obwohl er die jüngste und damals neueste Konstruktion darstellte, konnte er sich gegenüber seinen älteren robusteren Brüdern nicht behaupten. Seine große Störanfälligkeit führte bereits im Jahre 1925 zur Außerdienststellung und Rückführung an die Herstellerfirma, die ihn schließlich verschrottete.
Zwei weniger bekannte Bahnen Kanadas besaßen ebenfalls Dampftriebwagen und zwar die Intercolonial Railroad vier B'2'-Wagen mit Ganz-Maschinen und die Central Vermont (später White River Railroad) einen (1A)2'-Wagen mit der Betriebsnummer 101, der im wesentlichen dem 15805 der CN entsprach. Auch auf der schmalspurigen Newfoundland Railway sollen einige Sentinel-Cammell-Dampftriebwagen gelaufen sein, über die aber nichts Genaueres mehr festzustellen ist.
Damit ist das Kapitel »Dampftriebwagen in Kanada« schon abgeschlossen. Nach der allgemeinen Einführung von Gasolin- bzw. Dieseltriebwagen hatte der Dampftriebwagen überhaupt keine Chance mehr, einen wirtschaftlichen Vorteil gegenüber der neuen Antriebsart aufweisen zu können.

Südamerika

Verloren wie die Weiten der Pampas und undurchdringlich wie das Dickicht der tropischen Urwälder so erscheint auch die Geschichte der Damptriebwagen, die vereinzelt bei einigen Eisenbahngesellschaften Südamerikas in Betrieb gewesen waren. Auch hier spiegelt sich in den wenigen noch vorhandenen Dokumenten die geringe Bedeutung wieder, die leider auch im südlichen Teil des amerikanischen Kontinents diesem Traktionsmittel zugemessen worden ist. Die maßgeblich aus Europa kommende Entwicklung und auf europäische Bedürfnisse zugeschnittenen Konstruktionen ließen sich, wie die Entwicklung auch bestätigte, nun nicht einfach auf die Verhältnisse anderer Länder und Erdteile übertragen, eine Erkenntnis, die nicht nur allein für den Dampftriebwagen zutraf. Nachfolgend sollen aber wenigstens die wichtigsten und interessantesten Bauarten in alphabetischer Reihenfolge der Länder erwähnt werden, die in Südamerika zum Einsatz gekommen sind.

Argentinien

Im Jahre 1931 lieferte die englische Firma Birmingham Railway Carriage and Wagon Company, Ltd. einen zweiteiligen B'2'2'-Dampftriebwagen an die normalspurige Entre Rios Railway, die ursprünglich ein britisches Unternehmen war, am 1. Juli 1946 aber an den Argentinischen Staat verkauft wurde und seitdem unter der Verwaltung der Ferrocarril General Urquiza steht.
Der Gesamtaufbau des Wagens zeigte eine Doppeleinheit mit Maschinen- und Steuerwagen, die sich in der Mitte auf ein Jakobs-Drehgestell abstützten, während an den Wagenenden ein Triebgestell bzw. ein Regeldrehgestell vorgesehen waren. Der Maschinenwagen enthielt den an der vorderen Stirnseite angeordneten gemeinsamen Maschinen- und Führerraum, dem sich ein 3. Klasseabteil mit 42 Sitzplätzen und der Abort anschlossen. Der Steuer-

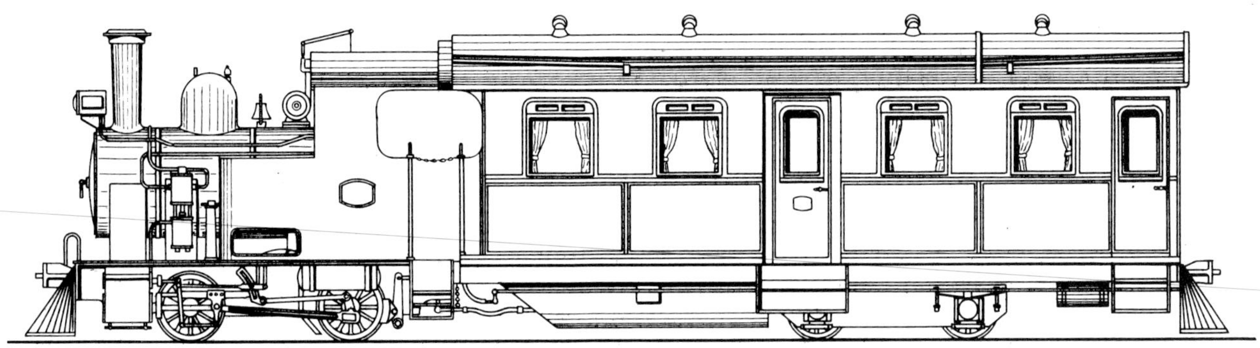

Abb. 143 (1A)2′-Schmalspur-Dampftriebwagen von Schwartzkopff für die kolumbianische Cundinamarca-Bahn gebaut.

wagen war ebenfalls mit einem Führerstand ausgerüstet, gefolgt von einem sehr geräumigen Gepäckraum, dem Abort und einem 1. Klasseabteil für 24 Fahrgäste. Die Einstiege zu den beiden Fahrgasträumen waren an die Kuppelenden des Triebwagens über dem Jakobs-Drehgestell verlegt und mit Schiebetüren ausgerüstet worden. Ein Faltenbalgübergang zwischen den Wagen ermöglichte die Begehung beider Teile während der Fahrt. Rahmen und Wagenkästen waren in kombinierter Ganzstahl-Leichtbauweise ausgeführt.

Als Dampferzeuger diente ein querverlagerter »Yorkshire«-Doppelkessel mit Überhitzer für eine Dampfspannung von 19,3 bar, der von der Yorkshire Patent Wagon Company of Hunslet in Leeds gebaut worden war. Trotz seiner Grundausführung mit Ölfeuerung konnte der Kessel aber relativ einfach auch auf Kohlefeuerung umgebaut werden, sofern dieses erforderlich wurde. Bewegliche Dampfleitungen konnten infolge Verlagerung des Kessels auf dem Triebgestell vermieden werden. Die Dreizylindermaschine vom Typ »Yorkshire« lag innerhalb des Drehgestellrahmens und trieb über ein Zwischengetriebe eine Blindwelle an, von der die weitere Kraftübertragung durch Kuppelstangen auf die Räder der beiden Treibachsen erfolgte. Die Dampfverteilung und -steuerung wurde über eine Joy-Steuerung vorgenommen. Als maximale Geschwindigkeit waren 72 km/h vorgesehen, die Ausbildung der Maschineneinheit gestattete jedoch bei Änderung der Zylinderdimensionen und der Übersetzungsverhältnisse des Vorgeleges eine Höchstgeschwindigkeit von rund 105 km/h zu erreichen. Eine Zentralschmierung sorgte für eine ausreichende Fettung aller Lager und Gelenkteile, wobei besonders hervorzuheben ist, daß sämtliche Achslager als Wälzlager ausgeführt waren. Die Speisewasser- und Brennstoffvorräte waren beiderseits im Maschinenraum untergebracht und konnten durch entsprechende Anschlüsse im Wagenkörper von außen in die Tanks eingefüllt werden.

Die sehr gefällig wirkende Triebwageneinheit hatte eine Gesamtlänge von 30 m und ein Dienstgewicht von 57 t. An den Stirnseiten waren zusätzlich zu den normalen Zug- und Stoßvorrichtungen noch Räumer in der Art der Kuhfänger vorgesehen. Wie dieser Dampftriebwagen sich bewährte und welches Schicksal ihn schließlich ereilt hat, ist leider nicht mehr festzustellen.

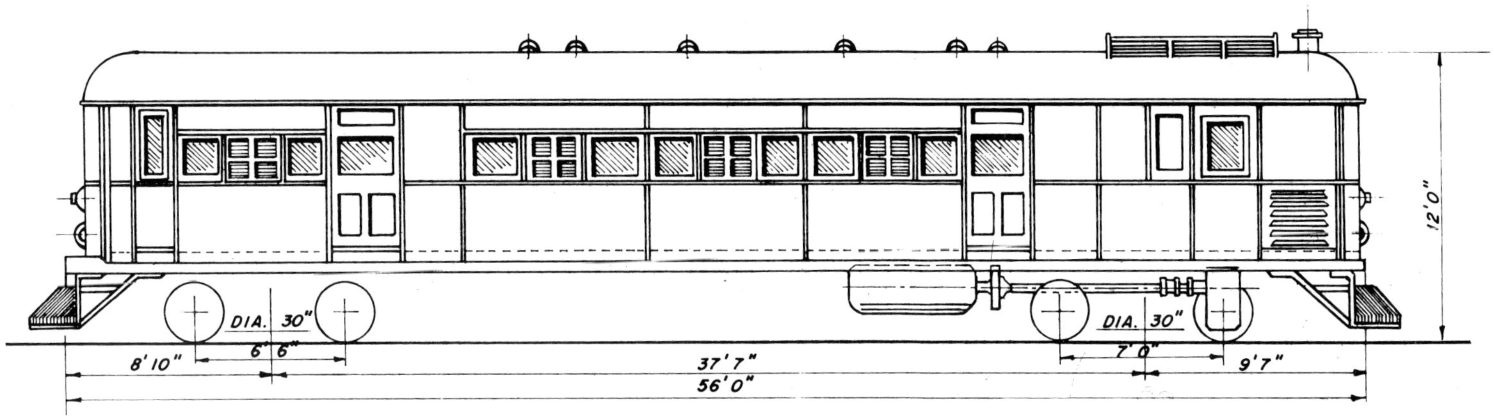

Abb. 144 (A1)2′-Dampftriebwagen, 1929/30 von Sentinel-Cammell an die Ferrocarril Central del Peru geliefert.

Kolumbien

Anfang der 20er Jahre, also zu einer Zeit, als die verschiedenen Privatbahnen Kolumbiens noch nicht verstaatlicht und Teil der späteren Ferrocarriles Nacionales de Colombia waren, bestellte die Cundinamarca-Bahn bei der Schwartzkopff Aktiengesellschaft in Berlin einen Dampftriebwagen für ihr Streckennetz mit 1000 mm Spurweite.
Der Triebwagen (Abb. 143) bestand aus einer 1A-Kleinlokomotive herkömmlicher Bauart und einem Personenwagen, der sich vorn auf dem Lokomotivrahmen abstützte und am rückwärtigen Ende ein zweiachsiges Drehgestell besaß. Der Wagen enthielt zwei Abteile 3. Klasse mit insgesamt 32 Sitzplätzen, die als Doppelbänke rechts und links von einem Mittelgang angeordnet waren. Ein größerer Speisewasserbehälter lag vor dem Laufdrehgestell unter dem Hauptrahmen des Wagenkastens. Die Kohlenvorräte wurden auf der Lokomotive in seitlichen Kästen mitgeführt. Der Kessel lieferte Dampf von 12 bar Spannung an die vor den Laufrädern angeordneten Zylinder. Bei einem Dienstgewicht von 32 t entwickelte der Dampftriebwagen eine maximale Geschwindigkeit von 40 km/h. In Gestalt und im Aufbau hatte dieses Fahrzeug viel Ähnlichkeit mit den beiden im Jahre 1906 bei den South Australian Railways in Dienst gestellten Schmalspur-Dampftriebwagen gleicher Bauart.

Peru

Die Ferrocarril Central del Peru bestellte im Februar 1929 bei Sentinel-Cammell einen (A1)2′-Dampftriebwagen (Abb. 144), der für den leichten Personenverkehr auf Vorort- und Nebenbahnen vorgesehen war.
Der Fahrzeugaufbau entsprach weitgehend der normalen einteiligen Ausführung mit zwei Drehgestellen, bei der die Raumaufteilung einen gemeinsamen Maschinenraum für den senkrechtstehenden Sentinel-Kessel und die Bedienungseinrichtungen des vorderen Führerstandes zeigte. Es folgten weiter ein Gepäckabteil, ein 2. Klasseabteil mit 48 Sitzplätzen, ein 1. Klasseabteil mit 8 Sitzplätzen und der am Wagenende liegende zweite Führerstand.
Auch das Antriebsaggregat zeigte keine von der Norm abweichenden Neuerungen. Der Sechszylinder-Dampfmotor mit 74,5 kW Leistung war fest unter dem Wagenboden hinter dem ersten Dreh-

Abb. 145 (1A)2′-Heißdampftriebwagen der Bauart Kittel, 1930 von der Maschinenfabrik Esslingen für die Gran Ferrocarril de Venezuela gebaut.

gestell aufgehängt und trieb über eine Gelenkwelle nur die vordere Achse dieses Drehgestells an.
Der Triebwagen wurde 1931 offiziell in Dienst gestellt und hat sich anscheinend den vorhandenen Betriebsbedingungen gut angepaßt, denn er blieb immerhin 34 Jahre im Verkehr, bis er 1965 ausgemustert und verschrottet wurde.

Venezuela

Im Jahre 1930 lieferte die Maschinenfabrik Esslingen einen (1A)2′-Heißdampftriebwagen an die Gran Ferrocarril de Venezuela. Die Betriebsbedingungen waren auf den Einsatz des Triebwagens auf der 1067 mm spurigen Gebirgsbahn von Caracas nach Los Teques und Las Tejerias abgestimmt, die eine maximale Steigung von 18‰ auf 15 km Länge aufwies. Die mittlere Fahrgeschwindigkeit durfte aber nicht geringer als 30 km/h sein und sollte bei kleinen Steigungen noch 50 km/h betragen.
Der Triebwagen (Abb. 145) besaß außer einem hinter dem Kessel liegenden Gepäckraum zwei Abteile 1. und 2. Klasse mit zusammen 42 Sitzplätzen sowie einen Abort. Das Gesamtgewicht des vollbesetzten Fahrzeuges betrug 35 t.
Das Besondere der Maschinenanlage war der auf dem vornliegenden Triebgestell verlagerte Kittelkessel, da diese Bauart seit dem Höhepunkt des Dampftriebwagenbaus in den Jahren bis etwa zum I. Weltkrieg kaum mehr in Erscheinung getreten ist. Der für Ölfeuerung vorgesehene Dampferzeuger hatte Schmidtschen Kleinrohrüberhitzer, sowie eine Wasserreinigungs- und Abschlammvorrichtung. Die Dampfmaschine bestand aus zwei außenliegenden Zylindern mit Heusinger-Steuerung, die die Räder der zweiten Achse des vorderen Drehgestells unmittelbar antrieben. Eine Luftdruck- und Handbremse wirkten auf alle vier Achsen.

Abb. 146 (B1′)2′-Schmalspur-Dampftriebwagen der American Railroad Company of Porto Rico, im Jahre 1923 von Baldwin gebaut.

Zusammen mit dem Dampftriebwagen wurde auch ein vierachsiger Beiwagen geliefert, der ebenfalls zwei Drehgestelle besaß und ein Sitzplatzangebot für 32 Reisende aufwies. Beide Fahrzeuge wurden als eine gemeinsame Zuggarnitur auf den obengenannten Strecken eingesetzt.

Verschollene Dampftriebwagen Südamerikas

Zwischen dieser Niederschrift, die ein zusammenfassendes Bild der Geschichte aller namhaften Dampftriebwagenkonstruktionen wiedergeben soll, und der Ära ihrer Blütezeit in Europa und in Übersee liegt zum größten Teil bereits ein halbes Menschenalter und mehr, während dessen zahllose Triebwagen der unterschiedlichsten Bauarten und Typen ihren Weg in ferne Länder fremder Kontinente genommen haben – so auch nach Süd- und vereinzelt auch nach Mittelamerika.

Durch Zufall stößt man bei etwas Glück schon einmal auf Hinweise, die auf die Existenz des einen oder anderen Dampftriebwagens aufmerksam machen. So sollen unter anderem auch Dampftriebwagen englischer Typen in Bolivien, Brasilien, Uruguay, Panama und Costa Rica im Einsatz gewesen sein. Die Bahngesellschaften, bei denen sie verkehrten, sind aber leider ebenso unbekannt wie das Schicksal der Fahrzeuge selbst. Die Kenntnis über das ursprüngliche Dasein derartiger Wagen ist weniger der in diesem Punkt sowieso schon recht bescheidenen Literatur zu verdanken, vielmehr tauchen sie manchmal unerwartet unter einer Fabriknummer mit Jahreszahl und Länderangabe auf – der Rest aber bleibt Schweigen.

Puerto Rico

Diese nördlich von Venezuela im Karibischen Meer gelegene Insel gehört zwar politisch zu den Vereinigten Staaten von Nordamerika, soll aber seiner geografischen Lage wegen bei den südamerikanischen Ländern erwähnt und als Ausnahmefall behandelt werden.
Für das auf der Insel recht bescheidene Streckennetz mit 1000 mm Spurweite und rund 96 km Länge beschaffte die damalige American Railroad Company of Porto Rico im Jahre 1923 mehrere Dampftriebwagen gleicher Ausführung von den Baldwin Locomotive Works in Philadelphia (Abb. 146).
Zwei konstruktive Eigenarten fallen bei dieser Bauart sofort auf, einmal die für Meterspur große Länge der Wagen von 17,7 m und das ungewöhnliche Achsbild (B1′) 2′, das wohl bei Dampftriebwagen einmalig gewesen sein dürfte. Das komplette Triebfahrgestell mit Regelkessel bildete eine 1′Bh2-Kleinlokomotive, die mit der Feuerung und den Kuppelrädern voraus in das Wagengehäuse eingesetzt war. Sowohl das Brennöl als auch das Speisewasser wurden in besonderen, unter dem Wagenboden aufgehängten Vorratsbehältern mitgeführt.
Der Wagenkasten zeigte die für jene Jahre typische amerikanische Bauart mit gemischter Holz-Stahlbauweise. Über den rückwärtigen, offenen Einstieg gelangte man in einen sehr geräumigen Fahrgastraum, der 46 Sitzplätze hatte. Zwischen diesem und dem Maschinenraum lag noch ein kleines Gepäckabteil. Gesteuert wurde der Triebwagen nur vom vorderen, im Maschinenraum untergebrachten Führerstand. Das Dienstgewicht des Wagens betrug 39,5 t.
Mit diesen Dampftriebwagen wurde in den 20er und 30er Jahren ein großer Teil des Personennahverkehrs auf der Insel bewältigt. Ende des II. Weltkrieges übernahmen moderne Dieseltriebwagen ihre Aufgaben.

Asien

In den Ländern des asiatischen Raumes blieb der Einsatz von Dampftriebwagen weitgehend auf den Vorortverkehr der Großstädte beschränkt, da mit Ausnahme Japans, ein Nebenbahnstreckennetz europäischer Prägung nicht existierte. Der Schwerpunkt des Eisenbahnwesens lag hier zunächst einmal in der Überbrückung großer Entfernungen. Hinzu kamen ferner noch der völlig anders geartete Landschaftscharakter und die sich daraus ergebende geringere Besiedlungsdichte, die nicht die Voraussetzungen boten, daß sich ein weitverzweigtes und engmaschiges Netz von Nebenbahnlinien gemessen an der Weite dieser Länder hätte entfalten können.

Indien

Als Mitglied des britischen Commonwealth vollzog sich jede Art von Änderungen im indischen Eisenbahnwesen unter dem Einfluß Englands. So war es denn auch nichts Außergewöhnliches, daß die wenigen in Indien eingeführten Dampftriebwagen ausnahmslos englischen Ursprungs waren.
Als erste Bahngesellschaft führte die staatliche Great Indian Peninsula Railway (GIP) im Jahre 1906 den Dampftriebwagen in diesem Land ein. Dieser ganz im englischen Stil konstruierte Wagen gehörte zur gelenkigen, zweiteiligen Bauart mit einem 1An2-Lokomotiv-Triebgestell und auf dessen Fahrwerk abgestütztem Personenwagen. Den Antriebsteil mit dem Dampferzeuger stellte die Firma Kerr Stuart her, während der Wagenkasten in den Bahnwerkstätten von Parel, in der Nähe von Bombay, gebaut wurde.
Die beiden mit Walschaert-Steuerung ausgerüsteten Naßdampfzylinder hatten einen Kolbendurchmesser von 228,6 mm und einen Hub von 381,0 mm. Sie waren außen am Fahrwerksrahmen zwischen den beiden Achsen des Triebgestells montiert und übertrugen die Kraft über Treibstangen auf die

Räder der zweiten Achse. Die vordere Achse des Maschinenwagens diente nur als Laufachse. Der Raddurchmesser beider Achsen war einheitlich 1041,4 mm.
Der ebenfalls auf dem Maschinenrahmen verlagerte, jedoch quer zur Wagenlängsachse aufgestellte Röhrenkessel hatte eine Verdampfungsfläche von 28,4 m^2, eine Feuerbüchsheizfläche von 4,4 m^2 und eine Rostfläche von 0,8 m^2. Der Arbeitsdruck im Dampferzeuger betrug 12 bar. Bei der Platzaufteilung des allseitig geschlossenen Führerhauses wurde der Wassertank mit 2,5 m^3 Fassungsvermögen hinter den Kessel verlegt und der Bunker für 0,8 t Kohle innen an der vorderen Stirnfront des Führerstandes angeordnet.
Bei der Gestaltung des Wagenkastens behielt man die für diesen Triebwagentyp schon bekannte Aufgliederung bei. Es folgten hinter dem Maschinenraum ein Gepäckabteil sowie zwei größere, durch je zwei Einstiege auf jeder Wagenseite erreichbare 3. Klasseabteile mit zusammen 56 Sitzplätzen. Am Wagenende lagen schließlich noch ein separates kleines 1. Klasseabteil für 6 Personen, das einen eigenen Zugang besaß und ein schmaler Steuerstand für die Rückwärtsfahrt. Der Triebwagen war mit elektrischer Beleuchtung ausgerüstet, die von einem Turbogenerator der Bauart Greenwood & Batley gespeist wurde.
Die Gesamtlänge des Dampftriebwagens betrug 18,6 m, die größte Breite rund 3 m. Als Drehzapfenabstand wählte man 12,3 m bei einem Gesamtradstand von 15,7 m und einem Drehgestell-Radstand von 3,05 m.
Eine andere staatliche Eisenbahngesellschaft, die North Western Railway of India, machte ebenfalls im Jahre 1906 ihre ersten Versuche mit einem (A1)2'-Dampftriebwagen. Bei diesem nach einem Vorschlag von Sir Alexander Rendel gebauten Fahrzeug handelte es sich um eine ähnliche Bauart wie bei der GIP-Ausführung. Das komplette Maschinen- und Laufdrehgestell, sowie den Hauptrahmen, das Gerippe und die Sitze lieferte die englische Firma Vulcan Foundry Ltd. in Newton-le-Willows, während der Holzaufbau des Wagenkastens und alle übrigen Teile der Inneneinrichtung von der Bahn selbst beigestellt wurden.
Das Triebgestell war wieder zweiachsig ausgeführt, wobei die außenliegenden Zylinder die vorlaufende Achse antrieben. Die Treib- und Laufräder waren gleichermaßen mit 990,6 mm Durchmesser ausgeführt. Die Zylinderabmessungen betrugen 228,6 mm Kolbendurchmesser und 335,6 mm Hub. Bei einer Gesamtheizfläche von 27,9 m^2 entwickelte der Kessel Dampf mit 11,2 bar Spannung.
Der Wagen enthielt Sitzplätze für jeweils drei Fahrgäste der 1. und 2. Klasse sowie für 72 Reisende der 3. Klasse. ferner war auch hier direkt hinter dem Führerstand wieder ein geräumiges Gepäckabteil vorgesehen. Im Gegensatz zum GIP-Wagen wurde anstatt elektrischer Beleuchtung noch Gaslicht nach dem Patent von Pintsch installiert. An Vorräten konnten auf dem Triebgestell 1,4 m^3 Wasser und 0,5 t Kohle mitgeführt werden. Abgesehen von den beschriebenen Dampftriebwagen wurden noch eine Reihe ähnlicher, aber zahlenmäßig nicht mehr erfaßbarer Fahrzeuge englischen Ursprungs bei einigen anderen indischen Bahnen eingesetzt.
Vielleicht die letzten Dampftriebwagen Indiens waren die fünf im Jahre 1925 von der Bengal-Nagpur Railway (BNR) in Dienst gestellten Sentinel-Cammell-Wagen für 760 mm Spurweite, die nach Vorschlägen des damaligen beratenden Ingenieurs der BNR Mr. A. C. Carr konstruiert und gefertigt worden sind.
Da bei Fahrzeugen dieser Spurweite hinsichtlich der Raumunterbringung Schwierigkeiten durch die Breiten- und Höhenbeschränkungen auftraten, entschied man, die Triebwagen als dreiteilige Gelenkeinheiten auszuführen. Die freizügige Raumaufteilung und die gewählte Sitzanordnung gewährten dennoch ein Platzangebot für 41 Reisende. Bei der geringen Wagenbreite von nur 2,13 m konnten die Sitze in der 1. Klasse nur einzeln auf jeder Seite, in der 3. Klasse einzeln und als Doppelsitze durch einen Mittelgang getrennt angeordnet werden. Beide Wagenhälften besaßen an den Frontenden einen Führerstand und ein Gepäckabteil, an das sich bei der einen Einheit ein 1. Klasseabteil mit

Abb. 147 (1A)2′-Ganz-Dampftriebwagen der Osaka-Kiwansai Eisenbahn in Japan, Baujahr 1906.

6 Sitzplätzen und ein 3. Klasseabteil mit 11 Sitzplätzen, in der anderen Einheit ein 3. Klasse-Großraumabteil mit 24 Plätzen anschlossen. Ventilatoren unter den Abteildecken und Fensterjalousien sollten das Reisen unter tropischen Bedingungen erträglicher machen.

Der Mittelteil des Dampftriebwagens war als Maschinendrehgestell mit Dampferzeuger und Triebwerk ausgeführt, auf dessen Hauptrahmen sich die beiden Wagenhälften mit den innenliegenden Stirnseiten abstützten. Der vertikale Sentinel-Röhrenkessel mit Überhitzer lieferte Dampf von 19,3 bar Spannung und 320° C Temperatur an die Zweizylinder-Sentinel-Dampfmaschine, die vertikal auf dem Rahmen montiert war und über eine Kurbelwelle und Rollenketten beide Achsen des Maschinengestells antrieb. Der Kolbendurchmesser der Zylinder betrug 171,5 mm, der Hub 228,6 mm. Die gesamte Länge eines kompletten Dampftriebwagens wurde mit 21,5 m angegeben.

Auch über das Schicksal dieser Dampftriebwagen ist heute nichts mehr bekannt, sie dürften jedoch mit ziemlicher Sicherheit nicht mehr in den Bestand der Eastern Railway gelangt sein, in der die BNR nach dem II. Weltkrieg aufgegangen ist.

Japan

Auch Japan gehörte um die Jahrhundertwende wie die meisten überseeischen Länder noch zu jenen Staaten, die auf Grund mangelnder eigener Industrie und Entwicklung viele technische Erzeugnisse einführen oder in Lizenz nachbauen mußten. Auf dem Eisenbahnsektor waren hauptsächlich die Einflüsse europäischer, später auch amerikanischer Interessengruppen zu beobachten. Die Entwicklung des Dampftriebwagens bezog sich zwar anfangs auf die Erfolge mit den Ganz-Triebwagen in Ungarn, verlagerte sich später aber nahezu gänzlich auf die

Abb. 148 (1A)2'-Kisha-Dampftriebwagen Nr. 1 der Japanese Government Railways.

angelsächsischen Ausführungsformen, die dann aber fast ausschließlich von den heimischen Firmen konstruiert und gebaut wurden.

Obwohl die wenigen erhaltenen Aufzeichnungen nur sehr mangelhafte Angaben über die verschiedenen Typen enthalten, geben aber die noch vorhandenen alten Fotos eine doch recht eindrucksvolle Übersicht über die wenigstens sieben unterschiedliche Triebwagenausführungen.

Wohl zu den frühen Dampftriebwagen in Japan gehörten sieben im Jahre 1906 von Ganz in Budapest für die Osaka-Kiwansai Eisenbahn gebauten (1A)2'-Fahrzeuge (Abb. 147). Der mit Teakholz verkleidete Wagenkasten zeigte einen sehr geräumigen Fahrgastraum mit 36 Sitzplätzen und den vornliegenden kombinierten Maschinen- und Steuerraum, der wegen der platzsparenden, vertikalen Bauform des Kessels klein gehalten werden konnte. Charakteristisch war der bei sehr vielen ungarischen Dampftriebwagentypen vorhandene kobelartige Kamin auf dem Dach. Die Gesamtlänge des Wagens betrug 13,17 m, der Achsabstand 9,2 m. Das Dienstgewicht dieser für 1067 mm Spurweite ausgeführten Triebwagen lag bei 12,8 t.

Nach diesem einzigen bekannten Import von Dampftriebwagen nahm sich in den folgenden Jahren die einheimische Lokomotivfabrik Kisha kaisha des weiteren Baus von Wagen dieser Fahrzeuggruppe an.

Als erste Ausführung lieferte Kisha kaisha einen zweiteiligen Dampftriebwagen (Abb. 148) mit einer 1A-Kleinlokomotive und aufgestütztem Personenwagen mit rückwärtigem Regeldrehgestell an die Japanese Government Railways (JGR). Der mit einem Gepäckabteil und einem geräumigen Passagierraum versehene Wagen war wie alle JGR-Dampftriebwagen mit Teakholz verkleidet und erinnerte in seinem Äußeren sehr an die damaligen amerikanischen Personenwagentypen. Ein nur wenig später fertiggestellter, ähnlicher Dampftrieb-

Abb. 149 B′2′-Dampftriebwagen von Kisha als Nr. 2 für die Japanese Government Railways gebaut.

Abb. 150 Spätere B′2′-Bauart eines JGR-Dampftriebwagens von Kisha.

Abb. 151 B′2′-Dampftriebwagen Gattung 6401 der JGR aus dem Jahre 1911, als historisches Fahrzeug der Nachwelt erhalten geblieben.

Abb. 152 B′2′-Dampftriebwagen Nr. 6010 (später 6410), im Jahre 1912 von Kisha für die JGR gebaut.

wagen erhielt anstatt der 1A- eine B-gekuppelte Kleinlokomotive höheren Gewichtes und größerer Leistung. Der übrige Aufbau war sonst bei beiden Fahrzeugen derselbe.
In den nachfolgenden Ausführungsarten wurde dann mehr der englische Einfluß spürbar. Einem einteiligen B'2'-Dampftriebwagen, Betriebsnummer 2, mit auf dem Triebgestell fest montierten Regelkessel (Abb. 149) folgte als Wagen Nr. 5 ein im Aufbau ähnlicher B'2'-Dampftriebwagen (Abb. 150), der aber im Gegensatz zu seinem Vorgänger zusätzlich einen Gepäckraum und zwei verschiedene Abteilklassen besaß. Ebenfalls ein Veteran aus jener Zeit war der im Jahre 1911 von Kisha kaisha an die JGR gelieferte B'2'-Dampftriebwagen 3. Klasse (Abb. 151), der die spätere Gattungsbezeichnung 6401 erhielt und nach einer Generalüberholung als Denkmal der Nachwelt erhalten geblieben ist.
Es folgte noch weiter ein dem Wagen Nr. 5 nahezu gleicher B'2'-Triebwagen (Abb. 152), allerdings nur mit einem 3. Klasseabteil unter der Betriebsnummer 6010, später 6410, aus dem Jahre 1912. Er wurde erst im Jahre 1926 aus dem Verkehr gezogen und dürfte damit auch der dienstälteste japanische Dampftriebwagen gewesen sein. Auffallend ist, daß die meisten Triebwagen noch mit Seitenpuffern und normaler Hakenkupplung ausgerüstet waren, obwohl man bereits die Einführung der Mittelpufferkupplung vorbereitet hatte.

Malaysia

Schon recht früh, im Jahre 1914, importierte die Federated Malay States Railway neun Dampftriebwagen mit C-gekuppeltem Triebwerk und vertikalem Kessel aus England, die im Aufbau den Triebwagen der damaligen Port Talbot Railway sehr ähnlich waren. Allerdings wurden nur die Fahrzeugrahmen mit Fahrwerk und Maschinenanlage geliefert, den Kastenaufbau fertigte die Bahn in ihren eigenen Werkstätten in Lentul. Zunächst folgten dann keine weiteren Fahrzeuge dieser oder ähnlicher Bauarten mehr.
Erst im Jahre 1932 stellte die FMSR wieder eine Serie von fünf Bo'2'2'-Dampftriebwagen für ihr meterspuriges Streckennetz in Dienst. Die Ausführung dieses Auftrages war der englischen Firma Sentinel übertragen worden, die entsprechend dem vorgelegten Lastenheft einen 6-achsigen Gelenktyp mit einem vorlaufenden Trieb- und zwei Laufdrehgestellen vorschlug.
Das zweiteilige Fahrzeug war in einen Maschinenwagen und in einen Steuerwagen unterteilt, die sich in bereits bekannter Weise in der Mitte auf einem gemeinsamen Drehgestell abstützten. Der Maschinenwagen enthielt einen im vorderen Führerstand aufgestellten vertikalen Röhrenkessel mit 7,9 m^2 Verdampfungsheizfläche und 0,5 m^2 Rostfläche, die Dampfspannung betrug 21,1 bar. An Vorräten wurden 2 m^3 Wasser und 1 m^3 Kohle mitgeführt. Hinter dem Maschinenraum lag ein 2. Klasseabteil mit 16 Sitzplätzen, die paarweise zu beiden Seiten eines Mittelganges angeordnet waren, und ein Waschraum mit Toilette. Getrennt durch den in Wagenmitte liegenden Einstieg folgte dann noch ein etwas größeres 3. Klasseabteil mit 32 Sitzplätzen. Im Steuerwagen waren außer dem zweiten Führerstand ein 3. Klasse-Großraumabteil für 60 Reisende, eine Toilette und der Gepäckraum untergebracht. Beide Wagenhälften waren durch einen Faltenbalgübergang miteinander verbunden.
Die unter dem Wagenkasten des Maschinenwagens aufgehängte 112 kW-Dampfmaschine trieb über eine Gelenkwelle die erste Achse des vorderen Drehgestells unmittelbar an, während die zweite Achse über ein Stirnradgetriebe mitgenommen wurde. Die rund 29 m langen Triebwagen wurden offiziell unter den Betriebsnummern 25.201 bis 25.205 geführt, erhielten aber zusätzlich in der Reihenfolge der Nummerierung noch folgende Namen, »Raja Wali«, »Raja Udang«, »Tekukor«, »Serindit« und »Chenderawaseh«. Bis zum Jahre 1939 waren bereits drei dieser Dampftriebwagen ausgeschieden, nur die beiden Wagen 25.203 und 25.205 standen noch im Einsatz.
Mit der zu Ende gehenden Ära des Dampftriebwagens stellte die Malayan Railway im Jahre 1957

noch einmal einen modernen, zweiteiligen Triebwagen als Klasse 26.1 in Dienst, den die Sentinel Works entworfen und gebaut haben. Im Aufbau der Vorgängerklasse 25.2 sehr ähnlich war dieser Typ aber mit 32,7 m Gesamtlänge um 3,6 m länger als diese. Auch hier war die Unterteilung in den Maschinen- und den Steuerwagen beibehalten worden, lediglich die Raumaufteilung wurde teilweise neu gestaltet. So war der Führerstand jetzt ein separater Raum, dem der Kessel und Heizerstand mit dem Kohlenbunker folgten. Daran schloß sich ein größeres Gepäckabteil, der Abort, ein Zugführerabteil und der Mitteleinstieg an. Das nachfolgende 3. Klasseabteil enthielt zwei durch den Mittelgang getrennte Bankreihen mit zusammen 33 Sitzplätzen. Über den durch einen Faltenbalg geschützten Übergang erreichte man die beiden durch einen Einstieg voneinander getrennten 3. Klasseabteile des Steuerwagens mit einer Gesamtplatzzahl von ebenfalls 33 Sitzen. Das hintere Drittel dieses Wagenteils nahm das über einen weiteren Einstieg von der 3. Klasse abgesonderte 2. Klasseabteil ein. Die 18 Sitzplätze waren auf neun doppelsitzige, gegeneinander gestellte und durch ein Klapptischchen getrennte Polsterbänke verteilt. Ferner gehörte zur 2. Klasse ein eigener Waschraum mit Toilette. Ein weiterer Komfort gegenüber der 3. Klasse war ein Deckenventilator, der das Reisen bei den hohen Außentemperaturen erträglicher machte. Das Kopfende des Steuerwagens bildete schließlich der Führerstand für die Rückwärtsfahrt.

Der Dampferzeuger Bauart Sentinel enthielt eine Verdampfungsheizfläche von 43,4 m^2, eine Überhitzerfläche von 19 m^2 und eine Rostfläche von 1,2 m^2. Der Kesseldruck betrug maximal 23,6 bar und gelangte somit schon fast in den Mitteldruckbereich. Der Sechszylinder-Dampfmotor mit 152,4 mm Kolbendurchmesser und 177,8 mm Hub war derart unter dem Boden des Maschinenwagens angeordnet, daß er die beiden äußeren Achsen des vorderen Triebgestells über Gelenkwellen antrieb. Die im Drehgestell noch vorhandene dritte Achse diente nur als Laufachse. Die beiden nachlaufenden drei- und zweiachsigen Regeldrehgestelle in der Mitte und am Ende des Triebwagens dienten lediglich als Abstützung und zur Lastaufnahme.

Leider dürfte mit der im Jahre 1973 bei der Malayan Railway abgeschlossenen Verdieselung ihres Streckennetzes auch diese letzte und modernste Dampftriebwagengattung aus dem Verkehr gezogen worden sein.

Palästina

Die Beschaffung der einzigen Dampftriebwagenreihe durch die Palestine Railways (heute Israel Railways) fiel noch in die Zeit des britischen Mandats und wurde daher noch unter der Aufsicht der Crown Agents for the Colonies abgewickelt. Ein Kuriosum dieser Bahn waren und sind die beiden verschiedenen Streckensysteme mit Regelspur einerseits und Schmalspur (1050 mm) andererseits, letztere auch bekannt als Hedschasbahn. Aus diesem Grund ließ die PR je zwei der vier bei Sentinel-Cammell in Auftrag gegebenen Triebwagen für 1435 mm und 1050 mm Spurweite bauen, wobei aber die Wagenkonstruktionen so ausgeführt wurden, daß durch Austausch der Drehgestelle sowie der Zug- und Stoßvorrichtungen jeder Triebwagen ohne Schwierigkeiten auf das andere System umgerüstet werden konnte.

Auch für diese Wagen wurden die bei Sentinel-Cammell seinerzeit schon fast zur Norm gewordene zweiteilige Gelenkbauart angewendet. Die vordere Zughälfte bestand aus dem kombinierten Führer- und Maschinenraum, in dem außerdem auch die Kohlenvorräte gebunkert wurden. Daran anschließend folgten ein Gepäckraum und zwei 3. Klasseabteile mit zusammen 38 Sitzplätzen. In der zweiten Hälfte waren ein Führerstand, ein spezielles Gepäckabteil für die 1. Klasse, ein 1. Klasseabteil mit 12 Plätzen und zwei 3. Klasseabteile mit insgesamt 36 Sitzplätzen untergebracht. Die sanitären Einrichtungen bestanden aus zwei Aborten für die 3. Klasse und einen Waschraum mit Abort für die 2. Klasse.

Der unter dem Wagenboden liegende Sechszylinder-Dampfmotor erhielt vom Kessel Dampf mit 21,1

Abb. 153 Maschinenanlage mit Fahrwerk für den (1′B 1′)2′-Dampftriebwagen der Royal State Railways of Siam, 1926 von Baldwin geliefert.

bar Spannung und trieb über eine Gelenkwelle und ein Kegelradgetriebe nur die vordere Achse des Triebgestells an.
Viele Ausrüstungsteile wie z. B. die Wassertanks mußten mit Rücksicht auf die geringere zulässige Achslast bei 1050 mm Spurweite kleiner dimensioniert werden, um eine möglichst weitgehende Vereinheitlichung beibehalten zu können.
Die Inneneinrichtung war für die 1. Klasse in Teakholz gehalten und die Sitze mit blauem Leder bezogen. In der einfacher ausgestatteten 3. Klasse bestanden die Sitzbänke aus Pitch-pine-Holzplatten. Der Außenanstrich der regelspurigen Wagen zeigte ein sattes Schokoladenbraun, während die Schmalspurwagen grau gestrichene Außenwände erhielten. Alle vier Dampftriebwagen waren bereits bei Übernahme der PR durch die Israel Railways im Jahre 1949 ausgemustert.

Siam (Thailand)

Die einzige bekannte Dampftriebwagenbauart dieses Landes war im Jahre 1926 von den Baldwin Locomotive Works in Philadelphia gebaut worden. Allerdings lieferte Baldwin nur den maschinentechnischen Teil des Fahrzeuges, der Wagenkasten und die Inneneinrichtung wurden von den Werkstätten der Royal State Railways of Siam (RSRS) beigestellt. Dieser für 1000 mm Spurweite konstruierte Triebwagen (Abb. 153) zeigte eine bei den Triebgestellen sehr selten angewandte Radsatzfolge mit zwei gekuppelten Achsen und je einer vor- und nachlaufenden Lenkachse (Abb. 154), die dem Fahrzeug ein Gesamtachsbild der Folge (1′B 1′)2′ verliehen. Der Dampferzeuger war als normaler Lokomotivkessel ausgebildet und zwecks Vermeidung flexibler Dampfleitungen mit dem Triebgestell fest verbunden. Eigenartigerweise hatte man die Kessellage umgekehrt zur Hauptfahrtrichtung gewählt, so daß die Feuerung und die Rostbeschickung in unmittel-

Abb. 154 Triebgestell des (1′B 1′)2′-Dampftriebwagens für Siam.

barer Nähe des zum Kessel hin offenen Führerstandes lagen und eine unnötige Belästigung für den Fahrer darstellten. Die beiden Zylinder waren außen zwischen letzter Kuppel- und hinterer Lenkachse angeordnet und wirkten über Treibstangen auf die vordere Kuppelachse. Die Hauptabmessungen ergaben für die Zylinder 254,0 mm Kolbendurchmesser und 304,8 mm Hub, die Treib- und Kuppelraddurchmesser betrugen 1016,0 mm. Sämtliche Räder des Triebgestells wurden durch eine Dampfbremse abgebremst, auf die Räder des rückwärtigen Laufdrehgestells wirkte stattdessen eine Vakuum-Bremse. An Vorräten wurden 3028 Liter Heizöl und 7570 Liter Wasser mitgeführt. Der Ölbehälter stand auf dem Hauptrahmen zwischen Kessel und Fahrgastraum, der Wassertank wurde aus Platzmangel unter den Wagenkasten gehängt.
Der Triebwagen war natürlich mit einem zweiten Steuerstand für die Rückwärtsfahrt ausgerüstet. Das Gesamtgewicht des leeren Fahrzeuges ohne Aufbauten gab Baldwin mit 44 990 kg an.

Süd-Mandschurei (China)

Mit der Gründung und dem Bau der South Manchurian Railway Company (SMR) am 1. November 1906 stand auch die Notwendigkeit der gezielten Fahrzeugbeschaffung im Raum, die neben dem Einsatz normaler Lokomotiven auch den Betrieb von Dampftriebwagen vorsah.
Die amerikanische Lokomotivfabrik Baldwin erhielt den Auftrag zum Bau eines (1A)2′n2-Versuchstriebwagens, der im Jahre 1907 an die SMR abgeliefert wurde.
Unverkennbar war das typisch amerikanische Äußere dieses Dampftriebwagens (Abb. 155) mit den teakholzverkleideten Stirn- und Seitenwänden, den für die damalige Zeit typischen offenen Plattformen an den Einstiegen und dem hohen Lüfteraufsatz auf dem Dach. Es kann mit ziemlicher Sicherheit angenommen werden, daß entsprechend den geforderten Bertiebseigenschaften, auf die bereits einige Jahre zuvor ausgeführte Konstruktion eines (1A)2′-

Abb. 155 (1A)2′-Dampftriebwagen der South Manchurian Railway, im Jahre 1907 von Baldwin gebaut.

Dampftriebwagens für die Rochester & Pittsburgh Coal & Iron Company zugegriffen und dieser mit nur geringfügigen Änderungen nachgebaut worden ist. Auf dem vorlaufenden 1A-Triebgestell war der normale Lokomotivkessel fest montiert und zwar mit der Feuerkiste in Hauptfahrtrichtung voraus über der Laufachse. Die mit innenliegender Stephenson-Steuerung und einfacher Dampfdehnung ausgeführten Zylinder lagen vor den Laufrädern und wirkten über die Treibstangen unmittelbar auf die Treibachse. Der Maschinenraum nahm bei der relativ kleinen Fahrzeuglänge fast die Hälfte des zur Verfügung stehenden Raumes ein, so daß infolge des verbliebenen geringen Platzangebotes für die Fahrgäste ein äußerst ungünstiges Gewicht/Platz-Verhältnis entstand, was natürlich der Wirtschaftlichkeit des Dampfbetriebes äußerst abträglich war. Der Lokomotivführer saß in jeder Fahrtrichtung infolge der doppelten Anordnung der Bedienungselemente immer rechts neben dem Kessel. Diese Führersitzlage erinnert sehr an die bekannten Ausführungen der amerikanischen »Camel«- und »Camelback«-Dampflokomotiven. Die Kohlenvorräte wurden im Maschinenraum, das Speisewasser in einem unter dem Fahrzeugrahmen aufgehängten Behälter mitgeführt.

Die SMR stellte den Dampftriebwagen als erstes Fahrzeug dieser Art unter der Betriebsnummer 1 in Dienst. Der schon erwähnte geringe Platzbedarf und die inzwischen erfolgte Beschaffung leistungsfähiger Lokomotiven und Personenwagen bescherten dem Dampftriebwagen keine lange Betriebszeit im Streckendienst. Er wurde schließlich in die Funktion eines Inspektionswagens zurückgedrängt und erfuhr keinen Nachbau mehr.

Abb. 156 Anfang der 30er Jahre von der Maschinenfabrik Esslingen für die Türkische Staatsbahn gebauter (1A)2′-Heißdampftriebwagen, auf dem Bild mit abgenommenen Treibstangen.

Türkei

Anfang der 30er Jahre entwickelte und baute die Maschinenfabrik Esslingen eine Anzahl (1A)2′-Heißdampftriebwagen (Abb. 156) für die Türkische Staatsbahn (TCDD), die seinerzeit zu den modernsten Fahrzeugen ihrer Gattung zählten.

Schon in ihrem Äußeren zeigten diese Triebwagen einen auffallenden Wandel in der konstruktiven Durchbildung von Wagen- und Triebfahrzeugteil. Die Lokomotive besaß einen geschlossenen Kastenaufbau, in dem die komplette Kesselanlage und der Führerstand miteinbezogen waren. Wegen der seitlichen Begehbarkeit des Dampferzeugers waren die Seitenwände der Verkleidung mit je drei Fenstern versehen, zu denen noch die jeweiligen Einstiege auf beiden Seiten hinzukamen.

Der Dampf wurde in der als Hochdruckverdampfer ausgelegten Kesselanlage erzeugt. Das in den seitlichen Behältern mitgeführte Speisewasser erfuhr vor Eintritt in den Dampferzeuger eine stufenweise Vorwärmung auf etwa 200° C. Die Kesselspeisung erfolgte durch eine regelbare Fahrpumpe, während der Rost halbautomatisch beschickt wurde. Die für die Verbrennung zugeführte Frischluft wurde ebenfalls vor Eintritt in die Brennkammer vorgewärmt. Die Wasservorräte reichten für 100 km, die Kohlenvorräte für 200 km Fahrlänge. Der Hochdruckdampf strömte mit 25 bar Spannung und etwa 400° C in die beiden zwischen den Achsen außenangeordneten Zylinder, wobei die Dampfverteilung durch eine bis herunter auf 4% Füllung regelbare Ventilsteuerung vorgenommen wurde. Direkt angetrieben wurde über Treibstangen nur die zweite Achse.

Der Wagen hatte 56 Sitzplätze aller drei Klassen, geschlossene End- und Mitteleinstiege, Abort mit Wasserspülung und Wascheinrichtung, Post- und

Gepäckabteil, elektrische Beleuchtung und elektrisch betriebene Ventilatoren. Der Wagenkasten stützte sich mit dem hinteren Teil auf einem zweiachsigen Drehgestell ab, mit dem vorderen ruhte er über Seitenträger gleitend auf dem Triebgestell, mit dem er durch ein Kugelgelenk oberhalb der Treibachse verbunden war.
Diese Wagen waren als Schnelltriebwagen für 75 km/h in beiden Fahrtrichtungen gebaut worden. Vor der Ablieferung durchgeführte Probefahrten auf der 200 km langen Strecke Stuttgart–Friedrichshafen erbrachten Höchstgeschwindigkeiten bis zu 108 km/h in der Ebene und eine Leistungssteigerung gegenüber den bisherigen Dampftriebwagen von 25 %.
Es ist nicht bekannt, ob die TCDD außer diesen noch weiteren Dampftriebwagen anderer Bauarten in ihrem Bestand führte.

Australien und Neuseeland

In den Ländern des Pazifischen Raumes fand der Dampftriebwagen eine nur sehr geringe Verbreitung, die eigentlich, soweit bekannt, auf Australien und Neuseeland beschränkt geblieben ist.
Wie nahezu alles rollende Material wurden Anfang der 80er Jahre auch die drei ersten Dampftriebwagen Australiens aus Europa importiert. Die Victorian Railways beschafften für den Vorortverkehr einen B'1-Rowan-Triebwagen (Abb. 17), der abweichend von den in Europa meistens im Trambahnbetrieb eingesetzten Wagen einen sehr robusten und schweren Typ darstellte, wie er ähnlich auch in Deutschland zum Beispiel auf der Hoyaer Eisenbahn etwa zur selben Zeit gelaufen ist. Auf welcher Linie dieser Triebwagen im Einsatz war, ist heute nicht mehr festzustellen.
Zwei weitere Dampftriebwagen liefen bei der Strathalbyn – Victor Habour Line. Es waren B'2'n2-Dampftriebwagen mit doppelstöckigem Wagenkasten (Abb. 157). Im unteren Teil lag der Maschinenraum mit dem senkrechtstehenden Röhrenkessel, ein Gepäckraum und zwei Abteile 1. und 2. Klasse. Eine Treppe am Wagenende führte zum oberen Fahrgastraum, der in der Art der Sommerwagen nach allen Seiten offen und nur mit Geländern gesichert war, lediglich nach vorn schützte eine Blende die Fahrgäste vor Belästigungen durch den Abdampf des Schornsteins und vor Fahrtwind. Eine in der Mitte angeordnete durchgehende Doppelbank bot den Passagieren eine mehr oder weniger harte Sitzgelegenheit in luftiger Höhe. Die etwas seltsam anmutenden Gefährte waren im Jahre 1884 von der Société Anonyme Franco-Belge gebaut und nach ihrer Ankunft in Australien im April 1885 in Betrieb genommen worden. 24 Jahre später, am 7. April 1909, wurden sie ausgemustert und verschrottet.
Ebenfalls importiert wurde ein vierachsiger Dampftriebwagen (Abb. 158), dessen Maschinenteil Kerr, Stuart & Co. lieferte, während die Newport Workshops den Wagenkasten bauten. Das Triebgestell besaß zwei gekuppelte Achsen, die von den beiden außenliegenden Zylindern angetrieben wurden. Der Dampferzeuger war ein senkrechtstehender Röhrenkessel, der direkt auf dem Maschinenrahmen des Triebgestells montiert war. Der Wagenkörper selbst war mit Teakholz verkleidet und mit zwei stirnseitigen Führerständen ausgerüstet. Hinter dem Maschinenraum lag ein geräumiges Gepäckabteil, dem die 1. und 2. Klasse mit je 27 Sitzplätzen folgten, jeweils noch einmal in Raucher und Nichtraucher unterteilt. Beide Klassen wurden durch den Mitteleinstieg voneinander getrennt, wobei jede Seite ihren eigenen Abort besaß. Der Dampftriebwagen war ein Einzelexemplar und wurde im Jahre 1913 von den Victorian Railways unter der Betriebsnummer 3 auf schwächer befahrenen Nebenstrecken eingesetzt.
Im Jahre 1906 stellten die South Australian Railways zwei schmalspurige Dampftriebwagen (Abb. 159) mit 1An2-Kleinlokomotiven und aufgesattelten Personenwagen in Dienst. Die beiden in der Konstruktion völlig gleichen Lokomotiven baute Kitson & Co.

Abb. 157 Früher doppelstöckiger B'2'-Dampftriebwagen der australischen Strathalbyn-Victor Habour Line.

in Leeds. Die Wagen kamen von der Metropolitan Amalgamated Railway Carriage and Wagon Company in Birmingham. Von den beiden als Nr. 1 und 2 gekennzeichneten Triebwagen erhielt der Wagen Nr. 2 gegenüber seinem Schwestertyp einen zusätzlichen Einstieg an der Rückfront, wodurch die Gesamtlänge des Fahrzeuges etwas größer bei sonst gleichen Abmessungen wurde. Der Mitteleinstieg unterteilte den Fahrgastraum in zwei Abteile, dem hinter der Lokomotive anschließenden 2. Klasseabteil mit 13 Sitzplätzen und dem 1. Klasseabteil mit 9 Sitzplätzen. Der Triebwagen Nr. 1 kam am 11. August 1906 auf der Linie Quorn – Hawker zum Einsatz, während der Wagen Nr. 2 im gleichen Jahr am 20. August auf der Schmalspurstrecke Mount Gambier – Beachport in Dienst gestellt wurde. Obwohl die South Australian Railways noch bis zum Jahre 1926 ihren Betrieb

Abb. 158 B'2'-Dampftriebwagen Nr. 3, 1913 von den Victorian Railways in Dienst gestellt.

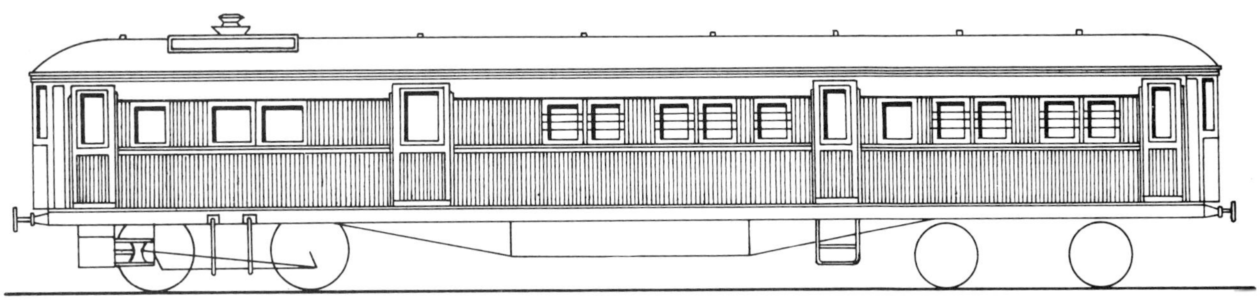

Abb. 159 (1A)2′-Schmalspur-Dampftriebwagen der South Australian Railways aus dem Jahre 1906.

Abb. 160 Bo′2′-Dampftriebwagen Typ SP1 der australischen Government Railways, Baujahr 1931.

aufrecht erhielten, wurde der Dampftriebwagen Nr. 1 mangels geeigneter Einsatzmöglichkeiten vorzeitig an die Commonwealth Railways verkauft. Etwa um 1930 wurde er dann schließlich aus dem Verkehr gezogen und in Quorn abgestellt. Im Jahre 1960 erfolgte seine Übergabe an den Northern Territory National Trust zwecks Aufstellung als Lokomotivdenkmal im Bahnhof von Alice Springs. Zwischenzeitlich wurde der Triebwagen aber an die Pichi Richi Railway Preservation Society weitergegeben, die ihn seitdem als Touristenattraktion auf der Stirling North-Quorn-Schmalspurbahn betreibt. Im Gegensatz zum Nr. 1 wurde der Dampftriebwagen Nr. 2 Mitte der dreißiger Jahre an eine Firma in Millicent verkauft, ohne daß über sein weiteres Schicksal heute noch etwas in Erfahrung zu bringen wäre.

Die besonderen Verhältnisse der Besiedlung Nordaustraliens brachten auch eine Reihe verkehrstechnischer Bedürfnisse mit sich, die in Ländern anderer Kontinente kaum denkbar wären. Oftmals mußten außerplanmäßige Fahrten durchgeführt werden, um dringende Waren und Post in die entlegendsten Zielorte zu bringen, oder auch kranke und verletzte Menschen in die Hospitäler der größeren Orte zu transportieren. Es muß hierbei berücksichtigt werden, daß in diesen frühen 20er Jahren die Straßen noch kaum ausgebaut waren und erst wenige Automobile in diesen Territorien betrieben wurden. Um nun den genannten Bedürfnissen Rechnung zu tragen, entschied man sich zur Anschaffung eines auch in der Unterhaltung wirtschaftlich erscheinenden Dampftriebwagens.

Die englische Firma Cammell Laird Company lieferte im Jahre 1924 einen zweiteiligen Dampftriebwagen der Bauart Sentinel, der am 11. Dezember desselben Jahres auf der Port Darwin Linie der North Australia Railway in Dienst gestellt wurde. Der Wagen entsprach der schon von den englischen Sentinel-Cammell-Dampftriebwagen her bekannten einheitlichen Konstruktion mit beweglichem, aber in den Gesamtaufbau miteinbezogenen Maschinen-

drehgestell, auf dessen Rahmen sich der Personenwagenteil einseitig aufstützte. Der Dampferzeuger lieferte überhitzten Dampf an die beiden horizontal im Maschinenrahmen des Triebgestells verlagerten, doppelwirkenden Zylinder, die auf eine Blindwelle arbeiteten, von der die weitere Kraftübertragung auf die beiden Achsen durch Rollenketten erfolgte. Eine Neuerung der Dampfmaschine war ihre Fähigkeit, bei entgegengesetzter Auslegung der Steuerung als Kompressor zu wirken, wobei Luft angesaugt und in den Zylindern verdichtet wurde. Hierdurch ergab sich die Möglichkeit, das Fahrzeug durch Gegendruck abzubremsen.

Der Triebwagen besaß 40 Sitzplätze, deren Anordnung aber später im Hinblick auf ein bequemeres Reisen wieder geändert wurde. Die anfängliche Belästigung der Fahrgäste durch den Qualm beseitigte man durch einen zusätzlichen Schornsteinaufsatz über dem vorhandenen Kamin. Eine weitere Zugabe waren die wegen der intensiven Sonneinstrahlung erforderlichen und durch die Bahnwerkstätten angebauten Sonnenblenden im Bereich der oberen Fensterhälften. Die vom Sentinel-Dampftriebwagen erwarteten höheren Geschwindigkeiten gegenüber von Lokomotiven gezogenen Zügen gaben Anlaß zu der Überlegung, den Wagen innerhalb von 24 Stunden auf der Strecke Darwin – Katherine verkehren zu lassen, für welche früher ein Nachtaufenthalt in Pine Creek erforderlich war. Ferner wurde erwogen, den Triebwagen auch im Charterdienst für Ausfluggesellschaften einzusetzen. Seinen fahrplanmäßigen Dienst nahm er jedoch erst im Jahre 1930 auf dem Abschnitt Katherine – Birdum auf. Es wurde also nicht, wie ursprünglich beabsichtigt, die ganze Strecke bis Darwin befahren, vielmehr stellte der Triebwagen nur eine direkte Verbindung zum Anschlußzug Birdum – Darwin dar. Eines der Hauptprobleme des Dampftriebwagens war die unbefriedigende Arbeitsweise des Injektors, die zu einer mangelhaften Versorgung des Kessels mit Speisewasser führte. Die recht störanfällige Maschinenan-

Abb. 161 (A1A)B′-Dampftriebwagen Typ SP4, 1934 von den Tasmanian Government Railways in Dienst gestellt.

Abb. 162 (A1A)B′-Dampftriebwagen als SP6 im Jahre 1937 bei der TGR zum Einsatz gekommen.

lage führte bereits im Oktober 1936 zur Ausmusterung des Sentinel-Dampftriebwagens.
Wir wollen jetzt das australische Festland verlassen und uns der südlich von Australien gelegenen Insel Tasmania zuwenden. In den Jahren von 1931 bis 1937 stellten die Tasmanian Government Railways neun Dampftriebwagen dreier verschiedener Bauarten in Dienst, die alle von Sentinel-Cammell gebaut worden sind.
Die erste Ausführung aus dem Jahre 1931 war ein einteiliger Bo′2′-Triebwagen mit 73,6 kW Leistung und einer unter dem Wagenboden angeordneten Sechszylinder-Dampfmaschine, die über eine Gelenkwelle und Getriebestufen die beiden Achsen des vorderen Drehgestells antrieb. Neben dem Maschinenraum mit dem Vorräteverschlag enthielt der Wagen je ein 1. und 2. Klasseabteil, die durch einen Mitteleinstieg mit Quergang voneinander getrennt waren. Die Platzkapazität betrug 24 Sitze in der 1. und 21 Sitze in der 2. Klasse. Der hintere

Abb. 163 Sentinel-Dampftriebwagen Gattung Rm1 der New Zealand Government Railways, Baujahr 1925.

Abb. 164 B′2′-Dampftriebwagen Bauart Clayton, 1926 als Rm2 von den NZGR in Dienst gestellt.

Führerstand war räumlich so ausgebildet, daß er zusätzlich als Gepäckabteil verwendet werden konnte. Insgesamt wurden zwei Dampftriebwagen dieses Typs (Abb. 160) als SP 1 und SP 2 im August bzw. im September des Jahres 1931 von den Tasmanian Government Railways (TGR) in Betrieb genommen. Nach rund 20 jähriger Dienstzeit erfolgte 1950/51 ihr Umbau in kombinierte Gepäck-Personenwagen.
Als nächste Serie beschafften die TGR zwei (A1A)B'-Dampftriebwagen (Abb. 161), die im August 1934 als SP 3 und SP 4 zum Einsatz kamen. Neu waren die beiden Dampfmaschinen, die jede für sich auf eines der beiden Drehgestelle wirkten. Das vordere Drehgestell mußte wegen der erhöhten Belastung durch die Dampferzeugeranlage mit einer zusätzlich zwischen den beiden Triebachsen angeordneten Laufachse versehen werden, um die zulässige Achslast nicht zu überschreiten. Der Dampferzeuger war ein Woolnough-Kessel, Typ G, mit drei Wasserkammern und Überhitzer. Die Dampfspannung betrug 21,1 bar. Im Gegensatz zur ersten Baureihe war der Mitteleinstieg vor den hinteren Steuerstand verlegt worden, so daß die einzelnen Fahrgasträume nun fortlaufend hintereinander lagen. In der 1. Klasse standen 18 und in der 2. Klasse 22 Sitzplätze zur Verfügung. Auch diese Dampftriebwagen wurden im Dezember 1950 in kombinierte Gepäck-Personenwagen umgebaut.
Die guten Betriebserfahrungen mit dem Sp 3 und Sp 4 führten zu einer Nachbestellung von nochmals fünf Dampftriebwagen derselben Bauart (Abb. 162), bei der lediglich die Sitzanordnung geändert worden war. Es bestanden jetzt nur noch je ein 1. Klasse- und 2. Klasseabteil mit 22 und 24 Sitzen, die durch eine dünne Wand mit Schwenktür voneinander getrennt waren. Äußerlich gab es kaum Unterschiede zum Sp 3 und Sp 4. Die Wagen wurden als SP 5 – SP 9 während der Monate Januar bis Juni 1937 in Betrieb genommen. Der auch bei diesen Dampftriebwagen später vorgenommene Umbau fiel bereits in das Jahr 1949. Der SP 6 machte eine Ausnahme, er wurde als Versuchsausführung schon 1946 seines Antriebes beraubt und in einen vierachsigen Reisezugwagen verwandelt.
Neuseeland beschränkte sich mit der Anschaffung von je einem Dampftriebwagen der Bauart Sentinel-Cammell (Abb. 163) und Clayton (Abb. 164) in den Jahren 1925 und 1926 ausschließlich auf ihre Erprobung im Lokalverkehr.
Obwohl diese Typen zu jener Zeit in England gute Erfolge aufweisen konnten, erwiesen sie sich für neuseeländische Verhältnisse als ungeeignet. Nach Versuchsfahrten auf der Hutt-Linie erfolgte 1926 die Überstellung des Sentinel-Wagens nach Frankton, wo er als Nachtverbindung nach Thames eingesetzt wurde. Zahlreiche Störungen in der Maschinenanlage begündeten dann aber seine frühzeitige Ausmusterung im Jahre 1927.
Besser schnitt dagegen der Clayton-Dampftriebwagen ab. Als Rm-2 kam er im Jahre 1926 auf der Kurow-Nebenstrecke zum Einsatz, auf der er sich einigermaßen bewährte. Etwa ab 1930 lief er im Abschnitt Invercargill – Bluff im leichten Personenverkehr, bis er im Jahre 1937 wegen eines Maschinenschadens endgültig aus dem Verkehr gezogen und verschrottet wurde.

Sonderbauarten

Wie die Entwicklungsgeschichte bisher zeigte, galt der Einsatz von Dampftriebwagen von Anfang an der Personenbeförderung auf schwach frequentierten Nebenstrecken, wobei einer höheren Wirtschaftlichkeit gegenüber den normalen lokbespannten Zügen besondere Aufmerksamkeit geschenkt wurde. Neben der gezielten Entwicklung dieses Fahrzeugtypes führten teilweise ähnliche Betriebserfordernisse für andere Transportbereiche zur Einführung spezieller Triebwagenkonstruktionen und triebwagenähnlicher Zugeinheiten die nachfolgend unter den einzelnen Sonderbaugruppen erläutert werden.

Die Berner Druckluft-Tramway

Als eine Abart des Dampfwagens war der mit Druckluft gespeiste Triebwagen zu betrachten, der seine Bewegungsenergie ebenfalls über eine Kolbenmaschine erhielt, in der ein gasförmiges Medium expandierte, dessen Aggregatzustand aber bereits seiner natürlichen Form entsprach und daher nicht wie beim Wasserdampf vorher noch umgewandelt werden mußte. Da diese Maschinen ihre Kraft aus zweiter Hand erhielten und sie nicht auf dem Fahrzeug selbst erzeugten, waren sie gegenüber den mit Dampf betriebenen Fahrzeugen im Nachteil, zumal der mitgeführte, komprimierte Luftvorrat auf ein geringes Volumen beschränkt war und in bestimmten Abständen wieder erneuert werden mußte. Ein sehr geschätzter Vorteil dieser Antriebsart lag in seiner rauch- und geruchlosen Arbeitsweise, die ihn um die Jahrhundertwende in besonderer Weise für den Betrieb von Straßenbahnen geeignet erscheinen ließ, wie das nachfolgende Beispiel der Berner Druckluft-Tramway zeigt, das in etwas abgewandelter Form einen Bericht der Berner Tramway wiedergibt.

Im Jahre 1884 richtete ein Initiativkomitee der »Bern-Land Company« ein Konzessionsgesuch zum Betrieb einer Trambahn mit Dampflokomotiven an die städtischen Behörden mit dem Ersuchen um eine finanzielle Beteilung der Gemeinde. Dieses Vorgehen erschien aber den Gemeindebehörden als zu stürmisch, und sie bangten vor allem um die Sicherheit im Straßenverkehr. Das Komitee verfolgte aber hartnäckig seine Ziele und fand in dem Ingenieur Anselmier einen Fachmann, der mit neuen Ideen aufwartete: Er schlug den Betrieb der Tramlinie mit »Automobilen« (Abb. 165) vor, die mit komprimierter Luft angetrieben wurden, wie sich doch dieses System, von Ingenieur Mekarsky erfunden, bereits in Nantes bewährte.

Nun, es war ein dornenreicher Weg, bis die Lufttram wirklich fuhr. Nicht nur die Konstruktion der Fahrzeuge, sondern auch die Ladestation machten unangenehme Schwierigkeiten, so daß schließlich der Erfinder Mekarsky höchstpersönlich von Paris nach Bern reisen mußte, um sie zu überwinden. Aber dann konnte die Eröffnung der Bahn doch auf den 1. Oktober 1890 festgelegt werden.
Und nun pustete und fauchte es also stadtauf und stadtab, die Lufttram bahnte sich ihren Weg mit Hilfe einer Blasbalgtrompete, und die Trompetenstöße wurden stolz und bewundernd als die Heroldsrufe einer neuen Zeit empfunden, die großartige Aussichten eröffnete.
Auf jeden Fall, die Lufttram funktionierte, sie war beliebt und wurde viel benutzt. Und wenn auch zuweilen der Tram die Luft ausging, sei es, weil der niedere Wasserstand der Aare die Leistungsfähigkeit der Kompressionsanlage beeinträchtigte, sei es, daß im Winter das Kondenswasser in den Luftleitungen gefror, man empfand den Fortschritt doch als großartig. Und tatsächlich, bereits im ersten Betriebsjahr 1891 transportierte die Lufttram insgesamt 1146500 Reisende und erzielte eine Betriebseinnahme von 119000 Franken, was sogleich Anlaß zur Planung einer weiteren Linie gab. Aber woher die »Kraft« nehmen. Die vorhandene Kompressorenanlage genügte kaum für die Bedürfnisse der Stammlinie. Nun sprach man zwar seit einiger Zeit von der neuen Energie »Elektrizität«, aber um sich eingehend zu informieren, delegierte man zwei Bahntechniker im Jahre 1891 zu einer Ausstellung nach Frankfurt, wo eine elektrische Bahnanlage gezeigt wurde. Beide kamen aber zu einem negativen Resultat. Angesichts dieses Urteils war es klüger, wollte man modern sein, sich lieber auf die Dampfkraft zu verlassen. Im Jahre 1893 wurden daher bei der SLM sieben Lokomotiven bestellt und nach deren Ablieferung der Druckluftbetrieb eingestellt.

Abb. 165 Mekarsky-Druckluft-Triebwagen der Berner Tramway Gesellschaft aus dem Jahre 1890.

Abb. 166 1A1-Diensttriebwagen der Edinburgh and Glasgow Railway, 1850 von Neilson & Co. gebaut.

Bahneigene Diensttriebwagen

Neben den schon früher erwähnten, ausgesprochenen Inspektionslokomotiven und -triebwagen unterhielten manche Bahngesellschaften Triebfahrzeuge für den eigenen Bedarf, die nicht oder nur selten in fahrplanmäßige Umläufe gelangten.
Eine sehr alte Vertreterin dieser Gattung war die im Jahre 1850 von Neilson & Co. gebaute kleine 1A1-Tenderlokomotive der Edinburgh and Glasgow Railway (Abb. 166). Sie war bereits eine typische Vorläuferin der späteren »combined engines and coaches«, bei denen mindestens ein Fahrgastabteil auf der Lokomotive untergebracht war.
Ursprünglich handelte es sich bei dieser Maschine um eine normale Tenderlokomotive mit offenem Führerstand. Erst anläßlich eines Kesselaustausches etwa um 1870 erhielt die Lokomotive den Abteilaufbau und die Führerstandsbrille zum Schutz des Fahrpersonals gegen den Fahrtwind. Die beiden Zylinder lagen horizontal zwischen Lauf- und Treibachse und trieben die unter dem Führerstand angeordnete Treibachse über Stangen direkt an. Während die übrigen Maschinen der Ursprungsgattung im leichten Nebenbahn-Personenverkehr eingesetzt waren, verblieb die Umbaumaschine als Dienstfahrzeug in Reserve der Bahn. Über ihr Schicksal liegen keine Unterlagen mehr vor.
Ein wesentlich jüngeres Exemplar war der 2'A 2'-Personal-Loktriebwagen (Abb. 167), den die North British Railway im Jahre 1899 für eigene Zwecke baute. Auch er gehörte wieder zur Bauart der »combined engines and coaches«, die überhaupt vorherrschend für diese Betriebsgattung war. Der damalige Chefingenieur der NBR D. Drummond benutzte dieses Fahrzeug viele Jahre lang täglich für Fahrten zwischen seiner Heimatstadt Surbiton und seinem Büro in Nine Elms bzw. später Eastleigh, wohin die Lokomotivwerkstätten 1910 verlegt

Abb. 167 2′A 2′-Personal-Dampftriebwagen der North British Railway, Baujahr 1899.

Abb. 168 1A2′-Personal-Dampftriebwagen mit Schlafabteil der ehemaligen Chimbote Railway in den USA.

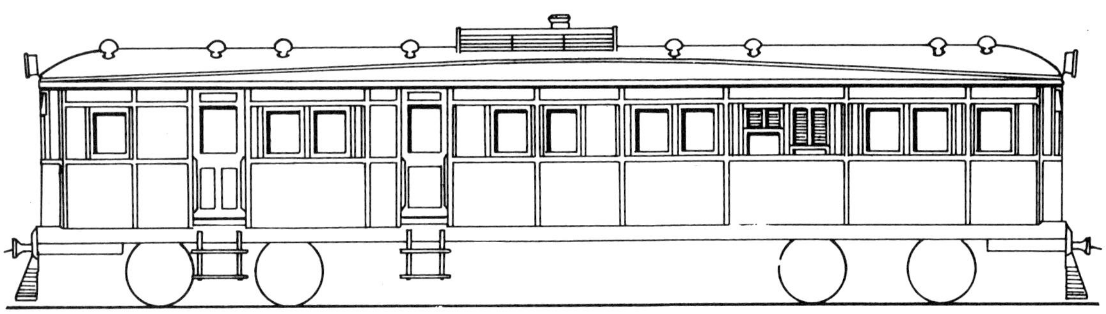

Abb. 169 Sentinel-Diensttriebwagen der brasilianischen Leopoldina Railway, Baujahr 1929.

worden waren. Nach seinem Tod im Jahre 1912 wurde der Loktriebwagen nur noch selten benutzt, die meiste Zeit stand er im Lokschuppen von Eastleigh. Erst 1932 erhielt er eine neue Aufgabe, indem regelmäßig kleinere Besuchergruppen mit ihm Exkursionen im Bereich der damals im Bau befindlichen neuen Hafenanlagen und Docks von Southampton unternahmen. Ursprünglich trug das Fahrzeug die Nr. 733, ab 1924 wurde er dann als 58S in den Bestand der London and South Western Railway übernommen. Wegen fehlender Einsatzmöglichkeiten wurde der Loktriebwagen schließlich im Jahre 1940 abgebrochen.

Während auf dem europäischen Festland ausgesprochene Personal-Triebfahrzeuge mit Ausnahme von Draisinen eine Seltenheit waren, bediente man sich dieses Maschinentyps in Übersee namentlich in den USA immer häufiger. Vornehmlich in den Pionierjahren unterlagen diese Bauarten den mannigfaltigsten Verwendungszwecken. Neben Personal- und Inspektionsfahrten verkehrten sie mit einem zusätzlichen Personenwagen auch als normale Kurzzüge auf wenig frequentierten Strecken. Ein besonders interessantes Fahrzeug war die aus der Zeit vor der Jahrhundertwende stammende »EMILIA« (Abb. 168), eine kleine, wahrscheinlich schmalspurige 1A2'-Lokomotive mit Abteilaufbau, in den der Führerstand miteinbezogen war. Das Einmalige dieser Maschine war die Tatsache, daß sie die erste und vielleicht einzige Lokomotive der Welt war, die mit einem Schlafabteil ausgerüstet war. Auch diese Lokomotive diente hauptsächlich als Personal-Triebfahrzeug und zwar bei der Chimbote Railway, einer nur wenig bekannten kleinen amerikanischen Eisenbahngesellschaft.

Einer der ungewöhnlichsten Diensttriebwagen war der im Jahre 1929 von Sentinel-Cammell an die Leopoldina Railway in Brasilien gelieferte vierachsige Dampftriebwagen für Meterspur (Abb. 169). Der Wagen besaß zwei stirnseitige Führerstände, einen Tagessalon für 6 Personen mit zwei Eßtischen und einem faltbaren Kartentisch, eine Kleinküche, den in der Wagenmitte angeordneten Kesselraum, einen dahinterliegenden Dienstraum mit Toilette und zwei Schlafabteile mit je zwei übereinanderliegenden Betten. Alle Abteile mit Ausnahme des Salons lagen an einem Seitengang ähnlich wie in den Schnellzugwagen.

Als Dampferzeuger diente die bewährte Bauart von Sentinel. Der Sechszylinder-Dampfmotor trieb über ein Zwischengetriebe und eine Kardanwelle die vordere Achse des ersten Drehgestells an. Als Höchstgeschwindigkeit waren rund 48 km/h festgelegt. Die kürzere Baulänge dieses Dampftriebwagens und damit das niedrigere Eigengewicht gegenüber den Standard-Sentinel-Cammell-Triebwagen resultierte aus der Forderung, diesen Wagen auch auf den Steilstrecken von Petropolis, einem bekannten Vorort von Rio, und Nova Friburgo einzusetzen, die ursprünglich mit Zahnstangen System Riggenbach bzw. letztere mit Reibschienen System Fell ausgerüstet waren. Der Dampftriebwagen blieb ein Einzelstück auf der Leopoldina Railway, der größten unter englischer Verwaltung betriebenen Bahn in Brasilien.

Kombinierte Lokomotivtriebwagen

Eine relativ kleine Gruppe unter den Sondertriebwagen bildeten die sogenannten kombinierten Lokomotivtriebwagen, die eine Vereinigung von herkömmlicher Lokomotive und Personenwagen auf einem gemeinsamen Fahrgestell darstellten. Ihr Entwicklung ging maßgebend von Irland aus, wo dieser Typ auch die größte und nahezu ausschließliche Verbreitung fand.

Es begann mit einem ersten Versuch mit einer von Adams im Jahre 1850 für die Derry & Enniskillen Railway gebauten normalen 1A-Lokomotive, die einen kurzgekuppelten Personenwagen besaß, auf dem auch ein Teil der Speisewasservorräte untergebracht war. Ähnliche Einheiten folgten in größerer Stückzahl in den Jahren 1852/53.

Erst mit dem 1857 für die Great Southern & Western

Abb. 170 C2′-kombinierter Lokomotivtriebwagen, 1875 von der Great Southern & Western Railway in Irland im leichten Personenverkehr eingesetzt.

Railway gebauten Inspektionswagen wurde die Bauart des kombinierten Lokomotivtriebwagens als neuer Fahrzeugtyp eingeführt. Man nimmt an, daß diese Bauart entweder von dem »Adams Lokomotivwagen« der Cork & Bandon Railway aus dem Jahre 1849 abgeleitet, oder Vorschlägen und Gedanken de Ridders entlehnt worden ist. Die Lokomotive war in den bahneigenen Inchicore Works in Dublin gebaut worden und stellte seinerzeit allein schon wegen des geschlossenen Führerhauses ein Novum dar.
Als diese Inspektionslokomotive im Jahre 1873 infolge zunehmender Schäden abgestellt wurde, übernahm eine neue B2′-Maschine mit Zusatzabteil ihren Aufgabenbereich. Aber erst die nächsten im Jahre 1875 von Alexander McDonnell entworfenen »combined engines & coaches« waren ausschließlich für den leichten Personenverkehr mit 1 oder 2 angehängten Personenwagen auf kurzen Nebenstrecken vorgesehen. Es waren C-gekuppelte Lokomotiven mit Innentriebwerk und einem nachlaufenden, unterhalb des Fahrgastraumes angeordneten zweiachsigen Drehgestell (Abb. 170). Der Einheitlichkeit wegen verwendete man für den neuen Typ denselben Kessel wie bei der B-gekuppelten Version. Die Fahrzeuge führten zum Teil je ein Abteil 1. oder 3. Klasse sowie einen Gepäckraum. Die kombinierten Lokomotivtriebwagen waren bei einer Reihe irischer Eisenbahngesellschaften eingesetzt. Neben der GS&WR war es vor allem die Castleisland & Gortatlea Railway, die nahezu die gleichen Typen wie die GS&WR für ihren Bedarf beschafft hatte.

Salon-Triebwagen

Salon-Wagen stellten von je her kostspielige und in jeder Hinsicht unwirtschaftliche Betriebsmittel dar,

Abb. 171 1A2′-Hoftriebwagen, 1859 von R. Stephenson & Co. für den ägyptischen Vizekönig Said Pascha gebaut.

weil ihre Inanspruchnahme sich in den meisten Fällen auf wenige repräsentative Einsätze beschränkte und damit keine Amortisation der Anschaffungs- und Unterhaltungskosten zu erwarten war. Schon früher wurden seitens der staatlichen Eisenbahnen Salonwagen und ähnliche Fahrzeuge nur in sehr beschränktem Maße angeschafft, es sei denn, diese Wagen kamen in Privatbesitz und wurden von den Verwaltungen nur gewartet. Noch kritischer befaßte man sich daher mit der Beschaffung von Triebfahrzeugen dieser Sondergattung, die sich in der Unterhaltung noch aufwendiger erwiesen. Doch Repräsentation, individuelle Ausführung und Unabhängigkeit vom vorhandenen Fahrzeugpark ließen in einigen wenigen Fällen den Bau und die Beschaffung einzelner Salon-Dampftriebwagen gerechtfertigt erscheinen.
Ein wohl einzigartiges Fahrzeug dieser Kategorie war der im Jahre 1859 von R. Stephenson and Co. für den ägyptischen Vizekönig Said Pascha gebaute 1A2′-Hoftriebwagen (Abb. 171). Dem Aufbau nach handelte es sich bei diesem Gefährt um einen Triebwagen der »combined engine and coach«-Bauart. Jedoch nicht die Konstruktion dieses bereits im vorigen Kapitel beschriebenen Triebwagentyps war außergewöhnlich, vielmehr lag die Besonderheit des Fahrzeuges in seinem Aussehen. Führerstand und Salonabteil zeigten eine verschwenderische Fülle an Dekoration und Malerei, die der Art des Eigentümers entsprechend, im maurischen Stil gehalten war. Das Abteil war nicht ganz geschlossen, sondern besaß gerüschte Vorhänge recht und links von beiden Türen. Im übrigen machte der Salon den Eindruck eines Kutschwagenkastens. Auf dem Dach des viersitzigen Raumes prangten außerdem noch zwei Kronen. Die prunkvolle Ausstattung bezog sich nicht nur allein auf den Salon und das Äußere des Triebwagens, sogar die Kesselarmaturen waren vergoldet und die Handgriffe aus Silber gefertigt. An technischen Daten sind überliefert, daß die innenlie-

Abb. 172 (1A)2′-Salon-Dampftriebwagen des Zars von Rußland, im Jahre 1906 von Ganz in Budapest gebaut.

genden Zylinder 203,2 mm Durchmesser und 355,6 mm Hub hatten, der Treibraddurchmesser 1524 mm betrug und die gesamte Verdampfungsheizfläche 38 m² aufwies. Die Höchstgeschwindigkeit soll bei 65 km/h gelegen haben, allerdings dürften dabei die Vorhänge des Salons wie Fahnen im Winde geflattert haben, ganz abgesehen davon muß eine solche Fahrt für die Passagiere eine recht zugige Angelegenheit gewesen sein. Unterschiedlichen Abbildungen in der Literatur zufolge kann aber angenommen werden, daß der Triebwagen später umgebaut und das Abteil mit festen, geschlossenen Seitenwänden ausgerüstet worden ist. Der Vizekönig soll den Salon-Triebwagen vorzugsweise für Fahrten zwischen der Residenz und seinem Sommersitz in der Nähe von Alexandria benutzt haben.

Ein anderes Prunkstück höfischer Dynastie war der im Jahre 1906 von der Russischen Eisenbahn für die Zarenfamilie in Dienst gestellte (1A)2′-Salon-Dampftriebwagen (Abb. 172). Der in schlichter Eleganz gehaltene 22 m lange Wagen unterschied sich von einem normalen für die Russische Eisenbahn gelieferten Dampftriebwagentyp nur durch die aufwendige Innenausstattung und durch die andere Raumaufteilung. Äußerlich wiesen lediglich die breiteren Fenster und die über das hintere Drehgestell verlegte Abteiltür auf eine Sonderbauart der russischen Dampftriebwagen hin. Der von Ganz konstruierte Wagen besaß einen de Dion-Bouton-Dampferzeuger und eine im vorderen Drehgestell innenliegende Zweizylinder-Dampfmaschine mit 73,6 kW Leistung. Der gesamte Radstand maß 12,6 m, das Dienstgewicht lag bei 33,6 t.

Es entsprach wohl dem damaligen Feudalismus und seinen Auswirkungen auf den gesellschaftlichen Rang im zaristischen Rußland, daß nicht nur die Angehörigen des Regentenhauses, sondern auch die kleinen Fürsten ihre eigenen Salonwagen und -züge unterhielten. Hierdurch ergab sich eine so große Zahl von Sonderfahrzeugen dieser Spielart, wie sonst wohl nirgendwo in einem anderen Land auch nur annähernd erreicht worden ist. Allein die Tatsache, daß um die Jahrhundertwende annähernd 100 Hofwagen in Dienst standen, läßt die Schwierigkeit erkennen, das Schicksal jedes dieser Fahrzeuge genau nachzuzeichnen. Kein Wunder also, daß sich auch der Verbleib des Zaren-Dampftriebwagens im Dunkeln verliert, obgleich er als Triebfahrzeug eine Sonderstellung unter den Salonwagen einnahm.

Abschließend soll noch einmal im Zusammenhang mit den Salon-Triebwagen auf den A1-Dampftriebwagen der ehemaligen Königlichen Militär-Eisenbahn in Preußen hingewiesen werden, der im Jahre 1908 in Dienst gestellt wurde. Obwohl kein ausgesprochener Salonwagen, wich er sowohl bezüglich seiner Ausstattung, als auch seines Verwendungszweckes von den üblichen Fahrzeugen dieser Gattung ab. Wie schon früher erwähnt, erhielt der KME-Dampftriebwagen anläßlich eines späteren Umbaues einen Salon mit Längssofas und einen langen Klapptisch, was darauf schließen läßt, daß der Wagen zunächst höheren militärischen Dienstgraden zur Verfügung stand. In den Folgejahren wurde er dann in den normalen fahrplanmäßigen Dienst eingeordnet, bis er nach Auflösung des Militärbetriebes an die Schweiz verkauft wurde, wo ihn die Sensetalbahn nach vorherigem Umbau im Jahre 1912 wieder in Betrieb nahm.

Abb. 173 Zahnrad-Dampftriebwagen der Pilatusbahn, 1886 von der SLM gebaut.

Abb. 174 A1-Gepäcktriebwagen System Elbl, 1879 erstmals von der Floridsdorfer Lokomotivfabrik gebaut.

Zahnradtriebwagen

Die Aufzählung der Dampftriebwagen-Sonderbauten wäre unvollständig, würde man einen der außergewöhnlichsten Anwendungsfälle des Dampftriebwagens unbeachtet lassen – den Zahnstangenbetrieb.

Im Jahre 1886 nahm die Pilatusbahn auf ihrer mit 480‰ Steigung als steilste Zahnradbahn der Welt bekannt gewordenen Strecke den Betrieb mit Dampftriebwagen auf. Bei diesen von der SLM konstruierten und gefertigten Fahrzeugen (Abb. 173) waren Lokomotive und Wagen zu einem einzigen zweiachsigen Triebfahrzeug vereint worden, das in seinem Gesamtaufbau der Streckenneigung angepaßt war. Die einzelnen hintereinander angeordneten Abteile waren treppenartig gegeneinander versetzt und boten Platz für 32 Fahrgäste. Der Lokomotivkessel mit seitlicher Feuerbeschickung lag quer oberhalb der talseitigen Laufachse. Die beiden außenliegenden Zylinder trieben eine Blindwelle an, von der die weitere Drehmomentenübertragung über je eine Stirnrad- und Kegelradstufe auf die beiden Antriebszahnräder erfolgte. Entsprechend der Ausführung der Zahnstange nach dem System Locher lagen die Antriebszahnräder waagerecht und griffen seitlich in die doppeltverzahnte Stange ein. Hierdurch war die Gefahr des Hochkletterns und Aufstelzens der Zahnräder unterbunden. Die Laufräder besaßen gegenüber der Normalausführung außenliegende Spurkränze. Zur Abbremsung des Fahrzeuges waren eine Gegendruckbremse, eine Handbremse und eine geschwindigkeitsabhängig, automatisch wirkende Bremse für die Talfahrt vorgesehen. Die Höchstgeschwindigkeit betrug 3,6 km/h. Mit der Elektrifizierung der Pilatusbahn im Jahre 1937 wurden 10 der vorhandenen 11 Dampftrieb-

Abb. 175 B'1-Gepäcklokomotive Bauart Belpaire der ETAT Belge aus dem Jahre 1886.

wagen ausgemustert. Erfreulicherweise ist ein betriebsfähiges Exemplar der Nachwelt erhalten geblieben.

Post- und Gepäcktriebwagen

Die Geschichte dieser Baugruppe ist nahezu ebenso alt wie die der normalen Personen-Dampftriebwagen. Die Unwirtschaftlichkeit, auch auf den Nebenbahnen herkömmliche Zuggarnituren mit Lokomotive, Gepäck- und Personenwagen trotz geringer Frequentierung laufen lassen zu müssen, führte vor allem in Österreich durch den damaligen Oberinspektor der Österreichischen Nordbahn Elbl zur Einführung kleiner, zweiachsiger Tenderlokomotiven mit nur einer angetriebenen Achse, etwa 11 t Achslast und 73,6 kW Leistung (Abb. 174). Derartige Maschinen erschienen ausreichend, um einen rund 40 t schweren Kurzzug noch mit 50 km/h in der Ebene und mit 20 km/h auf den Hügelstrecken befördern zu können. Da die für die Treibachse erforderliche Reibungslast eines bestimmten Anteils des Gesamtgewichtes bedurfte, versuchte man dieses durch Anordnung eines Gepäck- und Postraumes auf der Lokomotive wirtschaftlich zu nutzen.

Neben der A1-Bauart des Systems Elbl baute die Floridsdorfer Lokomotivfabrik im Jahre 1879 auch einen B1-Prototyp nach Plänen des Maschineninspektors der k.k. priv. Südbahn L.A. Gölsdorf, mit dem Elbl auf diesem Sektor zusammenarbeitete.

Der für die ÖNWB gebaute erste A1-Elbl-Triebwagen mit der Betriebsnummer 401 zeigte einen für den ruhigen Lauf der Maschine günstig großen Radstand, wobei die beiden außenliegenden Zylinder in der Fahrzeugmitte zwischen beiden Achsen ange-

Abb. 176 B′1-Post-Dampftriebwagen Gruppe 60, im Jahre 1907 von der FS in größerer Stückzahl zum Einsatz gebracht.

ordnet waren. Die seitlichen Wände des Gepäckabteils waren zurückgesetzt, um dem Lokführer auch bei Rückwärtsfahrt eine gute Streckensicht zu gewähren. Allerdings wurde durch diese Maßnahme der nutzbare Raum sehr eingeschränkt.

Wie die Probefahrten zeigten, waren nicht nur seine Betriebsergebnisse sehr gut, er bewies auch durch die geringen Unterhaltungskosten eine ausgezeichnete Wirtschaftlichkeit. Die Österreichische Nordwestbahn (ÖNWB) bestellte daraufhin noch weitere neun verbesserte Elbl-Triebwagen mit den Betriebsnummern 402–410. Sie kamen hauptsächlich auf den Strecken Trautenau–Freiheit, Wostromer–Gitschin, Trautenau–Groß-Wossek, Polna/Stecken–Polna/Stadt und Wien–Stockerau zum Einsatz. Allerdings zeigte sich, daß die Elbl-Wagen auf den für sie zunächst vorgesehenen Nebenbahnlinien keine Vorteile brachten, da Streckenverlauf und Betriebsanforderungen eine zu hohe Belastung für diese relativ schwachen Maschinen darstellten. Andererseits bewährten sie sich bestens auf den Hauptbahnen als Kurzzüge in den betriebsschwächeren Tageszeiten. Während die kkStB nach der Übernahme der ÖNWB bereits sechs Triebwagen ausmusterte, kamen im Jahre 1919 noch drei Exemplare der ursprünglich 20 Elbl-Fahrzeuge als M 112.001–003 zur ČSD.

Auch die MÁV beschaffte ab 1880 sechs Elbl-Triebwagen 150.001–006 für den Einsatz auf den Strecken Vrpolje–Samac und Aranyosgyeres–Torda. Ebenfalls im selben Jahr erhielt die Lokalbahn Hullein–Kremsier (später KFNB) ein Exemplar der Elbl-Bauart ähnlich dem Prototyp der ÖNWB. Die im Jahre 1880 von der GySEV in Dienst gestellten drei Elbl-Triebwagen konnten sich im Gegensatz zu den bisherigen Ausführungen bei den anderen Bahnen gar nicht bewähren und wurden daher schon 1893 wieder aus dem Verkehr gezogen.

Abb. 177 A1-Post- und Gepäcktriebwagen der schweizerischen Sursee-Triengen-Bahn, 1918 von der SLM gefertigt.

Die bereits zu Anfang erwähnte B1-Gölsdorf-Bauart kam im leichten Personenzugdienst auf verschiedenen schwächer befahrenen Linien der Südbahn zum Einsatz. Sie besaßen größere Vorräte bei uneingeschränkter Breite des Gepäckraumes. Auch war das Beschleunigungs- und Zugkraftverhalten auf Grund der zweifachgekuppelten Räder günstiger als bei der Elbl-Bauart. Die Gölsdorf-Gepäcktriebwagen erwiesen sich als äußerst sparsam. Sie bedienten hauptsächlich die Strecken Wiener Neustadt – Pottendorf – Wien, Wiener Neustadt – Gramatneusiedel und Leoben – Vordernberg. Insgesamt beschaffte die Südbahn von 1879 bis 1881 vierzehn dieser Maschinen, die als Reihe 4 die Betriebsnummern 51 bis 64 erhielten. Ab 1898 wurden die Fahrzeuge umgebaut, wobei das Gepäckabteil entfernt und durch einen Kohlenbunker ersetzt wurde. Nach dem Ersten Weltkrieg kamen einige Gepäcklokomotiven nach Jugoslawien, wo sie vor Kurzzügen noch lange Zeit auf den Strecken Laibach – Stein, Windisch – Freistritz/Bahnhof – Windisch – Freistritz/Stadt verkehrten. Auch die Kaschau-Oderberger Bahn (KOB) erwarb sechs Maschinen als V51 – 56, die zwar von der ČSD noch übernommen, aber bereits im Jahre 1927 kassiert wurden, da keine rechte Verwendung mehr für sie bestand.

Der große Umbruch in der Dampflok-Konstruktion mit Einführung der Verbundwirkung gab Anlaß, auch in Deutschland eine kleine Gepäcklokomotive für leichte Kurzzüge zu entwickeln. Der Erfolg einiger bereits in Frankreich laufender Verbundlokomotiven bewogen August von Borries – damals noch Maschinenmeister in Hannover – das Verbundverfahren an einem Prototyp zu erproben, bevor es bei der KPEV Eingang fand. Auf seine Veranlassung hin gab das Ministerium zwei Verbundtenderlokomotiven bei Schichau in Elbing in Auftrag, die im August 1880 in Dienst gestellt wurden. Es waren 1A-Maschinen mit Antrieb der außen zwischen den Achsen angeordneten Zylindern auf die zweite Achse. Diese sehr leichten Lokomotiven waren mit einem Gepäckraum hinter dem Führerstand ausgerüstet, da auf die Mitführung eines zusätzlichen Packwagens bei den Kurzzügen verzichtet werden sollte. Die beiden Maschinen erfüllten die in sie gesetzten Erwartungen zur vollsten Zufriedenheit. Im Vergleich mit ihren Zwillingsschwestern der Naßdampfbauart arbeiteten sie äußerst wirtschaftlich. Im Jahre 1883 wurden zehn verstärkte 1A-Verbundtenderlokomotiven nachbestellt, die auf der Strecke Hannover–Schwarmstedt zum Einsatz kamen. Diese später als TO eingereihten Lokomotiven unterschieden sich von den beiden Ursprungsausführungen äußerlich durch den Fortfall des Gepäckraumes, der allein der nicht zu vermeidenden Verschmutzung wegen kaum für seinen angestammten Zweck benutzt wurde. Die Beliebtheit und Wirtschaftlichkeit dieser auch scherzhaft als »Omnibus-Lokomotiven« bezeichneten Maschinen beweist ihre rund 30jährige Unterhaltung durch die Eisenbahndirektion Hannover.

Eine bekannte Bauart dieser Epoche waren auch die B1-Gepäcklokomotiven Type 1 der Chemins de fer de l'Etat Belge (Abb. 175). Diese unter der Leitung des damaligen Chefingenieurs Belpaire konstruierten Maschinen kamen erstmals im Jahre 1886 in den Verkehr. Charakteristisch waren außer dem hinter dem Führerhaus liegenden Gepäckraum bei diesen Lokomotiven der Schornstein mit seinem rechteckigen Querschnitt, der auf Torffeuerung des Kessels schließen ließ. Die beiden Zylinder lagen zwischen den Rahmenwangen und waren mit Stephenson-Steuerung ausgerüstet. Die Wasservorräte wurden in Behältern mitgeführt, die unter dem Führerstand und unter dem Gepäckabteil innerhalb des Rahmens eingebaut waren. Diese in größeren Stückzahlen gebauten Triebfahrzeuge dienten ebenfalls der Beförderung von Kurzzügen auf verkehrsschwachen Nebenbahnlinien der Belgischen Staatsbahn.

Im Nachbarland Frankreich stellte die NORD-Bahn im Jahre 1897 einen Post-Dampftriebwagen auf der Linie Creil–Beauvais in Dienst. Der A1-Triebwagen besaß ursprünglich Serpollet-Kessel, wurde aber später auf Turgan-Dampferzeuger umgebaut. Der Wagen hat sich sehr gut mit der neuen Kesselanlage bewährt und verkehrte lange Zeit auf obengenannter Strecke. Der Triebwagen wurde bereits bezüglich seiner konstruktiven Details bei den französischen Dampftriebwagen näher beschrieben.

Eine recht stattliche Zahl von 85 kombinierten Post-Gepäck-Dampftriebwagen beschaffte die Italienische Staatsbahn im Jahre 1907 von verschiedenen europäischen Firmen, zu denen namentlich Borsig, Maffei, Ringhoffer, die österreichisch-ungarische Maschinenfabrik Wien und Franco Belge gehörten. Die Wagen (Abb. 176) hatten ein B-gekuppeltes Triebwerk und eine Laufachse unterhalb des Gepäckraumes. Diese Dampftriebwagen dienten im eigentlichen Sinn als Kleinlokomotiven, die in Verbindung mit zwei oder drei Personenwagen Kurzzüge bildeten. Die Dampferzeuger des größten Teils dieser Triebwagen hatten viel Ähnlichkeit mit dem der Bauart Kittel. Sie besaßen zylindrische Feuerbüchsen aus Kupfer und ebenso aus Kupfer bestehende obere Rohrwände zwischen denen 366 kupferne Siederohre mit 30 mm lichter Weite angeordnet waren. Der Kesselmantel war nach oben kegelförmig erweitert, um die Verdampfungsfläche zu vergrößern. Die feuerberührte Heizfläche betrug 41,3 m², die Rostfläche 0,7 m² und die Dampfspannung 13 bar. Außer den genannten Kesseln kamen noch 12 Dampferzeuger der Bauart Komarek zur Anwendung, um Vergleiche zwischen beiden Bauarten anstellen zu können.

Das Triebgestell war mit einer normalen Zwillingsmaschine mit außenliegenden Zylindern von 290 mm Durchmesser und 400 mm Hub, Kolbenschiebern und Heusinger-Steuerung ausgerüstet. Direkt über die Treibstangen wurde die zweite Achse angetrieben, während die vordere Achse durch Kuppelstangen mit der Treibachse verbunden war. Die Achslagerbüchsen der Treib- und Kuppelachse besaßen gelenkige Führungen, die verhinderten, daß beim Befahren von Gleisbögen oder bei einseitigen Unebenheiten des Gleises ein Verklemmen der Achsbüchsführungen und damit eine

Abb. 178 B′2′-Gepäcktriebwagen, 1930 von der SLM für die Oensingen-Balsthal-Bahn gebaut.

ungleichmäßige Belastung der Lagerschalen auftrat.

Der Wagenkasten zeigte eine Unterteilung in drei Abteilungen und zwar in den vornliegenden Führerstand, das daran anschließende Postabteil und den Gepäckraum. Durch einen Seitengang auf der rechten Fahrzeugseite konnte vom Führerhaus der Gepäckraum direkt erreicht werden, ohne daß das Personal den Postraum betreten mußte.

Die Maschinenleistung betrug 132,5 kW, die zulässige Höchstgeschwindigkeit 50 km/h. Die kombinierten Post-Gepäck-Dampftriebwagen erhielten bei der FS die Gruppenbezeichnung Nr. 60. Die genaue Verteilung der Wagen auf die einzelnen Direktionsbezirke ist nicht mehr bekannt, allerdings kann mit Sicherheit gesagt werden, daß ein Teil der Triebwagen auf der Strecke Rom—Terni verkehrte. Später wurden sie wegen unrentabler Einsatzmöglichkeiten in B-gekuppelte Kleinlokomotiven umgebaut und im Rangierdienst verwendet.

Der recht bescheidene Triebfahrzeugpark der Sursee-Triengen-Bahn (ST) in der Schweiz von nur zwei im Jahre 1912 von Henschel gelieferten kleinen Tenderlokomotiven führte besonders bei Reparaturen an den Maschinen zu ernsten Schwierigkeiten in der Aufrechterhaltung des Verkehrs. Da auf die Dauer Leihfahrzeuge der SBB zu teuer waren, bestellte man im Jahre 1917 bei der SLM in Winterthur einen A1-Post-Gepäck-Dampftriebwagen (Abb. 177), der schon im darauffolgenden Jahr als FZm1/2 11 in Dienst gestellt werden konnte.

Eine technische Besonderheit war der zwischen Post- und Gepäckraum quer zur Längsachse des Wagens angeordnete Lokomotivkessel mit Schmidt-Kleinrohrüberhitzer. Der Kessel besaß keinen Dampfdom; die beiden Sicherheitsventile ragten aus dem erhöht auf dem Kesselmantel aufgesetzten Mannlochdeckel. Alle Armaturen und die Feuerbeschickeinrichtung waren seitlich angeordnet. Da der Kessel nur bei Halten in den Bahnhöfen beschickt werden konnte, sorgte eine automatisch arbeitende Speisepumpe für einen ausreichenden Wasserstand im Dampferzeuger. Die beiden unterhalb des Kessels außen neben dem Rahmen liegenden Zylinder besaßen Kolbenschieber und Heusinger-Steuerung mit Kuhn'scher Schleife. Die

Abb. 179 1'B 1'h2-Triebwagenlokomotive DT1 der ÖBB, im Jahre 1935 von der Wiener Lokomotivfabrik in Floridsdorf geliefert.

Bedienung der Maschine konnte wechselseitig von einem der beiden stirnseitigen Führerstände vorgenommen werden, die untereinander durch eine Seitengalerie im Bereich des Postraumes und durch Gänge im Gepäck-und Kesselraum verbunden waren. Im normalen Verkehr fuhr der Triebwagen meistens mit zwei bis drei angehängten Personenwagen. Die Höchstgeschwindigkeit lag bei 50 km/h. Die mit dem Triebwagen erzielten Brennstoffersparnisse wurden von der Bahn mit 30–40% angegeben. Allerdings mußte in den Jahren 1930, 1947 und 1956 jedes Mal die Feuerbüchse erneuert werden, doch diese Kosten machten sich auf Grund der hohen Brennstoffeinsparung gegenüber vergleichbaren Lokomotiven bezahlt. Seiner großen Wirtschaftlichkeit hatte es der FZm1/2 11 schließlich zu verdanken, daß er erst im Jahre 1961 abgebrochen wurde.

Im Jahre 1930 lieferte die SLM noch einmal einen reinen Gepäcktriebwagen (Abb.178) an die Oensingen-Balsthal-Bahn (OeBB). Äußerlich bereits auf die damals übliche Form der elektrischen Triebwagen abgestimmt, besaß das Fahrzeug zwei zweiachsige Drehgestelle, von denen das vordere als B-gekuppelte Triebeinheit auch die beiden Zylinder trug. Der Dampferzeuger entsprach baulich der querliegenden Ausführung, wie sie schon beim FZm1/2 11 der ST erprobt worden war. Neben dem sehr großen Gepäckraum waren auch hier wieder an jeder Stirnseite ein Führerstand vorgesehen. Das 14,24 m lange Fahrzeug wog leer 30,5 t und entwickelte eine maximale Geschwindigkeit von 45 km/h. Der Triebwagen stand bis 1943 als Fm2/4, Nr. 123 bei der OeBB im Einsatz und wurde dann zwecks Weiterverkaufs ins Ausland an die Firma Color Metall, Zürich veräußert. Zu dem Auslandsgeschäft ist es dann aber wohl doch nicht mehr gekommen, denn der Wagen verließ die Schweiz nicht mehr und wurde schließlich verschrottet.

Kehren wir noch einmal zurück in das Ursprungsland der Gepäcklokomotiven – Österreich. Die Krisenjahre und der Zusammenbruch der Weltwirt-

schaft vor und nach 1930 förderten die Bestrebungen, den Rückgang im Personenverkehr maßgeblich auf den Nebenstrecken durch den Einsatz leichter und sparsam arbeitender Dampflokomotiven kostenmäßig aufzufangen.
Die BBÖ entschlossen sich daher zur Entwicklung einer 1'B 1'h2-Tenderlokomotive (Abb. 179) für die Beförderung zwar leichter aber schneller Kurzzüge, weswegen auch eine gleich gute Führung der Maschine bei maximal 100 km/h in beiden Richtungen gewährleistet sein mußte. Da die Lokomotive im Plan eines Triebwagens eingesetzt werden sollte, galt sie gleichsam als Triebwagenersatz, daher auch die nach der Übernahme erteilte Reihenbezeichnung DT1.
Entsprechend der geforderten Leistung konnte der Kessel klein gehalten werden. Der für die Ausbildung des Fahrwerks benötigte Radstand erforderte aber andererseits eine relativ große Rahmenlänge, die aber dazu genutzt wurde, hinter dem geräumig ausgebildeten Führerhaus noch ein Gepäckabteil für die Aufnahme von ca. 1 t Reisegepäck auf 4,4 m^2 unterzubringen. Um dem auf der Lokomotive mitfahrenden Zugführer den Übergang zu den Wagen zu ermöglichen, wurden außerdem noch durch Seitengeländer geschützte Umläufe vorgesehen. Eine gute Bogenläufigkeit wurde durch Radialeinstellbarkeit der beiden als Bisselachsen ausgebildeten Laufachsen mit Rückstellvorrichtung erreicht. Trotz der herkömmlichen Ausführung der Zwillings-Dampfmaschine und nur 1450 mm hohen Kuppelrädern wurden bei Probefahrten 130 km/h bei ausgezeichnetem Laufverhalten der Maschine erreicht. Die zunächst vorgesehene Einmannbedienung und die hierfür vorgesehene Ölfeuerung wurden später verlassen und die Maschinen auf normale Rostbeschickung umgebaut.
Die ausgezeichnete Dimensionierung des Dampferzeugers und seines Überhitzers in Abhängigkeit von der geforderten hohen Belastbarkeit infolge der zu erwartenden häufigen Anfahrvorgänge ließen diese Lokomotiven bald zu einer der leistungsfähigsten Bauarten der BBÖ werden. Ihr Einsatz reichte vom Nebenbahnbetrieb über Triebwagen-Ersatzzüge und Eilzüge bis zum leichten Schnellzugdienst. Bis zum Jahre 1968 wurden alle DT1 ausgemustert. Lediglich der DT1.07 (DR 71507, ÖBB 3071.07) blieb der Nachwelt erhalten und wird voraussichtlich im Wiener Eisenbahnmuseum aufgestellt werden.
Auch die ČSD beschaffte als letzte Dampftriebwagen-Bauart den von den BBÖ eingeführten DT1 in etwas abgewandelter Ausführung. Die bei der Floridsdorfer Lokomotivfabrik bestellten sechs Maschinen wurden 1941 abgeliefert und als M273.101–106 beim Heizhaus Zolyom stationiert. Sie beförderten vor allem leichte Schnellzüge zwischen Preßburg und Eperjes. Als nach dem Zweiten Weltkrieg keine rechte Verwendung mehr für sie bestand, kamen die Maschinen die letzten Jahre nur noch in den Verschubdienst, um dann nach und nach bis zum Jahre 1954 ausgemustert zu werden.

Lokomotiv-Triebzüge

Eine Sonderstellung unter den Triebfahrzeugen nahmen seit jeher die sogenannten Lokomotiv-Triebzüge ein, da sie keiner entsprechenden Gattung so recht zugeordnet werden konnten. Obwohl es sich hierbei um lokomotivbespannte Züge handelte, waren sowohl die Zuggarnituren als auch die zugehörigen Lokomotiven aufeinander abgestimmte Konstruktionen, die ihrem Verwendungszweck entsprechend nur als zusammengehörige Einheiten betrieben werden sollten bzw. konnten. Unter diesen Voraussetzungen war eine Zuordnung der Lokomotiv-Triebzüge zu der Gruppe der Dampftriebwagen durchaus gerechtfertigt. Das geschichtlich älteste Fahrzeug dieser Bauart entwickelte im Jahre 1847 der Engländer W. Bridges Adams. Es war eine kleine 1A-Lokomotive mit einem direktgekuppelten zweiachsigen Personenwagen, der die Vorräte, ein Gepäck- und ein Sitzabteil enthielt. Dieser Lokomotiv-Triebzug wurde zusammen mit einem weiteren angehängten Personenwagen im leichten Personenverkehr auf Nebenlinien eingesetzt.

Abb. 180 Lokomotiv-Triebzug aus dem Jahre 1902 mit der Maschine „Cornwall“ der ehemaligen London and North Western Railway.

Ein besonders interessanter Lokomotiv-Triebzug (Abb. 180) wurde im Jahre 1902 auf der London and North Western Railway (L&NWR) eingeführt. Grundkonstruktion dieser Garnitur war keine geringere als die berühmte »Cornwall«-Maschine, die Francis Trevithick im Jahre 1847 ursprünglich als 1A1-Ausführung gebaut hatte, aber schon kurze Zeit später in eine 2A1-Lokomotive umbaute. Charakteristisch waren die riesigen 2590,8 mm hohen Treibräder und die dagegen extrem tief erscheinende Kesselanlage, die jedoch eine günstigere Schwerpunktslage der Maschine ermöglichen sollte. Aber schon im Jahre 1858 veranlaßte John Ramsbottom, Chefingenieur der L&NWR, einen vollständigen Umbau der Lokomotive. Die Maschine erhielt wieder die ursprüngliche Achsfolge 1A1, einen leistungsfähigeren Kessel, neue Zylinder und einen dreiachsigen Tender. In dieser Ausführung führte sie viele Jahre hindurch Schnellzüge zwischen Manchester und Liverpool. Im Jahre 1902 wurde sie zum Engineer's Department überführt, wo sie nochmals umgerüstet wurde und nun endlich einen wie ein Tender kurzgekuppelten dreiachsigen Salonwagen erhielt, der neben je einem offenen und einem geschlossenen Fahrgastraum oberhalb der vorderen Achse noch einen Bunker für die Aufnahme der Brennstoffvorräte besaß. Die Cornwall lief ursprünglich unter der Betriebsnummer 173, wurde aber als Lokomotiv-Triebzug später unter der Bezeichnung 3020 geführt.

In Preußen führte man sogenannte Omnibus-Züge ein, die wieder eine etwas andere Art der Lokomotiv-Triebzüge darstellten. Die Firma Krauss & Co. in München lieferte in den Jahren 1877 und 1878 je zwei Züge (Abb. 181) bestehend aus einer Bn2-Straßenbahnlokomotive und einem vierachsigen, doppelstöckigen Personenwagen an die Berlin-Görlitzer Eisenbahn für den Personenverkehr auf der Strecke Berlin – Grünau. Trotz der relativ geringen

Abb. 181 Omnibus-Zug der Berlin-Görlitzer Eisenbahn, 1877/78 von Krauss & Co. in München gebaut.

Geschwindigkeit erwiesen sich diese Zugeinheiten als so wirtschaftlich, daß auch andere Verwaltungen in Preußen für den Lokalverkehr ähnliche Zugeinheiten beschafften.

Auch im Ausland kamen fast zur selben Zeit vermehrt derartige Omnibus-Züge zum Einsatz. Selbst im fernen Australien beschaffte die damalige Glenelg and South Coast Railway im Jahre 1879 einen dem Zug der Berlin-Görlitzer Eisenbahn sehr ähnlichen Omnibus-Zug für den Vorortverkehr (Abb. 182). Die Bn2-Straßenbahnlokomotive lieferte Merryweather in London, den vierachsigen Doppelstockwagen Kitson & Co. in Leeds. Der Zug wurde am 16.12.1899 in Dienst gestellt. Bei der Übernahme der Glenelg and South Coast Railway durch die South Australian Government Railway war das Gespann aber bereits in einem derart abgewrackten Zustand, daß es nicht mehr zum Einsatz kam und am 4.10.1901 kassiert wurde.

Der Mangel an Drehscheiben in den Zielstationen und die durch das Drehen der Lokomotiven entstehenden Zeitverluste gaben Anlaß, um die Jahrhundertwende Triebwagenzüge zu entwickeln, die in beiden Richtungen gleichermaßen betriebsfähig waren. Eine recht eigenartige Lösung dieser Aufgabe hatte hier die französische NORD-Bahn gefunden. Bei dem Projekt handelte es sich um eine Zuggarnitur mit einer Lokomotive und zwei Personenwagen, jedoch mit dem Unterschied, daß die Maschine zwischen den Wagen lief und mit diesen kurzgekuppelt war (Abb. 183 + 184). Die Lokomotive hatte die Achsfolge A1 und war mit einem erhöht angeordneten Führerstand ausgerüstet, um dem Lokomotivführer eine gute Sicht über die Wagen hinweg auf die Strecke zu ermöglichen. Eine zusätzliche Sichterleichterung war dadurch geschaffen, daß je nach Fahrtrichtung eine Seitenwand jedes Personenwagens einseitig nach Innen

Abb. 182 Omnibus-Zug der australischen Glenelg and South Coast Railway, Baujahr 1879.

versetzt lag und an dieser Seite nur ein langer, niedrigbauender Gepäckkasten den Raum einnahm. Von den beiden zweiachsigen Wagen war der vordere in je ein Abteil 1. Klasse mit 8 Sitzplätzen und 2. Klasse mit 14 Sitzplätzen unterteilt. Der hinter der Lok laufende Wagen führte nur die 3. Klasse mit insgesamt 28 Sitzplätzen. Zwischen Lokomotive und den Personenwagen bestanden Übergangsbühnen, so daß der Zug auf seiner ganzen Länge auch während der Fahrt begehbar war. Ein größerer Gepäckraum war zusätzlich auf der Lokomotive direkt hinter dem Führerhaus angeordnet. Die NORD-Bahn stellte im Jahre 1901 zwei dieser Lokomotiv-Triebzüge als VV1 und VV2 in Dienst und beschaffte eine weitere Lokomotiveinheit als Reserve, um bei Reparaturen an einer der Maschinen nicht den ganzen Zug stillsetzen zu müssen.

Die Dampferzeuger und Maschinen der drei Lokomotiven waren sehr unterschiedlich. Eine der Lokomotiven erhielt einen Purrey-Kessel und eine Vierzylinder-Tandemverbundmaschine mit Kraftübertragung durch eine Laschenkette auf die Antriebsachse. Die nächste Lokomotive wurde mit einem Turgan-Kessel und die dritte mit einem normalen Lokomotivkessel ausgerüstet. Beide Triebwagenzüge mit den letztgenannten Dampferzeugern besaßen gewöhnliche Zweizylinder-Verbundmaschinen.

In den Jahren 1908 und 1909 lieferte die Firma Etablissement Robatel et Buffaud in Lyon eine zweite Serie unter den Betriebsnummern VV4 bis VV11 mit normalen Lokomotivkesseln und einfacher Expansion in den Zylindern. Die Dampferzeuger der beiden älteren Triebzüge VV1 und VV2 wurden im Jahre 1909 ebenfalls gegen solche der Regelbauart ausgetauscht. Alle diese Lokomotiv-Triebzüge der NORD-Bahn erreichten eine lange Dienstzeit. Sie waren hauptsächlich in den Bezirken von Valen-

Abb. 183 Seltene Aufnahme des Lokomotiv-Triebzuges Gattung VV der ehemaligen französischen NORD-Bahn, erstmals 1901 zum Einsatz gekommen.

Abb. 184 Übersichtszeichnung des NORD-Lokomotiv-Triebzuges Gattung VV.

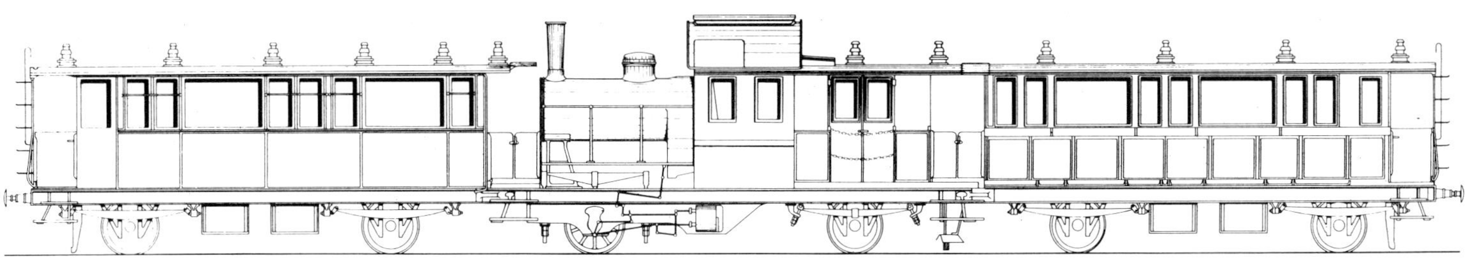

ciennes, Paris, Creil und Amiens stationiert. Die noch von der SNCF übernommenen zwei Fahrzeuge aus der letzten Lieferung erhielten die neue Bezeichnung 011TA und 011TB.

Berühmtester und zugleich modernster Vertreter der Lokomotiv-Triebzüge war der im Jahre 1935 von der Deutschen Reichsbahn in Dienst gestellte »Henschel-Wegmann-Zug« (Abb. 185). Der Bedarf nach einer schnellen Verbindung zwischen Berlin und Dresden führte zu der Überlegung, anstatt eines Regeltriebwagens einen von einer Schnellzugtenderlokomotive gezogenen Stromlinienzug aus vier Leichtbauwagen zu beschaffen, der alle Bequemlichkeiten einschließlich Speiseabteil in sich vereinte. Die Wagen waren untereinander kurzgekuppelt und stützten sich über Dämpfungspuffer an den Stirnseiten gegeneinander ab. Doppelte Faltenbälge dienten einmal der Übergangssicherung, zum anderen der Vermeidung von Unterbrechungen zwischen den Wagen und damit der Verminderung des Luftwiderstandes.

Der Viererzug bestand aus einem kombinierten Gepäck-Post-Speisewagen mit abgerundeter Heckfront, Scharfenbergkupplung und verkleideten Puffern. Im Speiseabteil konnten 23 Personen zu Tisch sitzen. Die beiden Mittelwagen besaßen je ein Abteil 2. Klasse mit 12 Sitzplätzen und 3. Klasse mit 56 Sitzplätzen sowie je einen Waschraum mit Toilette an jedem Wagenende. Der Schlußwagen enthielt neben einem 2. Klasseabteil mit 24 und einem 3. Klasseabteil mit 32 Sitzplätzen noch eine Aussichtskanzel an der rückwärtigen Stirnfront mit vier Sitzplätzen. Alle Sitzplätze in beiden Klassen waren gepolstert. Unter den Einstiegtüren waren Klapptritte vorhan-

Abb. 185 Henschel-Wegmann-Zug im Sachsenwald anläßlich der Probefahrt Berlin-Hamburg im Jahre 1937.

den, die an Bahnhöfen mit niedrigen Bahnsteigen von der Lokomotive aus herausgeklappt werden konnten. Die Wagen erhielten über eine Belüftungsanlage Frischluft, die bei niedriger Außentemperatur durch einen Lufterhitzer erwärmt wurde, die Temperaturregelung erfolgte automatisch. Die Wagen ruhten auf zweiachsigen Rollenlager-Drehgestellen der Bauart Görlitz III-leicht. Der Außenanstrich war sehr geschmackvoll gewählt worden, die Fensterpartie war in Elfenbein gehalten, die untere Wagenhälfte und die Dachleiste violett gestrichen und mit schwarzen Zierleisten abgesetzt. Dach und Schürzen erhielten einen hellgrauen Anstrich.

Die Firma Henschel entwickelte für den Wegmann-Zug eine 2'C 2'h2-Stromlinientenderlokomotive der Baureihe 61 mit 2300 mm hohen Kuppelrädern, die genügend Vorräte für die nur 176 km lange Strecke zwischen beiden Städten mitführen konnte. Die Zwillingsdampfmaschine wies 460 mm Zylinderdurchmesser und den ungewöhnlichen Kolbenhub von 750 mm auf. Die Dampfverteilung erfolgte über eine Heusinger-Steuerung mit Kuhn'scher Schleife. Entsprechend ihrer Verwendung auch für die Rückwärtsfahrt erhielt die Lokomotive alle wichtigen Bedienungselemente doppelt, d. h. an jeder Führerhausfrontseite. Ungewöhnlichstes Attribut des Henschel-Wegmann-Zuges war die bei Dampfzügen bis dahin nur selten zur Anwendung gelangte Scharfenbergkupplung.

Die ausgezeichneten Betriebsergebnisse der 61 001 führten im Jahre 1936 zu einer Nachbestellung einer weiteren Stromlinientenderlokomotive als Reserve, bei der eine Reihe Verbesserungen und Änderungen wie Dreizylinder-Triebwerk, größere Vorräte und damit ein dreiachsiges Drehgestell unter dem Kohlenbunker, Vergrößerung der Vorwärmfläche, ver-

Abb. 186 Doppelstockzug der Lübeck-Büchener Eisenbahn mit stromlinienverkleideter 1'B 1'h2-Tenderlok, erstes Baujahr 1936.

stärkte Bremsanlage etc. berücksichtigt wurden.
Die Maschine wurde im Jahre 1939 als 61 002 abgeliefert. Während des Zweiten Weltkrieges wurde der Zug als Lazarettzug verwendet. Nach Kriegsende wurde die völlig ausgeplünderte und demolierte Einheit aufgearbeitet und umgebaut.
Im Jahre 1953 kam sie bei der Deutschen Bundesbahn als Tages-Fernschnellzug auf der Strecke Hamburg–München wieder zum Einsatz. Für die beiden Lokomotiven bestand in den ersten Nachkriegsjahren keine rechte Verwendung mehr, zumal die 61 001 in die Bundesrepublik abgewandert war, die 61 002 aber in der DDR verblieb. Während die 61 001 nach wenigen Dienstjahren im Bezirk Hannover ausgemustert wurde, baute die Deutsche Reichsbahn (ost) die 61 002 in eine 2'C1'h3-Schlepptender-Schnellzuglokomotive mit der Betriebsnummer 18 201 um. Sie blieb aber auch in diesem Zustand ein Außenseiter mit wenig Einsatzmöglichkeiten.
Ähnlich wie die DR versuchte auch die Lübeck-Büchener-Eisenbahn den Verkehr auf ihrer Strecke Hamburg–Lübeck bzw. Travemünde attraktiver und wirtschaftlicher zu gestalten. Angeregt durch die Konstruktion des Henschel-Wegmann-Zuges, wurden in einer Gemeinschaftsarbeit von LBE, Henschel und Linke-Hofmann ein zweistöckiger Zug mit einer besonderen stromlinienverkleideten 1'B 1'h2-Tenderlokomotive entwickelt (Abb. 186), wobei ein Lokwechsel in den Endbahnhöfen dadurch vermieden werden sollte, daß der Zug in beiden Richtungen mit 120 km/h gezogen und geschoben werden konnte – praktisch ein Vorläufer der späteren Wendezugeinheiten.
Die ersten beiden Zwillings-Doppelstockwagen mit windschnittiger Verkleidung lieferte die Linke-

Hofmann AG in Breslau im Jahre 1936. Schon 1937 folgten weitere sechs Garnituren. Die 46,14 m langen Zwillingswagen ruhten auf drei Görlitzer Drehgestellen mit jeweils 3 m Radstand. Die überwiegende Verwendung von Leichtmetallen und dünnen Stahlprofilen ermöglichten, das Gesamtgewicht mit 72 t sehr niedrig zu halten. Die durch einen Faltenbalg miteinander verbundenen Wagenhälften besaßen zusammen vier Treppen, über die die Obergeschosse der Wagen erreicht werden konnten. Die Raumaufteilung zeigte im Obergeschoß 42 Sitzplätze 2. Klasse und 258 Sitzplätze 3. Klasse im Ober- und Untergeschoß, so daß also insgesamt 300 Sitzplätze in einem Zwillingswagen zur Verfügung standen.

Ebenfalls im Jahre 1936 lieferte Henschel die beiden ersten 1'B 1'h2-Stromlinientenderlokomotiven, die bei der LBE unter den Betriebsnummern 1 und 2 in Dienst gestellt wurden. Die Räder der Kuppelachsen hatten einen Durchmesser von 1980 mm, die der beiden Bissellaufgestelle 1000 mm. Allgemein wurde die außerordentliche Laufruhe der Maschinen gelobt. Eine dritte von Henschel gelieferte Lok derselben Bauart war bezüglich der Vorräte und der Kesseldimensionierung etwas freizügiger gebaut worden, wodurch sich ihr Leergewicht gegenüber den beiden ersten Maschinen um 3 t erhöhte. Entsprechend ihrer Verwendung im Wendezugverkehr waren alle drei Lokomotiven mit Fernsteuerung versehen, so daß bei Schiebefahrten nur der Heizer auf der Maschine verbleiben mußte, während sich der Lokführer im Steuerstand des Endwagens aufhielt. Sowohl die Wagen als auch die Lokomotiven waren mit Scharfenbergkupplungen ausgerüstet.

Während die LbE-Doppelstockwagen ohne Ausnahme alle bei der DB verblieben und bis auf zwei inzwischen ausgemusterte Einheiten heute noch im Einsatz sind, erfuhren die drei Lokomotiven nach ihrer Übernahme durch DR noch eine Umnummerierung in 60 001 bis 60 003, wurden dann aber bereits im Jahre 1942 ausgemustert, jedoch noch nicht sofort verschrottet. Die 60 002 und 60 003 kamen noch zur DR (ost), wurden dann aber endgültig 1954 (60 003) und 1967 (60 002) abgestellt. Damit endet auch die Geschichte der Lokomotiv-Triebzüge, die im Henschel-Wegmann-Zug und in den LBE-Doppelstockzügen ihre populärsten Vertreter hatten.

Studien und Projekte

Neben den um die Jahrhundertwende bereits bekannten Dampftriebwagenbauarten beschäftigten sich die Hersteller natürlich auch mit Neuentwicklungen, die vor allem einer wirtschaftlicheren Anpassung an die inzwischen bekannten Erfordernisse des Betriebes dienen sollten.

Die Firma Henschel arbeitete zwei Entwürfe aus, von denen der eine einen B'1-Dampftriebwagen (Abb. 187) für Normalspur mit normalem Lokomotivkessel darstellte. Die zu jener Zeit in Betrieb befindlichen Wagen mit Röhrenkessel erwiesen sich als sehr anfällig bezüglich zu hartem und nicht absolut reinem Speisewasser. Ferner waren diese Dampferzeuger überfordert. Henschel entschied sich daher für eine B-gekuppelte Kleinlokomotive der Regelbauart, die sozusagen als Fahrgestell in den Gesamtaufbau des Triebwagens miteinbezogen wurde. Dem zwar überdachten, aber sonst offenen Führerstand folgte ein Fahrgastraum mit 40 Sitzplätzen und rückwärtiger offener Einzelbühne. Der Wagenkasten ruhte hinten auf einer Einzelachse und stützte sich vorn auf dem Triebgestell ab. Das Dienstgewicht wurde mit etwa 15000 kg, das Leergewicht mit 10000 kg beziffert.

Der zweite Vorschlag zeigte einen ebenfalls für 1435 mm Spurweite projektierten Dampftriebwagen (Abb. 188), aber mit recht beachtlichen Dimensionen. Die zweiteilige Einheit bestand aus einer kräftigen Bn2-Lokomotive und dem mit Teakholz Verkleidung vorgesehenen Wagen, der einerseits auf einem zweiachsigen Drehgestell ruhte, andererseits sich ebenfalls wieder auf der Lokomotive abstützte. Bei einer Gesamtlänge des Dampftriebwagens von 20300 mm entfielen allein 15275 mm auf die Kastenlänge. Für das Chassis wurde daher ein zusätzliches Sprengwerk vorgesehen. Die Wagenaufteilung beinhaltete ein 2. Klasse-Großabteil mit 24 Sitzplätzen und mittig angeordnetem Einstieg. Es folgte ein schmaler Postraum und drei 1. Klasseabteile mit je acht Sitzplätzen und separaten Türen wie bei den Abteilwagen. Daran schloß sich ein Gepäckraum und der rückwärtige Steuerstand an. Der Triebwagen war sowohl für Vorwärts- als auch für Rückwärtsfahrt ohne Wenden des Fahrzeuges vorgesehen. Die großzügige Auslegung des Projektes läßt vermuten, daß dieser Dampftriebwagen speziell für den Einsatz auf längeren Nebenbahnstrecken ausgelegt war. Leider wurde keiner der beiden Vorschläge verwirklicht. Wahrscheinlich war der Bedarf und damit die Nachfrage nach solchen Triebwagen um die Jahrhundertwende doch noch relativ gering. Spätere Entwicklungen bezogen sich, wie nachfolgend berichtet wird, auf zum Teil völlig andere Konstruktionsprinzipien.

Die 30er Jahre waren gekennzeichnet von einer auffallenden Belebung des Triebwageneinsatzes sowohl im Nah- als auch im Fernverkehr. Vor allem wurde der Bau von Dieseltriebwagen für die ver-

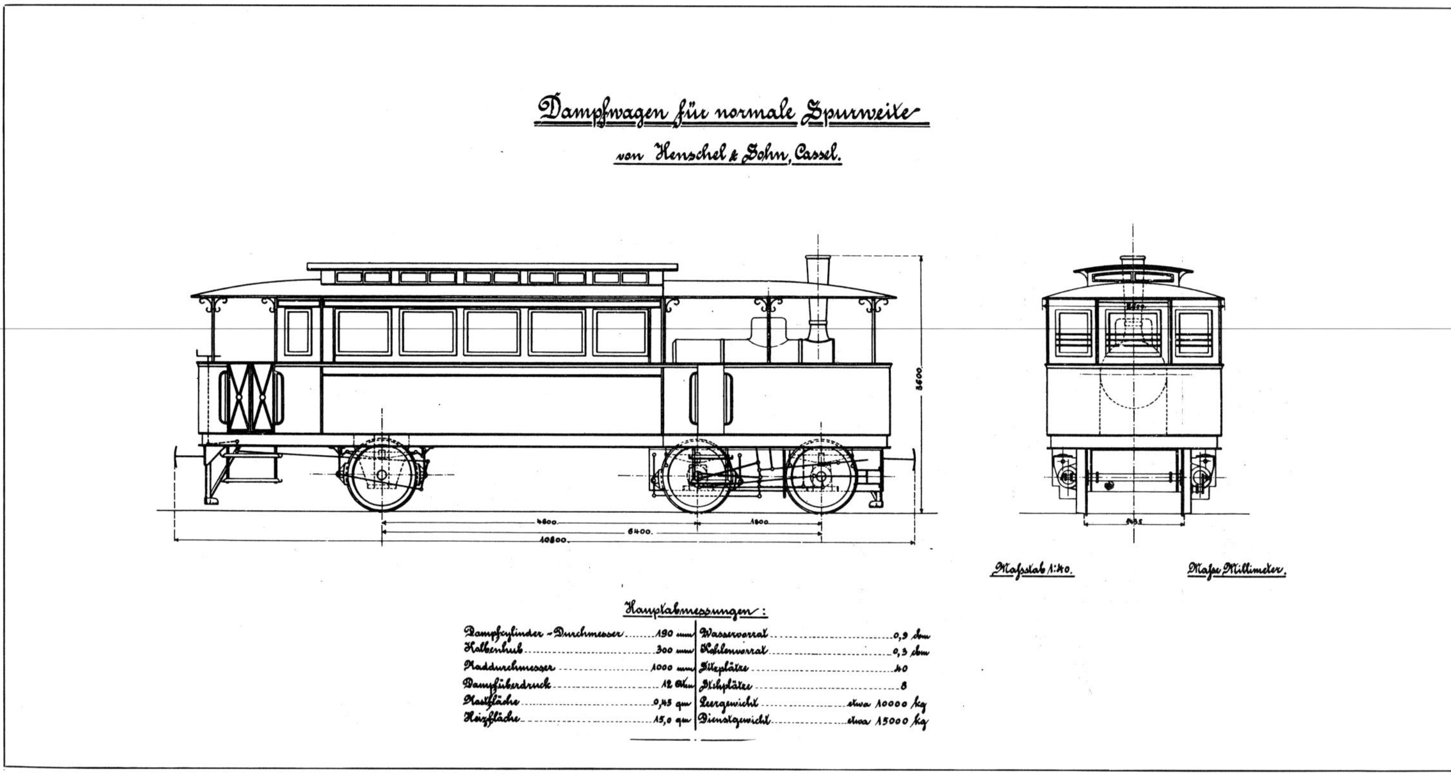

Abb. 187 Früher Entwurf eines B′1-Dampftriebwagens für Normalspur der Firma Henschel.

Abb. 188 Henschel-Projekt eines Langstrecken-Dampftriebwagens für Regelspur.

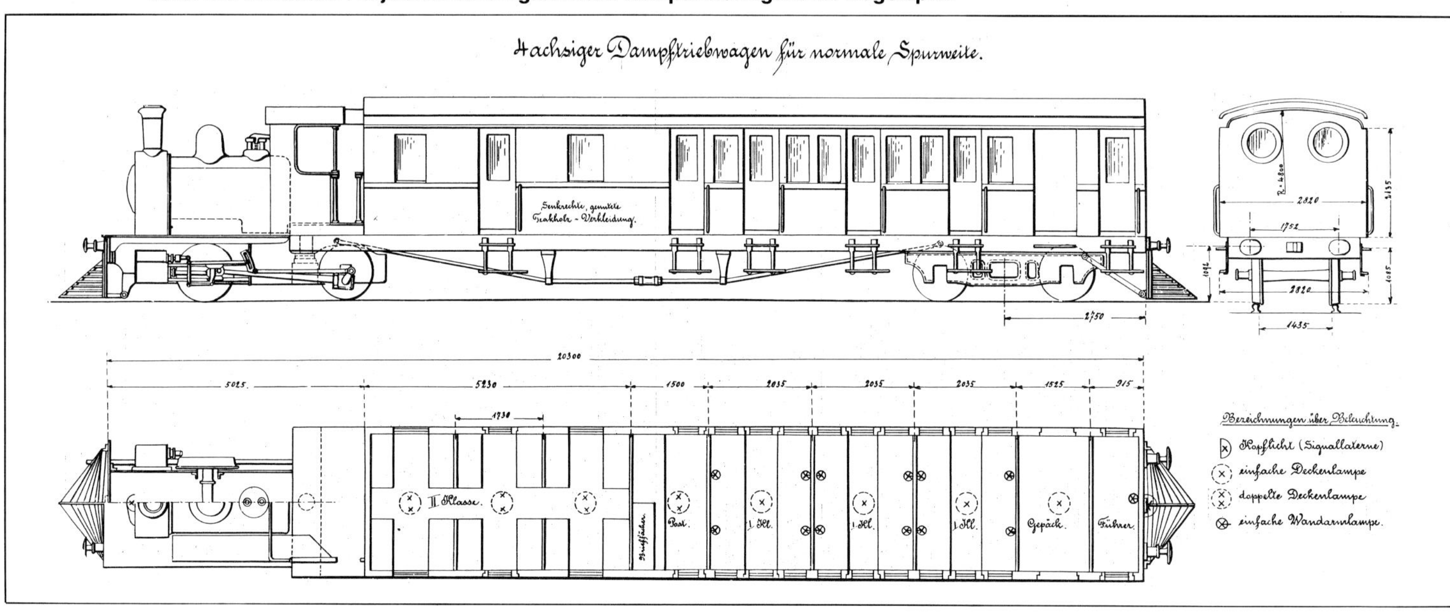

schiedensten Einsatzfälle stark forciert. Ihnen folgten wegen der damals noch recht bescheiden durchgeführten Elektrifizierung in entsprechend geringerer Stückzahl die Elektrotriebwagen. Auffallend waren aber die geringen Bemühungen auf dem Sektor der Dampftriebwagen, obwohl doch gerade diese Bauart sich den wechselnden Anforderungen des Betriebes besonders elastisch anzupassen vermochte. Während im Ausland so gut wie keine Entwicklung zu diesem Zeitpunkt durchgeführt wurde, war es in Deutschland maßgeblich die Industrie, die sich in Zusammenarbeit mit der Deutschen Reichsbahn um neue Wege und Lösungen auf diesem Gebiet bemühte.

Die in diesen Zeitraum fallende Entwicklung bezog sich sowohl auf den Dampftriebwagen in seiner herkömmlichen Form als auch auf die sogenannten Lokomotiv-Triebzüge, an deren Projektierung vor allem die Maschinenfabrik Esslingen maßgeblichen Anteil hatte.

Im Jahre 1933 reichte die Maschinenfabrik Esslingen dem Reichsbahn-Zentralamt für Maschinenbau in Berlin einen Entwurf eines zweiachsigen Dampftriebfahrzeuges für schnelle Kurzzüge im Sinne des Triebwagenersatzes ein. Die Vorzüge dieses Triebfahrzeuges lagen nach Aussage der Maschinenfabrik Esslingen in der zu erwartenden großen Zugbeschleunigung, in der hohen Geschwindigkeit von 120 km/h, im Fehlen der freien Fliehkräfte an den Treibrädern und der überhängenden Massen infolge des großen Radstandes, in der günstigen Schwerpunktslage und im geringeren Gewicht bei gleichem Reibungsgewicht gegenüber einer vergleichbaren Dampflokomotive. Die leichtere Bauweise konnte nicht zuletzt durch den projektierten Hochdruck-Schnellverdampfer für 33 bar Dampfspannung mit nachgeschaltetem Kondensator erreicht werden, deren Platzbedarf wesentlich geringer als der eines Regelkessels war. Der Kurzzug selbst sollte aus etwa drei Triebwagen-Beiwagen mit Schürzen in windschnittiger Bauart bestehen, um den Luftwiderstand möglichst gering zu halten.

Das Reichsbahn-Zentralamt für Maschinenbau (RZM) lehnte diesen ersten Entwurf mit den Begründungen eines zu erwartenden unsicheren Laufes der Kleinlokomotive und der befürchteten ungenügenden Betriebssicherheit des Hochdruckkessels ab. Daraufhin überarbeitete Esslingen im Jahre 1934 ihren Vorschlag und vergrößerte den Radstand und die Gesamtheizfläche des Verdampfers (Abb. 189). Die Höchstgeschwindigkeit wurde von 120 km/h auf 100 km/h herabgesetzt. Als Antrieb diente wie beim ersten Entwurf ein Zweizylinder-Hochdruck-V-Dampfmotor, der über eine Kurbelwelle und Kuppelstangen auf die beiden Achsen wirkte, deren Raddurchmesser beim Vorschlag I noch 1300 mm, beim Vorschlag II aber nur noch 1100 mm betrugen. Obwohl sich die Fahrgeschwindigkeit jetzt recht bescheiden ausnahm, lag der Schwerpunkt dieser Studien auf den zu erzielenden hohen Leistungen, wie auch der seinerzeit angestellte Vergleich mit der Schnellzuglokomotive der ehemals preußischen Gattung S6 für einen gleichen Betriebsfall beweist.

Da auch dieser Entwurf die Bedenken des RZM nicht entkräften konnte, reichte die Maschinenfabrik Esslingen einen dritten Entwurf ein, bei dem ein Ende der Lokomotive eine Laufachse als geschobenes Deichselgestell zeigte. Auch dieser Vorschlag konnte die früheren Fehler nicht restlos aus der Welt schaffen. Bei der Laufachse hatte man besonders wegen der Konstruktion und der geringen Achslast von nur 8,2 t erhebliche Bedenken bezüglich Entgleisungen durch zu hohen Seitendruck in Gleisbögen und Weichen. Die Quintessenz aller dieser Bemühungen war die Ansicht, daß eine Lokomotive, die dem Triebwagenersatz dienen sollte, höheren Anforderungen als sie die Esslinger Vorschläge erfüllten, gewachsen sein müßten. Damit waren die Entwürfe der Maschinenfabrik Esslingen für die Deutsche Reichsbahn zu den Akten gegangen.

Eine weitere von der Maschinenfabrik Esslingen im Jahre 1938 ausgearbeitete Studie zeigte einen vierteiligen Dampftriebwagen für den Fernschnellverkehr und 130 km/h Geschwindigkeit, dessen Triebteil ähnlich wie bei der früheren Sentinel-Bauart als

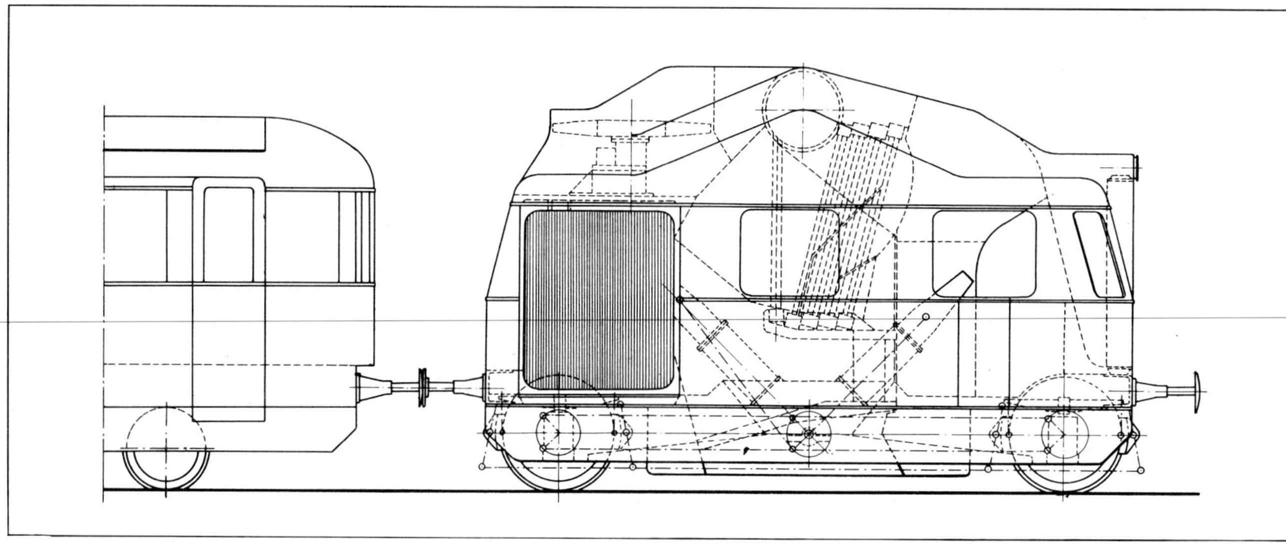

Abb. 189 Zweiter, überarbeiteter Entwurf der Firma Esslingen für ein zweiachsiges Dampftriebfahrzeug zur Führung schneller Kurzzüge.

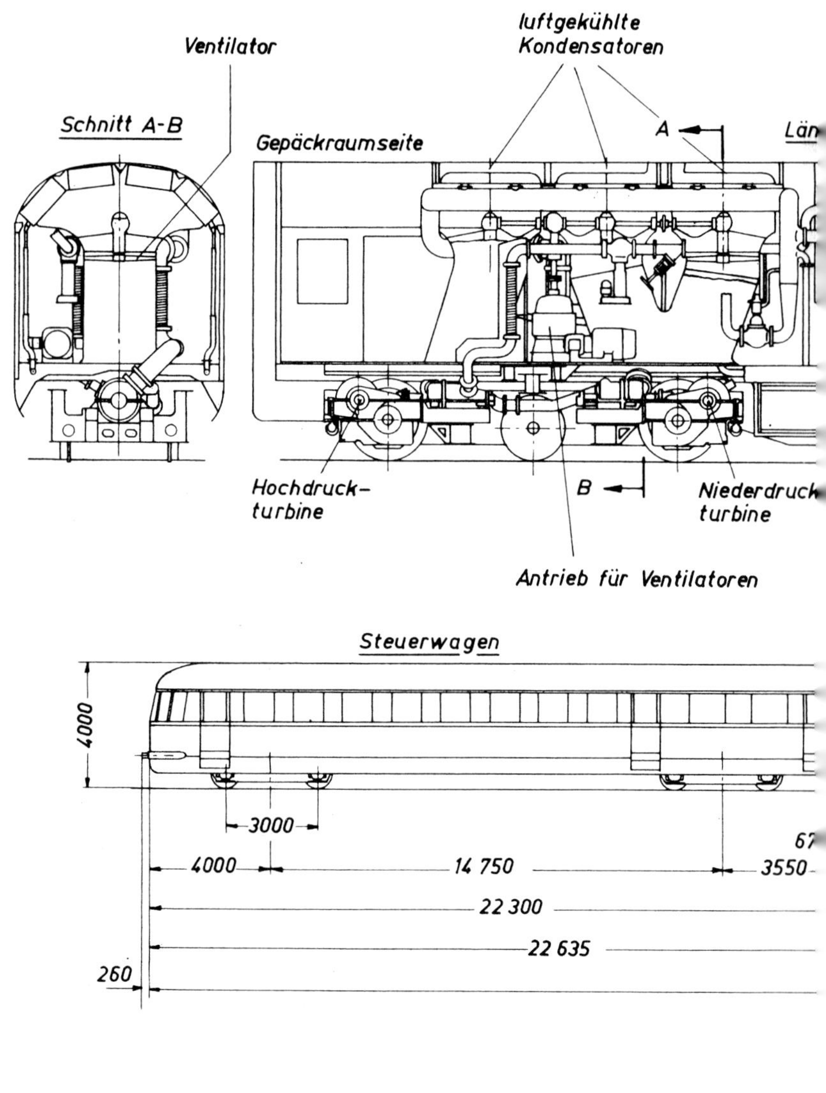

Abb. 190 Entwurf eines dreiteiligen Dampfturbinen-Triebwagens der MAN anläßlich einer Ausschreibung des Rheinisch-Westfälischen Kohlensyndikats.

eigenständiges Fahrzeug in den Gesamtzug eingesetzt war, wobei die drei Wagen sich über Jakobs-Drehgestelle abstützten. Der letzte Wagen fungierte bei Rückwärtsfahrten als Steuerwagen, er besaß deshalb an der rückwärtigen Stirnseite einen Führerstand mit allen erforderlichen Bedienungsarmaturen. Da die Grundkonzeption auf den Vorschlägen der Lokomotiven für Kurzzüge basierte, wurde sie erst gar nicht diskutiert, sondern verschwand schon bald wieder in den Schubladen und geriet damit langsam aber sicher in Vergessenheit.

Doch noch nicht genug damit. Die rührigen Esslinger Konstrukteure hatte 1934 noch einen weiteren, jedoch nicht speziell für die Deutsche Reichsbahn vorgesehenen dreiteiligen Dampftriebwagen konzipiert, der einmal auf den Konstruktionsgrundlagen der etwa zur selben Zeit gebauten Dampftriebwagen für die Türkei basierte, zum anderen ein Vorbild in dem elektrischen Reichsbahn-Triebwagen der Bauart ET87 hatte. Auch hier war der Maschinenwagen zwischen die beiden Personenwagen eingestellt. Ein Hochdruckkessel für 33 bar Dampfspannung beaufschlagte die Zweizylindermaschine, die über eine Kurbelwelle und Kuppelstangen die beiden Treibachsen des Maschinenwagens antrieb. Die beiden Wagenkästen besaßen an den Frontseiten zweiachsige Drehgestelle und stützten sich mit den freien Enden auf dem Maschinengestell ab. Bei 37 m Länge waren 122 Sitzplätze 3. Klasse und 24 Sitzplätze 2. Klasse vorgesehen. Die Höchstgeschwindigkeit war mit 80 km/h festgelegt. Auch dieses Projekt fand keine Realisierung.

Etwa aus der gleichen Zeitphase stammen zwei interessante Projekte einer 2′Bo2′h4- und einer 2′Co1h6-Triebwagenlokomotive, die mit Regelkesseln und Dampfmotoren ausgerüstet waren und durch ihre Stromlinienverkleidung sowie dem rück-

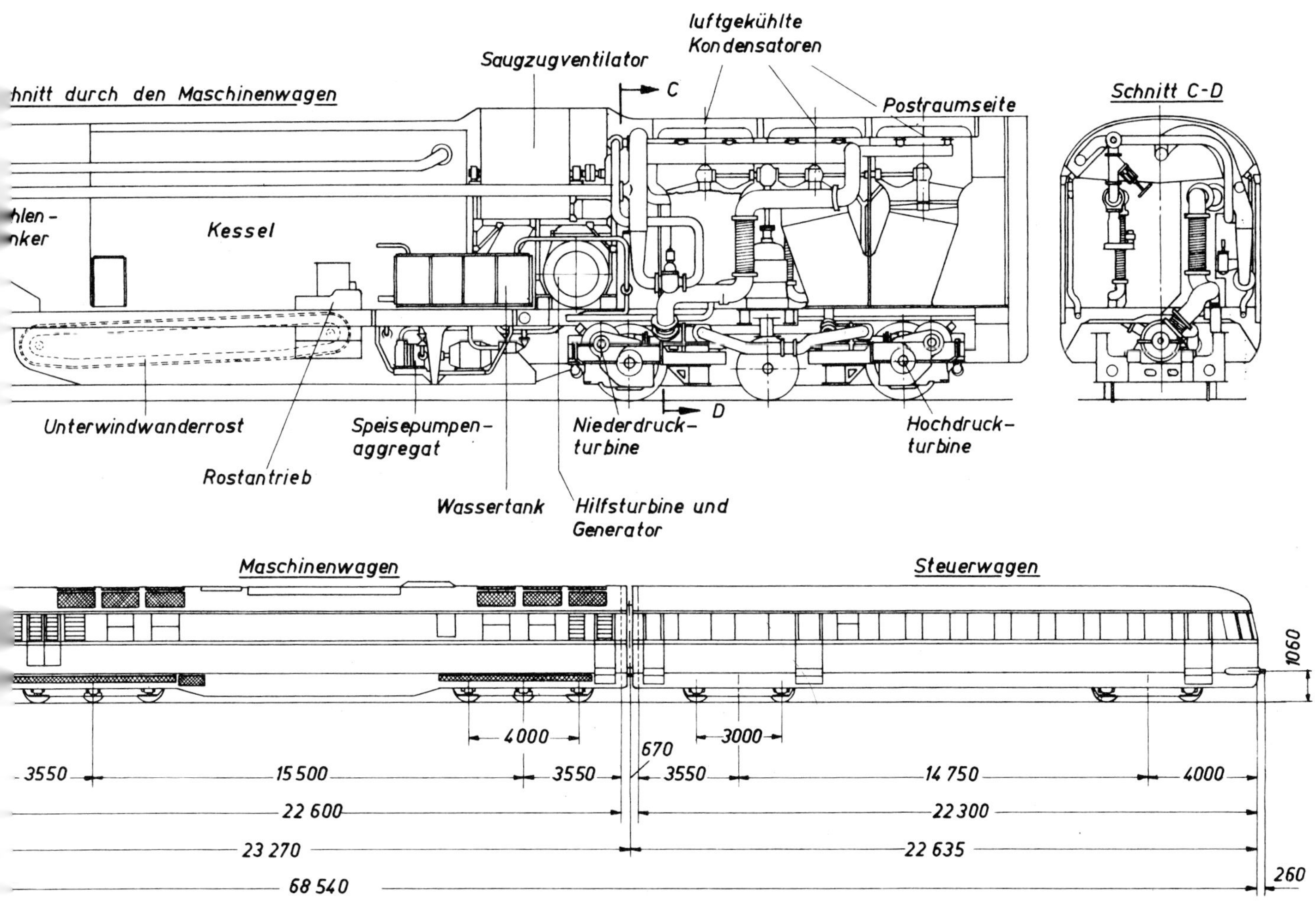

wärtigen Faltenbalg einen harmonischen Übergang zum Zugteil bildeten. Die Projektierung der Maschinen mit Dampfmotoren läßt darauf schließen, daß beide Entwürfe von der Firma Henschel stammten.
Stützte sich die Entwicklung der verschiedenen Triebwagengattungen in den 30er Jahren hauptsächlich auf die Verwertung flüssiger Brennstoffe, so zielte doch schon bald der weitere Trend zu einer von Öleinfuhren unabhängigen Nutzung heimischer Rohstoffe und Energien. Aus naheliegenden, volkswirtschaftlichen Gründen und zur Erhaltung eines wesentlichen Verbrauchsvolumens an Steinkohle durch die Deutsche Reichsbahn, schrieb Ende 1934 das damalige Rheinisch-Westfälische Kohlensyndikat in Essen einen Wettbewerb aus, dessen Aufgabenstellung die Entwicklung eines modernen Dampftriebwagens unter Verwertung heimischer Steinkohle mit einem Gasgehalt bis zu 30% flüchtiger Bestandteile in einer Körnung von 30 mm und größer beinhaltete. Um Wendemanöver zu vermeiden, waren an beiden Zugenden Führerstände vorzusehen, was zur Folge hatte, daß der Dampferzeuger mindestens sechs Stunden vollautomatisch arbeiten mußte, da der Triebwagenführer nur die Dampfentnahme beeinflussen konnte. Als Höchstgeschwindigkeit wurden 130 km/h in der Ebene bei 12 km/h Gegenwind gefordert.
Unter den fünf mit Hauptpreisen ausgezeichneten Entwürfen fiel der 1. Preis auf eine Gemeinschaftsarbeit von Krupp und den Vereinigten Westdeutschen Waggonfabriken, die einen Dampftriebzug mit zwei Dreizylinder-Dampfmaschinen, die über Vorgelege auf je eine Achse wirkten, vorgeschlagen hatten. Mit dem 2. Preis wurde ein noch nachfolgend näher erläuterter Entwurf der Firma MAN ausgezeichnet. Die Gemeinschaftsfirmen Borsig – Christoph & Unmack, Niesky erhielten den 3. Preis, Henschel und Credé den 4. Preis und Ingenieur Rudolf Hennig mit der Waggonfabrik Uerdingen den 5. Preis.
Das außergewöhnlichste aller Projekte stellte zweifellos die Arbeit der MAN dar. In Zusammenarbeit mit dem Reichsbahnbaumeister Dehm, München war ein dreiteiliger Dampftriebwagen (Abb. 190) vorgeschlagen worden, dessen mittlerer Teil als reiner Maschinenwagen mit einem Gepäckabteil ausgebildet war, während die beiden Steuerwagen die Fahrgasträume und Steuereinrichtungen enthielten. Als Dampferzeuger war ein Zwangsdurchlaufkessel vorgesehen. Als Beschickeinrichtung diente ein in einer leichten Neigung verlegter Unterwindwanderrost mit einem maximalen Brennstoffdurchsatz von 1675 kg/h. Zur Erzielung eines ebenfalls hohen Dampfdurchsatzes wählte man als Antriebsmaschine zwei in den beiden dreiachsigen Drehgestellen untergebrachte Dampfturbinengruppen zu je einer Hoch- und Niederdruckturbine, die dampfseitig hintereinander geschaltet waren. Die zur Erzielung eines möglichst großen Wärmegefälles erforderlichen Kondensatoren waren in zwei Gruppen als luftgekühlte Zwölfereinheiten unter dem Dach angeordnet. Die vorgesehene Kühlleistung betrug 8 000 000 kcal. Die beiden elektrisch betriebenen Speisepumpen hatten je eine Förderleistung von 15,6 m^3/h bei 3000 min^{-1}. Die beiden Steuerwagen ruhten auf zweichachsigen Drehgestellen Görlitzer Bauart mit 3 m Radstand. Auch die beiden dreiachsigen Triebgestelle basierten auf der Görlitzer Bauart. Das Platzangebot betrug 156 Sitzplätze in der 3. Klasse und 24 Sitzplätze in der 2. Klasse. Sämtliche Achsen sollten mit 180/75%iger Bremswirkung abgebremst werden.
Alle fünf preisgekrönten Vorschläge wurden seinerzeit dem Reichsbahn-Zentralamt für Maschinenbau zur Begutachtung vorgelegt. Leider führten aber schon bald politische Einflüsse die Weiterentwicklung der DR-Triebfahrzeuge in andere, speziell lokomotivtechnische Richtungen, die den zu erwartenden Anforderungen unter Kriegsbedingungen gewachsen sein mußten. Damit endete endgültig die Entwicklung und der Fortbestand dieser immer etwas im Schatten anderer Traktionsmittel gestandenen Triebfahrzeuggruppe, eine Tatsache, an der auch die wenigen ausländischen Neubauanfertigungen der ersten Nachkriegsjahre nichts mehr ändern konnten.

Schlußbetrachtung

Rückblicke auf eine abgeschlossene Entwicklung bedeuten immer, Erinnerungen wachrufen an Schöpfungen menschlichen Geistes mit allen seinen Fähigkeiten aber auch seinen Unzulänglichkeiten. Sie verleiten jedoch auch zu unbedachter und leichtfertiger Kritik, die oft aus Unkenntnis der Entwicklungsgeschichte und den damit verbundenen besonderen Umständen geäußert wird.
Die Dampftriebwagen gehörten zu jenen Konstruktionen, die weder in der Literatur noch in der damaligen Fachpresse besonders hervorgehoben wurden, oder gar großes Aufsehen erregt hätten. Im Gegenteil, es gibt wohl kaum eine zweite Triebfahrzeuggattung im Eisenbahnwesen, über die so wenig berichtet worden ist. Die Gründe mögen verschieden gewesen sein, vielleicht lag es an der geringen Popularität der Dampftriebwagen infolge ihres begrenzten Einsatzbereiches, oder am Desinteresse der Herstellerfirmen, die hier keine großen Absatzchancen sahen. Dennoch bildete der Dampftriebwagen eine wichtige, wenn nicht gar unumgängliche Entwicklungsstufe als Übergang von den lokomotivbespannten Zügen zum Triebwagen ganz allgemein, und hierin liegt tatsächlich auch die eigentliche Bedeutung, die diesem Fahrzeugtyp zukommt. Niemand konnte um die Jahrhundertwende, der Blütezeit des Dampftriebwagens, den sich hieraus entwickelnden Fortschritt im personenbefördernden Verkehr vorausahnen. Der Dampftriebwagen vereinte damals zum ersten Mal in einem Fahrzeug alle Funktionen der Lokomotive und des kombinierten Personen-Gepäckwagens. Erst mit Einführung des Verbrennungsmotors zeigte sich der tatsächliche Wert des Triebwagens mit allen seinen technischen Vorzügen, die ihn bis in unsere Tage zu einem festen Bestandteil der Eisenbahnbetriebsmittel werden ließen.
Wenn der Triebwagen in der Vergangenheit immer etwas stiefmütterlich behandelt wurde und in den technischen Betrachtungen der Fachliteratur kaum eine seiner Bedeutung entsprechende Würdigung fand, so darf nicht vergessen werden, daß hier eine Entwicklung eingeleitet worden war, die seinerzeit noch nicht in ihrem ganzen Umfang vorausgesehen werden konnte. Die Erkenntnis seines tatsächlichen Wertes setzte sich erst zu einem Zeitpunkt durch, als der Dampftriebwagen schon fast überholt und seine Weiterentwicklung nicht mehr von Interesse war.
Während in den Jahren nach dem Ersten Weltkrieg eine lebhafte Förderung des Verbrennungstriebwagens einsetzte, blieb der Dampftriebwagen auf seiner Vorkriegsstufe stehen. Erst als etwa ab 1926 die Vergrößerung der Motorleistung beim Verbrennungstriebwagen Schwierigkeiten für die mechanischen Getriebe mit sich brachte und eine stufenlose Drehmomentenumwandlung bei nahezu konstanter Motordrehzahl erforderlich wurde, er-

hielt der Dampftriebwagen noch einmal eine letzte Chance, mit dem Verbrennungstriebwagen in Konkurrenz zu treten. Der große Entwicklungsrückstand erforderte viele Jahre intensiver Arbeit, den Anschluß an den neuzeitlichen Stand der Technik wieder zu erreichen. Erschwert wurde diese Entwicklung in Deutschland noch zusätzlich durch die im Hinblick auf die zu erwartenden kriegsbedingten Einschränkungen in der Rohöleinfuhr erforderlich gewordene Verwendung heimischer Rohstoffe. Alle diese Bemühungen führten aber nicht mehr zu einer Neubelebung des Dampftriebwagenbetriebes. Nach dem Zweiten Weltkrieg wurde diese Entwicklung endgültig mit den letzten in den 50er Jahren in England gebauten Einheiten beendet.

Die zurückliegenden Ausführungen sollten noch einmal die Geschichte dieser Triebfahrzeuggattung Revue passieren lassen, die immer im Schatten ihrer attraktiveren Schwesterbauarten stand und dennoch einen wichtigen Meilenstein in der Entwicklung des Triebwagens bis hin zu den heutigen modernen Bauformen und Antriebsystemen darstellt.

Technische Daten der beschriebenen Dampftriebwagen

		Einheit														
	Abbildung		1	8	9	11	12 + 13	14	–	18	19 + 20	21	26	35	38	39	40
	Bahngesellschaft		ECR	ECR	ECR	ECR	LEB	–	KHAL	NME	HLB	BayStB	PrStB	ETAT(b)	ETAT(b)	ETAT(b)	SNCB
	Land		Engl.	Engl.	Engl.	Engl.	CH	Engl.	Deutsch	Deutsch	Deutsch	Deutsch	Deutsch	Belgien	Belgien	Belgien	Belgien
	Betriebsnummern		Expr.-engine	En-field	Fair-field	–	–	–	25	3 u. 4		–	81–83				500.01-500.03
	Bauart		Samuel	Adams	Adams	Fairlie-Samuel	Brunner	Grant-ham	Rowan	Weißen-born	Thomas	Krauss	Stoltz	Bel-paire	Bel-paire	Bel-paire	Senti-nel
	Baureihe, Klasse oder Serie		–	–	–	–	–	–	–	–		–	DT				500
	Radsatzfolge		A1	1A2	A2	B'2'	B'2'	B	B'2'	B'2'	A2	B'2'	B'1	B1	1A2	B'2	(A1)2'
	Erstes Baujahr		1847	1848/49	1849	1869	1876	1872	1885	1879	1879	1882	1905	1887	1886	1889	1930
	Lieferfirma		Fairf. Works	Fairf. Works	Fairf. Works		SLM	Old-bury	Her-brand	BMB	MAN/Essl.	Krauss	Hano-mag				Sentin. Camm.
	Spurweite	mm	1435	1435	1435	1435	1000	1435	1435	1435	1435	1435	1435	1435	1435	1435	1435
	Anzahl der Wagen	Stck.	1	1	1	1	1	1		2		1	2				3
Trieb- und Laufwerk	Anzahl der Zylinder	Stck.	2	2	2	2	2	2	2	2	2	2	2	2	2	2	3
Trieb- und Laufwerk	Zylinderdurchmesser	mm	88,9	177,8	177,8	203,2	158,75	101,6		160	220	160	165 300	250	200	200	140
Trieb- und Laufwerk	Kolbenhub	mm	152,4	304,8	304,8	304,8	304,8	254,0		260	360	240	320	350	350	350	203
Trieb- und Laufwerk	Triebraddurchmesser	mm	1016,0	1524,0	1371,6	1219,2	708,03	762,0	710,0	985	1036	990	1000	980	980	980	940
Trieb- und Laufwerk	Laufraddurchmesser	mm	1016,0				755,65	762,0	710,0	985	970	990	1000	980	980	980	940
Trieb- und Laufwerk	Radstand d. Triebgestells	mm			–		1244,6	3048,0		1600	–		2500	2200	2200	2200	2133
Trieb- und Laufwerk	Radstand d. Laufgestells	mm	–	–	–		1011,2	–			4335		–	–	5060	5060	1981
Trieb- und Laufwerk	Gesamtradstand	mm			8839,2		9947,9	3048,0	7650,0	11350	7335		11050	4100	9610	9660	14427
Kessel	Kesselüberdruck	bar		7	7	7	12	6,5		12	10	12	35-50	12,5	12	12	22,85
Kessel	Rostfläche	m^2					0,2	0,11			0,52		0,7	1,08	1,08	1,08	
Kessel	Verdampfungsheizfläche	m^2	4,04	21,83			13,6			9	34	31	25,0	26,95	26,44	26,44	
Gewichte	Leergewicht	t					11,5	6,5	5,7	18,75	18	21	36,3	19,8		24,16	
Gewichte	Dienstgewicht	t	1,1	15,45	9,0	18,5	16,0	8,0	8,5	23,5	32	23,3	38,7	23,7		33,1	
Vorräte	Wasser	m^3					0,59			0,87			1,6	2,9			
Vorräte	Kohle	t					0,25						0,6	0,6			
Vorräte	Heizöl	m^3	–	–	–	–	–	–	–	–				–	–	–	
Sitzplätze	1./2. Klasse	Stck.	–	–	–	16/50	–	–	–	0/13	10/10	0/15	–	–	0/23	0/18	0/16
Sitzplätze	3./4. Klasse	Stck.	0/7	84/0	62/0	34/0	64/0	44/0	42/0	30/0	60/0	52/0	32/16	10/0	30/0	30/0	46/0
	Zugkraft (0,75 p bzw. 0,5 p*)	kN		4,4	4,9	7,3	13,0	2,2	8,5	8,1	6,3	7,8	30,5	17,7	11,5	11,5	9,7
	Leistung	kW		9,6	10,7	12,5	35,4	10,6	34,8	17,7	13,7	17,0	73,6				73,6
	Länge über Puffer	mm	3810,0		11887,2	13106,4	13000,0	9144,0	11735,0	15650	13345	13100	16490	9145	13945	15790	19100
	Höchstgeschwindigkeit	km/h	50	64	64	64	30	17,7	15	45	55	50	50	50	50	50	90
	Bemerkungen																

* bei Verbundmaschinen

	Abbildung		41	44	45	47	48	49	50+51	52	53	–	54	16	58	59
	Bahngesellschaft		SNCB	WüStB	WüStB	BayStB	BayStB	DR	DR	LBE	DR	DR	DR	HE	RLK	KB
	Land		Belg.	Deutsch	Deutsch	Deutsch	Deutsch	Deutsch	Deutsch	Deutsch	Deutsch	Deutsch	Deutsch	Deutsch	Deutsch	Deutsch
	Betriebsnummern		501		DWss 1	2521	14501-14507	DT15	DT51-53	DT2000	DT57 u. 58	DT54-56	DT59	R1	30 u. 31	
	Bauart		Birm.-ham	Kittel	Kittel	deDion-Bouton	Maffei	Doble	Doble	Doble	Doble	Doble	Borsig	Rowan	Rowan	Kama-rek
	Baureihe, Klasse oder Serie		501	DW	DWss	MBCi	MCCi	DT	DT	DT	DT	DT	DT	–		–
	Radsatzfolge		B'2'	A1	(1A)2'	A1	(AA)2'	A1	Bo'2'	Bo'2'	Bo'2'	Bo'2'	Bo'2'	B'1	(1A)2'	(A1)2'
	Erstes Baujahr		1933	1900	1907	1904	1905	1931	1932	1933	1934	1935	1937	1881	1907	1907
	Lieferfirma		Birm. ham	Ess-lingen	Ess-lingen	Ganz	Maffei/ MAN	Wegm.	Borsig/ Wegm.	Hensch. LHB	Hensch. Wegm.	Borsig Wegm.	Borsig/ Wismar	Borsig	Hohen-zollern	Kama-rek
	Spurweite	mm	1435	1435	750	1435	1435	1435	1435	1435	1435	1435	1435	1435	1000	1000
	Anzahl der Wagen	Stck.	1		1	1	7	1	3	1	2	3	1	2	2	1
Trieb- und Laufwerk	Anzahl der Zylinder	Stck.	3	2	2	2	2	2	2x2	2x2	2x2	2x2	2x2	2	2	2
	Zylinderdurchmesser	mm	139,7	220	220	116	200	100/175	100/175	95/165	95/165	95/165		180	200	200 300
	Kolbenhub	mm	203,2	300	360	170	2x260	150	150	150	150	150		260	300	250
	Triebraddurchmesser	mm	1054	1000	900	1000	990	1000	900	1000	900	900	900	1036	900	600
	Laufraddurchmesser	mm	851	1000		1000	990	1000	900	1000	900	900	900	970		600
	Radstand d. Triebgestells	mm	2362	–	2200	–	2750	–	3600	3000	3800	3600	3800	1600	1800	2250
	Radstand d. Laufgestells	mm	2134	–	1600	–	2500	–	3000	3000	3000	3000	3800	–		1350
	Gesamtradstand	mm	17475	5000	8650	5500	15705		18000	16300	18100	18000	18140			12785
Kessel	Kesselüberdruck	bar	19,4	16	16	18	16	90/120	90/130	120	120	120	120	12	144	14
	Rostfläche	m^2		0,71	0,71	0,3	0,87		–	–					0,63	0,65
	Verdampfungsheizfläche	m^2	16,26	29,5	31,1	8,6	48,12	11	40	19,0					27,5	23,0
Gewichte	Leergewicht	t	37,35	17,8	20,21	13,1	40,9		41,0	37,6				20,0	29,4	20,0
	Dienstgewicht	t	41,49	21,0	21,46	17,4	53,0		43,5	45,0			54,0		32,1	22,7
Vorräte	Wasser	m^3	2,14	1,5	1,0	1,0	4,0								1,5	
	Kohle	t	2	0,6	0,1	0,1	0,7		–	–	–	–	–		1,0	
	Heizöl	m^3	–	–	–	–	–						–	–	–	–
Sitzplätze	1./2. Klasse	Stck.	0/20		0/7[1]	0/9	–	–	0/8	0/24[3]	0/12	0/12	0/6	0/8	0/12	0/8
	3./4. Klasse	Stck.	62/0	40/8	27/0[1]	24/0	46/6	42/0	52/0	50/0[3]	41/0	41/0	36/0	32/0	41/0	25/0
	Zugkraft (0,75 p bzw. 0,5 p*)	kN	10,9	17,42	30,9	4,1	16,8	13,5	30,0	32,5	36,1	36,1		9,8	18,7	23,3
	Leistung	kW	128,7	58,88	25,76	25,76	73,6	73,6	2x110,3	2x110,3	2x110,3	2x110,3	220,6			55,2
	Länge über Puffer	mm	20904	11440	12000	10950	19941	12260	22530	20960	22530	22530	22180	11000		16040
	Höchstgeschwindigkeit	km/h	96,6	60/50[2]	40	55	75	65	90	110	110	90	110	40		40
	Bemerkungen		[1] ursprünglich 16 Pl. 3. Klasse u. 16 Pl. 4. Klasse [2] 60 km/h vorwärts u. 50 km/h rückwärts [3] nur Maschinenwagen													

* bei Verbundmaschinen

	Abbildung		60	–	–	63	68+69	–	–	–	–	–	70	71	72	73
	Bahngesellschaft		ETAT(f)	PLM	PLM	PO	L&SWR	TVR	GWR	GS&WR	G&SWR	AD&R	MR	BaR	B&CDR	FR
	Land		Frank-reich	Frank-reich	Frank-reich	Frank-reich	Eng-land	Eng-land	Eng-land	Ir-land	Schott-land	Eng-land	Eng-land	Eng-land	Ir-land	Eng-land
	Betriebsnummern		1 u. 2	VBcf 1-2	VAcf 3-6	AV 1-10[2]	1	1-18	15 u. 16	1	1-4	1 u. 2	2233		1-3	1
	Bauart		Vidard	Purrey	Purrey	Purrey	–	–	–	–	–	–	–	–	–	–
	Baureihe, Klasse oder Serie		–	VBcf	VAcf	AV	–	–	–	–	–	–	–	–	–	–
	Radsatzfolge		A2	A1	A1	(1A)1	(A1)2'	(A1)2'	(1A)2'	(A1)2'	B'2'	(A1)2'	B'2'	B'2'	B'2'	B'2'
	Erstes Baujahr		1879	1908	1906	1903	1903	1905	1905	1904	1904	1904	1904	1905	1905	1905
	Lieferfirma		Camp. Fiv.-Lill.	Purrey	Purrey	Purrey	L&SWR	Kerr, Stuart	Kerr, Stuart	Inchic. Works	Kilmar. Works	Drum-mond	Derby Works	NBL	Kitson	Barrow Works
	Spurweite	mm	1435	1435	1435	1435	1435	1435	1435	1600	1600	1435	1435	1435	1600	1435
	Anzahl der Wagen	Stck.	2	2	4	10	1	18	2	1	4	2	1	2	3	1
Trieb- und Laufwerk	Anzahl der Zylinder	Stck.	2	4[1]	4[1]	4[1]	2	2	2	2	2	2	2	2	2	2
	Zylinderdurchmesser	mm	270	140 200	140 200	140 200	177,8	228,6	228,6	215,9	228,6	228,6	279,4	304,8	254,0	279,4
	Kolbenhub	mm	350	200	200	200	254,0	355,6	381,0	304,8	381,0	355,6	381,0	406,4	406,4	355,6
	Triebraddurchmesser	mm		930	1050	1050	838,2	863,6	1041,4	838,2	1066,8	1066,8	1066,8	1104,9	1092,2	863,6
	Laufraddurchmesser	mm	930	930	1050	1050	838,2	863,6	863,6	838,2	1066,8	1066,8	1066,8	1104,9	1092,2	863,6
	Radstand d. Triebgestells	mm	–	–	–	3200	2438,4	2590,8	2438,4	2438,4	2438,4		2438,4	2438,4		
	Radstand d. Laufgestells	mm	–	–	–	–	2438,4	2590,8	2438,4	2438,4	2438,4		2438,4	2590,8		
	Gesamtradstand	mm	4550	5850	5850	8200		15024,1	14262,0				15240,0	14706,6		14630,4
Kessel	Kesselüberdruck	bar	9	20	24	20	10,5	11,2	12	9,14	11,25	11,25	11,25	11,25	11,25	11,25
	Rostfläche	m^2		0,84	0,86	0,87	0,62	0,74	0,67		0,74			1,07	0,91	
	Verdampfungsheizfläche	m^2		26,0	26,0	32,02	19,79	31,45	32,56	36,51	40,88	32,24		55,46	46,91	
Gewichte	Leergewicht	t		19,12	19,13	23,23	33,0	33,63	34,5			29,4	32,0		22,32	
	Dienstgewicht	t	27,8	24,19	25,39	28,5	36,5	36,74	38,06			32,0	36,6		24,89	
Vorräte	Wasser	m^3		1,28	1,28	1,28	2,4	2,5	2,04		2,27	1,59		2,27	1,81	1,36
	Kohle	t		0,5	0,5	0,5	1,0	0,61	1,52			1,0		0,76	0,76	
	Heizöl	m^3	–	–	–	–	–	–	–		–	–	–	–	–	
Sitzplätze	1./2. Klasse	Stck.	4/10	0/12	10/0	26/0	10/0	12/0	–	6/0	–	–	–	10/0		12/0
	3./4. Klasse	Stck.	24/0	24/0	31/0	–	32/0	40/0	49/0	40/0	50/0	52/0	49/0	43/0		36/0
	Zugkraft (0,75 p bzw. 0,5 p*)	kN		16,9	17,9	14,9	10,1	19,33	19,41	15,5	21,0	19,6	31,4	38,4	27,0	36,2
	Leistung	kW		95,68	103,04											
	Länge über Puffer	mm	10975	12420	12040	13777	17068,8	17907,0	17145,0		18491,2	17780,0	18288,6	19761,2	19202,4	18567,4
	Höchstgeschwindigkeit	km/h	40	60	60	85	48,3	48,3	48,3	48,3	48,3	48,3	48,3	48,3	48,3	48,3
	Bemerkungen		[1] System Tandem [2] AV9-10 entstammen einer Nachbauserie													

* bei Verbundmaschinen

	Abbildung		–	74	32	75	76	77	78	–	80	–	–	–	–	81
	Bahngesellschaft		GNR	GNRI	GNSR	L&YR	L&YR	LB& SCR	L& NWR	NSR	SE&CR	DWZ WR	IWCR	RhR	PTR	CR
	Land		England	Irland	Schottland	England	England	England	England	England	England	Irland	England	England	England	England
	Betriebsnummern		7 u. 8		29u.31	1 u. 2	3-18	1[1]	1-6	1-3	1 u. 2	1 u. 2	1	1 u. 2	1	1-3
	Bauart		–	–	–	–	–	–	–	–	–	–	–	–	–	–
	Baureihe, Klasse oder Serie		–	–	–	–	–	–	–	–	–	–	–	–	–	–
	Radsatzfolge		B'2'	B'2'	(A1)2'	(A1)2'	B'2'	(A1)2'	B'2'	(A1)2'	B'2'	B'2'	B'2'	B'2'	C'2'	B'2'
	Erstes Baujahr		1905	1906	1905	1905	1906	1905	1905	1905	1905	1906	1906	1907	1908	1911
	Lieferfirma		Avonside	Manning	Barclay	Kerr, Stuart	Horw. Works	Beyer, Peac.	Wolvert. Works	Beyer, Peac.	Kitson	Manning	Hawthorn	Hudswell	Hawthorn	Gloucester
	Spurweite	mm	1435	1600	1435	1435	1435	1435	1435	1435	1435	1600	1435	1435	1435	1435
	Anzahl der Wagen	Stck.	2	4	2	2	16	1	6	3	2	2	1	2	1	3
Trieb- und Laufwerk	Anzahl der Zylinder	Stck.	2	2	2	2	2	2	2	2	2	2	2	2	2	2
	Zylinderdurchmesser	mm	254,0	304,8	254,0	228,6	304,8	215,9	241,3	209,55	254,0	304,8	228,6	304,8	304,8	304,8
	Kolbenhub	mm	406,4	406,4	406,4	355,6	406,4	355,6	381,0	406,4	406,4	406,4	355,6	406,4	406,4	406,4
	Triebraddurchmesser	mm	1117,6	1143,0	1092,2	863,6	1111,25	1117,6	1143,0	1117,6	1092,2	1092,2	1066,8	1066,8	914,4	1219,2
	Laufraddurchmesser	mm			1092,2	863,6	1108,08	1117,6	1143,0	1117,6	1092,2	1092,2			1104,9	
	Radstand d. Triebgestells	mm		2438,4	3048,0	2895,6	2438,4	2895,6	2590,8	2895,6	2438,4		2438,4	2590,8	2895,6	2438,4
	Radstand d. Laufgestells	mm		2438,4		2438,4	2438,4	2438,4								2438,4
	Gesamtradstand	mm					16662,4		14020,8		15240				19431,0	16459,2
Kessel	Kesselüberdruck	bar	14,06	12,3	10,55	11,25	11,25	12,66	12,3	12,66	11,25	12,3	12,3	12,3	11,95	12,3
	Rostfläche	m^2		1,07	0,84	0,74	0,87	0,65	0,59				0,69	1,35	1,22	1,07
	Verdampfungsheizfläche	m^2	36,23	60,66	46,45	31,45	51,1	56,63	29,47		35,39		30,56	61,42	61,05	61,31
Gewichte	Leergewicht	t			44,5	35,3	42,72		41,11	30,21	35,92	39,4	30,08		54,17	
	Dienstgewicht	t	49,84		47,8	38,2	48,26		44,09	33,02	38,6	42,67	32,51		58,42	
Vorräte	Wasser	m^3			2,73	2,41	2,5	2,05	2,27	2,05	1,82	2,27	1,82	3,12	2,73	
	Kohle	t			0,5	0,5	1,0	0,76	0,71	0,76	0,76	1,0	0,61	1,0	1,52	
	Heizöl	m^3	–	–	–	–	–	–	–	–	–	–	–	–	–	–
Sitzplätze	1./2. Klasse	Stck.	–	–	–	–	–	–	–	–	–	16/0	6/0	–	–	16/0
	3./4. Klasse	Stck.	50/0	59/0	45/0	48/0	56/0	48/0	48/0	46/0	56/0	39/0	44/0	64/0	58/0	48/0
	Zugkraft (0,75 p bzw. 0,5 p*)	kN	33,0	40,6	25,3	24,2	32,66	18,8	23,9	20,2	27,0	42,5	21,4	43,5	39,5	38,1
	Leistung	kW														
	Länge über Puffer	mm	20246,9	18745,2	15227,3		21183,6		17373,5		19792,9	19812,0		21945,6	22656,8	21012,2
	Höchstgeschwindigkeit	km/h	48,3	48,3	48,3	48,3	48,3	48,3	48,3	48,3	48,3	48,3	48,3	48,3	48,3	48,3
	Bemerkungen		[1] 1908 an die Trinidad Government Railways verkauft													

* bei Verbundmaschinen

	Abbildung		–	82	83	84	85	86	87	88	90	91	92	93	95	27
	Bahngesellschaft		JR&TC	LMS (LMSR)	AJR	LNER	South.	LNER	FS	FS	FS	ELB	KKStB	LBLS (KKStB)	KKStB	KKStB
	Land		England	Engl. Schottl.	England	England	England	England	Italien	Italien	Italien	Tsch.-lowak.	Österreich	Tsch.-lowk.	Österreich	Österreich
	Betriebsnummern		1-3	1-13	44	–	6	41-44	851-853	861-872	72.301-72.303	1	1	1.001 u. 1.002		1.101
	Bauart		Sentinel	Sentinel	Sentinel	Sentinel	Sentinel	Clayton	–	–	Doble	Böhm-Schw.	Serpollet	Komarek	Komarek	Komarek
	Baureihe, Klasse oder Serie		–	–	–	Phenomena	–	–	85	86	ALv72	–	–	–	–	–
	Radsatzfolge		Bo'2'	Bo'2'	Bo'2'	Bo'Bo'2'	(A1)2'	B'2'	(1A)2'	B'2'	Bo'2'	B'2'	A1	A1	A1 (1A1)[1]	A1
	Erstes Baujahr		1923	1925	1930	1930	1933	1927	1906	1906	1934	1880	1902	1903	1903	1906
	Lieferfirma		Sentin. Camm.	Sentin. Camm.	Sentin. Camm.	Sentin. Camm.	Sentin. Camm.	Clayton	Off. Mecc.	Kerr, Stuart	Off. Mecc.	Ringhoffer	Essl./ Ringh.	Komar. Ringh.	Komar. Ringh.	Komarek
	Spurweite	mm	1435	1435	1435	1435	1435	1435	1435	1435	1435	1435	1435	1435	1435	1435
	Anzahl der Wagen	Stck.	3	13	1	1	1	4	3	12	3	1	1	2	2	1
Trieb- und Laufwerk	Anzahl der Zylinder	Stck.	2	2	6	2 x 6	2	2	2	2	2 x 2	2	2	2	2	2
	Zylinderdurchmesser	mm	171,45	171,45	152,4	152,4	114,3 190,5	171,45	228	254	100 175		250 390	250 390	250 390	250 390
	Kolbenhub	mm	228,6	228,6	177,8	177,8	152,4	254,0	381	406	150		400	400	400	400
	Triebraddurchmesser	mm	762,0	762,0	939,1	939,1	939,1	914,4	1040	1040	900	680	980	1000	1000	1000
	Laufraddurchmesser	mm	762,0	762,0	939,1	939,1	939,1	914,4	1040	1010	900	680	980	1000	1000	1000
	Radstand d. Triebgestells	mm	2133,6	2133,6			2324,1	2133,6	3298	2286	3060	1850	–	–	–	–
	Radstand d. Laufgestells	mm	1981,2	1981,2			2324,1	2133,6	2200	2438	3400	1850	–	–	–	–
	Gesamtradstand	mm	14884,4	14884,4			11772,8		15859	16243	19230	7700	5000	5500	5500 (6625)[1]	5500
Kessel	Kesselüberdruck	bar	16,17	16,17	21,09	21,09	22,85	19,3	12	12	90/130	10	13	13	15	13
	Rostfläche	m^2							0,67	0,84	–	0,82	0,65	0,5	1,5	0,52
	Verdampfungsheizfläche	m^2						7,89	35,2	42,42	40,0	10,0	25,6	25,6	46,0	25,6
Gewichte	Leergewicht	t	15,39	19,16			17,48		38,5	40,4	31,6		21,4	21,9	23,2[1]	21,87
	Dienstgewicht	t	17,40	21,33	32,16		20,57		47,4	49,8			27,2	27,9	28,4[1]	25,0
Vorräte	Wasser	m^3	1,36	1,36				2,5	1,8	2,0			1,4	1,6	1,7	1,6
	Kohle	t	0,64	0,64				0,76	0,75	1,1	–		0,4	0,6	0,8	0,4[2]
	Heizöl	m^3	–	–	–		–	–	–	–		–	–	–	–	–
Sitzplätze	1./2. Klasse	Stck.	–	–	–	–	–	–	16/0	16/0	–	–	0/8	–	–	–
	3./4. Klasse	Stck.	56/0	44/0	44/0	132/0	44/0	48/0	50/0	50/0	72/0	32/0	30/0	32/0	39/0	35/0
	Zugkraft (0,75 p bzw. 0,5 p*)	kN	26	26	27,8	55,6	13,5	15,8	15	20	30		33,2	32,5	37,5	32,5
	Leistung	kW	73,6	73,6	73,6	2x73,6	73,6		95,7	125,12	2x 80,96		29,4			73,6
	Länge über Puffer	mm	17678,4	17678,4	17830,8	32461,2	14732,0		19373	20108	23160	10800	10970	11675		10840
	Höchstgeschwindigkeit	km/h	72,5	72,5	72,5	72,5	80	64,4	60	60	120	18	50	60	50	60
	Bemerkungen		[1] 1905 in 1A1 umgebaut [2] zusätzlich 700 l Petroleum													

* bei Verbundmaschinen

	Abbildung		–	97	98	28	–	99	102	107	–	–	110	–	111	112
	Bahngesellschaft		NÖLB	KKStB	KKStB	NÖLB	NÖLB	NÖLB	AEGV	MÁV	MÁV	MÁV	EWA	SBB	RHB	RSG
	Land		Österreich	Österreich	Österreich	Österreich	Österreich	Österreich	Ungarn	Ungarn	Ungarn	Ungarn	Österreich	CH	CH	CH
	Betriebsnummern		1-3	1.401	1.301 u. 1.302	40-44	20 u. 21	30-33	2-8	06101 u. 06102		07501	DT101	1	21	4 u. 5
	Bauart		Komarek	Komarek	Komarek	Komarek	Komarek	Komarek	de Dion Bouton	de Dion Bouton	de Dion Bouton	de Dion Bouton	WLF	Serpollet	Winterthur	Winterthur
	Baureihe, Klasse oder Serie		–	–	–	–	–	–	–	06100	07300	07500	DT	Cm1/2	BCFZm 2/2	CFZm 1/3
	Radsatzfolge		A1	B'2'	(B'1)[2] (1'B)1	(1'B)2'	A1	1A1	(1A)2'	A1	A1	A1	B'2'	A1	B	1'A1
	Erstes Baujahr		1903	1908	1909	1906	1903	1905	1902	1903	1904	1906	1935	1902	1909	1910
	Lieferfirma		Komarek	Böhm.-Mähr.	Brünn-König.	Komarek	Komarek	Komarek	Ganz	Ganz	Ganz	Ganz	WLF	Essl.	SLM	SLM
	Spurweite	mm	760	1435	1435	760	1435	1435	760	1435	1435	1435	1435	1435	1435	1435
	Anzahl der Wagen	Stck.	3	1	2	5	2	4	7	2	10	1	1	1	1	2
Trieb- und Laufwerk	Anzahl der Zylinder	Stck.	2	2	2	2	2	2	2	2	2	2	3	2	2	2
	Zylinderdurchmesser	mm	130 200	260 390	300	240	260 380	260 380	116 170	116	130 200	145 215	250	220	140	250
	Kolbenhub	mm	200	430	500	350	450	450	140	170	170	170	300	300	180	400
	Triebraddurchmesser	mm	600	920	1000	780	1026	1000	760	1008	1020	1020	910	1000	805	1030
	Laufraddurchmesser	mm	600	830	850 1000	610	1026	794 1000	560	1008	1020	1020	850	1000	–	700 1030
	Radstand d. Triebgestells	mm	–			3450	–	–		–	–	–		–	–	–
	Radstand d. Laufgestells	mm	–			1600	–	–		–	–	–		–	–	–
	Gesamtradstand	mm	2500	10260	10400	12125	5000	7000	5800	5500	6000	6000	16240	4600	4000	7000
Kessel	Kesselüberdruck	bar	25	15	13	13	13	13	18	18	18	18	18	16	14	12
	Rostfläche	m^2	0,35 (0,24)[1]	0,72	0,72	0,83-0,95	0,65	0,9	0,6	0,87	0,87		–	0,7	0,45	0,72
	Verdampfungsheizfläche	m^2	10,5 (7,0)[1]	33,36	42,5	31,6	25,6	38,2	5,7	8,6	8,6	20,2	39,0	35,1	18,94	37,93
Gewichte	Leergewicht	t	5,62 (5,7)[1]	32,1	32,0	23,9	19,35	24,0	9,7	13,0	16,2	19,05	37,0	23,2	16,0	22,08
	Dienstgewicht	t	8,0 (6,6)[1]	36,3	39,0	26,5	22,2	27,1	11,0	17,36	20,83	25,8	39,10	27,0	17,2	28,8
Vorräte	Wasser	m^3	4,0 (3,5)[1]	2,4	1,7	2,0	1,5	1,6	0,9	1,0	1,05	2,0	3,35	1,5	0,8	1,5
	Kohle	t	0,2	0,8	0,9	0,9	0,5	0,5	0,2	0,1	0,25	0,6	–	0,6	0,2	0,25
	Heizöl	m^3	–	–	–	–		–	–	–	–	–	1,35	–	–	–
Sitzplätze	1./2. Klasse	Stck.	–	0/8	0/10	–	–	–	0/7	0/9	–	–	–	–	0/8	–
	3./4. Klasse	Stck.	22/0	31/0	25/0	44/0		35/0	15/0	24/0	40/0	38/0	80/0	40/0	20/0	32/0
	Zugkraft (0,75 p bzw. 0,5 p*)	kN	14,1	47,4	58,5	33,6	38,5	39,5	9,6	4,1	5,1	6,3	55,6	23,2	6,1	29,1
	Leistung	kW					58,8	110,3	25,76	25,76	36,8	58,88	294,2	29,4[3]		
	Länge über Puffer	mm	6110			15425		11675	9440	10950	11650	11650	19850	11000	9255	12840
	Höchstgeschwindigkeit	km/h	25 (35)[1]	50	45	35	40	40	30	45	50	50	85	45	20	45
	Bemerkungen	[1] für Wagen Nr. 3 [2] ursprüngliche Achsfolge [3] nach dem Umbau 1906 auf 73,6 kW erhöht														

* bei Verbundmaschinen

	Abbildung		113	–	114	–	116	–	120	–	123	129	–	–	–	137
	Bahngesellschaft		RSHB	HEB	BMB	STB	CP	CFR	ESR	ESR	ESR	OM& EG	–	CRI& PR	–	NYNH &HRR
	Land		CH	CH	CH	CH	Portug.	Rumän.	Ägypt.	Ägypt.	Ägypt.	Südw.-afrika	USA	USA	USA	USA
	Betriebsnummern		31 u. 32	41 u. 42	1 u. 2	1)		BCM 501-506	5005-5009	5060-5069	5201-5210		1000		1	9210/ 9211
	Bauart		Winter-thur	Winter-thur	Winter-thur	Kittel	Borsig	Sentin.	Birm.-ham	Sentin.	Sentin.	–	Kob.-Wagneh	Ganz	Havest.	Besler
	Baureihe, Klasse oder Serie		CZm1/3	CZm1/3	CFm2/4	CFm1/2		BCM	5000	5060	5200		–		–	–
	Radsatzfolge		1'A1	1'A1	B'2'	A1	B'2'	(1A)2'	2'B'2'	(Ao1)(1 Ao) 2'	(Ao1)(1 Ao)2'2'	B'2'	B'2'	(1A)2'	(1A) (A1)	Bo'2' + 2'2'
	Erstes Baujahr		1912	1915	1913	1908	1906	1932	1930	1935	1951	1907	1906	1907	1927	1937
	Lieferfirma		SLM	SLM	SLM	Essl.	Borsig	Sentin. Camm.	Birm.-ham	Sentin. Camm.	Sentin. Camm.	MAN/ Maffei	St.Louis Car Co.	Railway AutoCar	Railway Locom.	NYNH &HRR
	Spurweite	mm	1435	1435	1000	1435	1676	1435	1435	1435	1435	600	1435	1435	1435	1435
	Anzahl der Wagen	Stck.	2	2	2	1	2	6	5	10	10	2	1	1	1	1
Trieb- und Laufwerk	Anzahl der Zylinder	Stck.	2	2	2	2	2	6	2 x 2	2 x 6	2 x 6	2 x 2	2	2	2 x 8	2 x 2
	Zylinderdurchmesser	mm	250	250	220	220	230	152,4	127,0	152,4	152,4	160	279,4	145 215	165,1	165,1 279,4
	Kolbenhub	mm	400	400	300	300	400	177,8	203,2	177,8	177,8	250	330,2	170	177,8	228,6
	Triebraddurchmesser	mm	1030	1030	750	1000	1100	955,7	1066,8	850,9	850,9	730	1066,8	914,4	914,4	914,4
	Laufraddurchmesser	mm	700 1030	700 1030	750	1000	1000	955,7	850,9	850,9	850,9		914,4	914,4	914,4	914,4
	Radstand d. Triebgestells	mm	–	–	1700	–	2000	2286,0	2133,6	2133,6 2286,0	2286,0	2100	2743,2	2514,6		3505,2
	Radstand d. Laufgestells	mm	–	–	1700	–	2000	1981,2	2133,6	1981,2	2286,0	1000	2438,4	2438,4		2438,4
	Gesamtradstand	mm	7500	7000	7400	5000	13600	14427,2	27635,2	29337,0	44348,4		18745,2			
Kessel	Kesselüberdruck	bar	12	12	12	16	13	21,1	19,3	23,55	23,55	12	17,58	18,98	42,18	105,47
	Rostfläche	m^2	0,7	0,7	0,45	0,7	0,95	–	0,67	1,11	1,11		4,04			–
	Verdampfungsheizfläche	m^2	30,15	33,70	21,50	35,1	22		12,45	49,05	49,05		112,87			
Gewichte	Leergewicht	t	23,74	24,30	19,5	23,2			49,78	72,77	90,76	16	65,37			134,31
	Dienstgewicht	t	30,74	31,80	24,0	27,0	41		52,95	77,98	95,51		80,99	36,58		139,07
Vorräte	Wasser	m^3	1,5	1,5	1,0	1,5			2,03	3,18	3,64	0,5	9,09	2,73		2,27
	Kohle	t	0,25	0,25	0,25	0,6		–	1,0	2,03	–	0,3	–			–
	Heizöl	m^3	–	–	–	–			–	–	0,91	–	4,55	–		2,27
Sitzplätze	1./2. Klasse	Stck.	–	–	–	–	0/20	0/16	20/24	0/16	0/42	0/16		0/52	0/63	0/152
	3./4. Klasse	Stck.	28/0	40/0	32/0	40/0	40/0	39/0	65/0	98/0	144/0	4/0		–		–
	Zugkraft (0,75 p bzw. 0,5 p*)	kN	29,1	29,1	23,2	23,2	25,0	27,4	11,9	34,3	34,3		36,65	7,4	89,3	143,7
	Leistung	kW				29,4		73,6	73,6	261,0	261,0		178,9	89,5	223,7	447,4
	Länge über Puffer	mm	12900	12900	11740	11512	18100	17830,8	30962,6	33680,4	50749,2	13600	25044,4	16732,3	22250,4	49745,9
	Höchstgeschwindigkeit	km/h	45	45	25	45	60	60	72,4	103	103	30	56,4	56,4		130
	Bemerkungen		1) ursprünglich DI1, Nr. 301 der KME													

* bei Verbundmaschinen

	Abbildung		138	139	140	141	142	–	144	145	–	–	–	–	–	158
	Bahngesellschaft		CP	CN	CN	CN	CN	ERR	FCP	GFV	GIP	BNR	FMSR	FMSR	PR	VR
	Land		Kanada	Kanada	Kanada	Kanada	Kanada	Argentinien	Peru	Venezuela	Indien	Indien	Malaysia	Malaysia	Palästina	Australien
	Betriebsnummern		88	15902	15900	15901	15805		1	1	1	1-5	25.201-205			3
	Bauart		–	–	–	–	–	Birm.-ham	Sentin.	Kittel	–	Sentin.	Sentin.	Sentin.	Sentin.	Kerr Stuart
	Baureihe, Klasse oder Serie		–	67-A	60-A	60-B	–	–	–	–	–	–	25.2	26.1	–	–
	Radsatzfolge		(A1)2'	B'2'	(1A)2'	(1A)2'	(1A)2'	B'2'2'	(A1)2'	(1A)2'	(1A)2'	2'Bo'2'	Bo'2'2'	(A1A) 3'2'	Bo'2'2'	B'2'
	Erstes Baujahr		1906	1907	1910	1911	1922	1931	1929	1930	1906	1925	1932	1957	1929	1913
	Lieferfirma		CP	L&NR	GTR	GTR	UnitCar	Birm.-ham	Sentin. Camm.	Essl.	Kerr, Stuart	Sentin. Camm.	Sentin. Camm.	Sentinel	Sentin. Camm.	Kerr, Stuart
	Spurweite	mm	1435	1435	1435	1435	1435	1435	1435	1067	1676	760	1000	1000	1435 1050[1]	1435
	Anzahl der Wagen	Stck.	1	1	1	1	1	1	1	1	1	5	5	1	2 2	1
Trieb- und Laufwerk	Anzahl der Zylinder	Stck.	2	2	2	2	2	3	6	2	2	2	6	6	6	2
	Zylinderdurchmesser	mm	330,2	330,2	228,6	279,4		146,05	152,4	240	228,6	171,45	152,4	152,4	152,4	304,8
	Kolbenhub	mm	508,0	508,0	457,2	406,4		203,2	177,8	330	381,0	228,6	177,8	177,8	177,8	406,4
	Triebraddurchmesser	mm	1066,8	1219,2	1270,0	1346,2		1066,8	762,0	850	1041,4	762,0	850,9	762,0	762,0	1219,2
	Laufraddurchmesser	mm	863,6 914,4	965,2	889,0	863,6		850,9	762,0	767	1041,4	762,0	850,9	762,0	762,0	965,2
	Radstand d. Triebgestells	mm	2438,4	2743,2	1879,6	1879,6	1854,2	2133,6	2133,6	2400	3048,0	2438,4	1828,8	2895,6	1981,2	2438,4
	Radstand d. Laufgestells	mm	2438,4	1828,8	2438,4	2438,4	1676,4	2133,6	1981,2	1500	3048,0	1676,4	1828,8	1981,2 2895,6	1981,2	2438,4
	Gesamtradstand	mm	19507,2	15494,0	15900,4	15849,6	10299,7	26466,8	13512,8	12530	15697,1	19862,8	23952,2	28117,8		13411,2
Kessel	Kesselüberdruck	bar	11,6	11,6	11,6	11,6		19,3	21,09	16	12	19,3	21,1	23,6	21,1	11,3
	Rostfläche	m^2			1,17	1,17		–	–	–	0,81		0,53	1,21		1,32
	Verdampfungsheizfläche	m^2						14,68	9,52	56,28	32,79		7,91	62,3		61,65
Gewichte	Leergewicht	t					27,22	54,0	32,15	28				34,95		
	Dienstgewicht	t		72,67	46,99	59,87	30,5	57,3	34,79	35		22,35	47,3			42,2
Vorräte	Wasser	m^3						2,13	2,04	1,32	2,5		2,05			2,05
	Kohle	t						–	–	–	0,76		0,9	2,0		0,76
	Heizöl	m^3	–	–	–	–	–	0,79	0,59	0,6	–	–	–	–		–
Sitzplätze	1./2. Klasse	Stck.	–	–	–	–	–	24/42	8/48	20/22	6/0	6/0	0/16	0/18	12/0	27/27
	3./4. Klasse	Stck.	56/0	38/0	58/0	58/0	46/0	–	–	–	56/0	35/0	92/0	66/0	74/0	–
	Zugkraft (0,75 p bzw. 0,5 p*)	kN	60,2	52,7	21,8	27,3		11,8	34,3	27	22,9	17,0	30,7	38,4	34,3	27,9
	Leistung	kW						130,5	74,5	95,7			111,86	126,77		
	Länge über Puffer	mm	23507,6	21513,8	20866,1	21640,8	16408,4	29895,8	17068,8		18600	21539,2	29095,7	32696,2	31089,6	18872,2
	Höchstgeschwindigkeit	km/h	48,3	48,3	48,3	48,3		72,5	50	50						
	Bemerkungen		[1] Hedschasbahn													

* bei Verbundmaschinen

	Abbildung		159	–	160	161	162	169	171	173	174	–	–	175	61	176
	Bahngesellschaft		SA	SA	TGR	TGR	TGR	LR		PB	ÖNWB	Süd	KPEV	ETAT(b)	NORD	FS
	Land		Australien	Australien	Australien	Australien	Australien	Brasilien	Ägypt.	CH	Österreich	Österreich	Deutsch	Belgien	Frankreich	Italien
	Betriebsnummern		1	2	SP 1 u. 2	SP 3 u. 4	SP 5 u. 9				401-410	51-64	84		VS1	601-685
	Bauart		–	–	Sentin.	Sentin.	Sentin.	Diensttriebw.	Comb. eng.&c.	Zahnr.-triebw.	Elbl	Gölsdorf	v. Borries	Belpaire	Posttriebw.	P.-Gep. triebw.
	Baureihe, Klasse oder Serie		–	–	SP	SP	SP		–		IXa+b	4	TO	1	VS	60
	Radsatzfolge		(1A)2'	(1A)2'	Bo'2'	(A1A)B'	(A1A)B'	(A1)2'	1A2'	1 a_z 1	A1	B1	1A	B'1	A1	B'1
	Erstes Baujahr		1906	1906	1931	1934	1936	1929	1859	1886	1879	1879	1880	1886	1897	1907
	Lieferfirma		Kitson	Kitson	Sentin. Camm.	Sentin. Camm.	Sentin. Camm.	Sentin. Camm.	R. Stephens.	SLM	WLF	WLF	Schichau			Borsig, Maffei
	Spurweite	mm	760	760	1067	1067	1067	1000	1435	800	1435	1435	1435	1435	1435	1435
	Anzahl der Wagen	Stck.	1	1	2	2	5	1	1	11	10	14	1		1	36
Trieb- und Laufwerk	Anzahl der Zylinder	Stck.	2	2	6	2x6	2x6	6	2	2	2	2	2	2	2	2
	Zylinderdurchmesser	mm	165,1	165,1	152,4	152,4	152,4	152,4	203,2	220	225	265	200 300	270	140 200	290
	Kolbenhub	mm	254,0	254,0	177,8	177,8	177,8	177,8	355,6	300	370	400	400	350	200	400
	Triebraddurchmesser	mm	723,9	723,9	762,0	762,0	762,0	1009,7	1524,0	405[1]	930 995[2]	970	1150	980	930	1095
	Laufraddurchmesser	mm	723,9	723,9	762,0	762,0	762,0	1009,7	838,2	400	930 995[2]	970	1150	980	930	1010
	Radstand d. Triebgestells	mm	1676,4	1676,4	1981,2	2895,6	2895,6	1828,8	–	–	–		–	1800	–	2300
	Radstand d. Laufgestells	mm	1676,4	1676,4	1676,4	2133,6	2133,6	1828,8		–	–	–	–	–	–	–
	Gesamtradstand	mm	9626,6	9677,4	13716,0	17805,5	17805,5	11125,2		6100	3800	3600	4000	4150		4600
Kessel	Kesselüberdruck	bar	12	12	21,1	21,1	23,6	21,1	11,25	12	12 10[2]	10	12	12,5	4-8	13
	Rostfläche	m^2								0,38	0,64	0,72	0,54	1,33	0,82	0,65
	Verdampfungsheizfläche	m^2							38,0	21,0	34,7 42,0[2]	34,16	22,8	35,76	25,4	41,34
Gewichte	Leergewicht	t	18,8	17,9	34,6	51,8	50,6			8,3		19,5	14,3	21,1		27,7
	Dienstgewicht	t	19,4	20,3	38,1	55,4	54,2			9,9	21,5 19,0[2]	23,4	18,2	26,1	18,0	34,4
Vorräte	Wasser	m^3	0,38	0,38	2,27	2,05	2,95			0,8	1,5	2,7	1,6	2,7		2,9
	Kohle	t	0,26	0,26	1,8	2,0	2,0			0,35	0,6 0,9[2]	1,2	0,4	1,0		1,0
	Heizöl	m^3	–	–	–	–	–			–	–	–	–	–		–
Sitzplätze	1./2. Klasse	Stck.	9/13	9/13	24/21	18/22	22/24	6/0	4/0	–	–	–	–	–	0/(12)[3]	–
	3./4. Klasse	Stck.	–	–	–	–	–	–	–	32/0	–	–	–	–	–	–
	Zugkraft (0,75 p bzw. 0,5 p*)	kN	11,5	11,5	34,3	68,6	76,7	25,9			24,2 18,8[2]	29,0	9,4	20,87		26
	Leistung	kW			73,6	111,9	111,9			53,88						132,48
	Länge über Puffer	mm	12179,3	13112,8	18719,8	20777,2	20777,2	14630,4		–				8780		9660
	Höchstgeschwindigkeit	km/h	38,6	38,6					65	3,6	30	45	60	50	50	60
	Bemerkungen	[1] Zahnrad [2] für Reihe IXb [3] bei Umrüstung auf Personenverkehr														

* bei Verbundmaschinen

	Abbildung		177	178	179	181	183 + 184	185	186	187	–	–	189	–	190	–
	Bahngesellschaft		ST	OeBB	BBÖ	BGE	NORD	DR	LBE	–	–	–	–	–	–	–
	Land		CH	CH	Österreich	Deutsch	Frankreich	Deutsch	Deutsch	–	–	–	–	–	–	–
	Betriebsnummern		11	123	DT 1.01-1.20	–	VV1u.2, VV4-11	61001 u. 002	1-3 (60001-003)[3]	–	–	–	–	–	–	–
	Bauart		Winterthur	Winterthur	–	Omnib. Lokom.	Lokom. Triebz.	Hensch Wegm.	–	Projekt	Projekt	Projekt	Projekt	Projekt	Proj.[6]	Projekt
	Baureihe, Klasse oder Serie		FZm1/2	Fm2/4	DT1	–	VV	61	60[3]	–	–	1.Entw.	2.Entw.	3.Entw.	–	–
	Radsatzfolge		A1	B'2'	1'B1'	B	2+ A1+2	2'C2'u. 2'C3'[4]	1'B1'	B'1	2'B1'	B	B	1'B	2'2+(A1A) (A1A)+2'2'	1'B1'
	Erstes Baujahr		1918	1930	1935	1877	1901	1935 1939[4]	1936	–	1932	1933	1933 (1934)	1934	1935	
	Lieferfirma		SLM	SLM	WLF	Krauss		Hensch Wegm.	Henschel	Henschel	Henschel	Esslingen	Esslingen	Esslingen	MAN	Schw.-kopff
	Spurweite	mm	1435	1435	1435	1435	1435	1435	1435	1435	1435	1435	1435	1435	1435	1435
	Anzahl der Wagen	Stck.	1	1	20		10	2	3	–	–	–	–	–	–	–
Trieb- und Laufwerk	Anzahl der Zylinder	Stck.	2	2	2	2	2	2 3[4]	2	2	2	2	2	2	2 Turb.	2
	Zylinderdurchmesser	mm	250	250	290	130	195 250	460 390[4]	400	190	380	250	230	230	–	310
	Kolbenhub	mm	480	400	570	300	320	750 660[4]	660	300		460	450	450	–	
	Triebraddurchmesser	mm	1030	850	1450	630	1050	2300	1980		2300	1300	1100	1100	1100	1500
	Laufraddurchmesser	mm	1030	850	870	–	930	1100	1000		850	–	–	850	950	850
	Radstand d. Triebgestells	mm	–	2000	3200	1500	4800	5100	3000	1800	2700	4300	5000	3800	4000	3000
	Radstand d. Laufgestells	mm	–	2000	–	–	4820	2350 2350/3000[4]	–	–	2200	–	–	–	3000	–
	Gesamtradstand	mm	5800	9500	7660	1500	22250	14350 15025[4]	8750	6400	10500	4300	5000	5600	63540	8400
Kessel	Kesselüberdruck	bar	13	13	16	12	20	20	16	12	20	33	33	33	12,5	20
	Rostfläche	m^2	0,7	0,66	0,83	0,3		2,75 2,80[4]	1,4 1,58[5]	0,45		1,2	1,4	1,4	4,08	
	Verdampfungsheizfläche	m^2	33,0	32,31	62,73	13,0	20,0 (53,5)[1]	220,0 221,0[4]	75,4 86,4[5]	15,0	156,5	66,5	66,5	66,5	149,0	101,23
Gewichte	Leergewicht	t	22,5	30,5	34,2	6,8		99,7 110,0[4]	52,5 55,5[5]	10		26,7	29,7	33,9		
	Dienstgewicht	t	28,2	39,93	46,55	8,5	20,0 (26,0)[1][2]	128,3 143,3[4]	69,0 72,85[5]	15	89,3	34,0	36,0	41,2		59,0
Vorräte	Wasser	m^3		1,8	5,3	1,0		17 21[4]	9,3 10,6[5]	0,9	15,0	1,5	2,6	2,6	1,0	7,0
	Kohle	t		0,5	2,56	0,4		5,0 6,0[4]	3,5	0,5	4,5	2,5	2,5	3,5	6,5	3,0
	Heizöl	m^3	–	–	–	–		–	–	–	0,75	–	–	–	–	–
Sitzplätze	1./2. Klasse	Stck.	–	–	–		8/14	–	–	–	–	–	–	–	0/24	–
	3./4. Klasse	Stck.	–	–	–		34/0	–	–	40/0	–	–	–	–	156/0	–
	Zugkraft (0,75 p bzw. 0,5 p*)	kN	23	38,2	50,5	8,3	23,2	103,5 98,0[4]	64			55,0	53,5	53,5	100,0	
	Leistung	kW	154,6								698,72	479,0	566,33	566,33	2 x 643,56	441,3
	Länge über Puffer	mm	12764	14240	11200	3500	26710	18505 18825[4]	12380	10800	20300	7340	7640	8140	69060	
	Höchstgeschwindigkeit	km/h	50	45	100	40		175	120		160	120	100	100	130	90

Bemerkungen

[1] offene Daten für Purrey-Kessel
( ) - Daten für Lokkessel
[2] nur Lokgewicht
[3] nach Übernahme durch die DR
[4] für Lok 61002
[5] für Lok Nr. 3 (60003)
[6] Preisgekrönter Entwurf der Ausschreibung des Rhein.-Westf.-Kohlensyndikats

* bei Verbundmaschinen

Abkürzungen und Erläuterungen

Eisenbahngesellschaften

AAF	Adriatico-Amandolo-Fermo Eisenbahn	Italien
AEGV	Alföldi Elso Gazdasági Vasut (Erste Alfölder Landwirtschaftliche Bahn)	Ungarn
AD&R	Alexandra (Newport and South Wales) Docks and Railways	England
ADK	Allgemeine Deutsche Kleinbahngesellschaft	Deutschland
ACVE	Arader Csanáder Vereinigte Eisenbahn	Ungarn
AAR	Atlantic Avenue Railway	USA
AJR	Axholme Joint Railway	England
Bad StB	Badische Staatsbahn	Deutschland
BaR	Barry Railway	England
BayStB	Bayrische Staatsbahn	Deutschland
B&CDR	Belfast and County Down Railway	Irland
BNR	Bengal Nagpur Railway	Indien
BGE	Berlin-Görlitzer Eisenbahn	Deutschland
BMB	Biel-Meinisberg-Bahn	Schweiz
BK	Bleckeder Kreisbahn	Deutschland
BB	Bödelibahn	Schweiz
BL	Böhmische Landesbahnen	Tschechoslowakei
CFR	Căile Ferate Romane	Rumänien
CN	Canadian National Railways	Kanada
CP	Canadian Pacific Railway Company	Kanada
CGR	Cape Government Railways	Südafrika
CR	Cardiff Railway	England
CSA	Central South African	Südafrika
CV	Central Vermont	Kanada
ČSD	Československé státni dráhy	Tschechoslowakei
ETAT (b)	Chemins de fer de l'Etat Belge	Belgien
ETAT (f)	Chemins de fer de l'Etat Français	Frankreich
CNL	Chemin de fer du Nord de Lyon	Frankreich
RSG	Chemin de fer Régional Saignelégier-Glovelier	Schweiz
CRI&PR	Chicago, Rock Island & Pacific Railway	USA
CH&DTC	Chincinnati Hamilton & Dayton Traction Company	USA
CT	Cincinnati Tramway	USA
CP	Companhia dos Caminhos de Ferro Portugueses	Portugal
CMUM	Compañia Madrileña de Urbanizacion Madrid	Spanien
NORD (f)	Compagnie du NORD	Frankreich
DL	Debrecziner Lokalbahn	Ungarn
DEBG	Deutsche Eisenbahn-Betriebs-Gesellschaft	Deutschland
DR	Deutsche Reichsbahn	Deutschland
DW&WR	Dublin, Wicklow and Wexford Railway	Irland
ECR	Eastern Counties Railway	England
E&GR	Edinburgh and Glasgow Railway	Schottland
ESR	Egyptian State Railways	Ägypten
EWA	Eisenbahn Wien-Aspang	Österreich

ELB	Elbogener Local-Bahn	Tschechoslowakei
ERR	Entre Rios Railway	Argentinien
ERIE	Erie Railroad	USA
FMSR	Federated Malay States Railway	Malaysia
FCP	Ferrocarril Central del Peru	Peru
FS	Ferrovie Dello Stato	Italien
FR	Furness Railway	England
G&SWR	Glasgow and South Western Railway	Schottland
GFV	Gran Ferrocarril de Venezuela	Venezuela
GTR	Grand Trunk Railway	Kanada
GCR	Great Central Railway	England
GIP	Great Indian Peninsula Railway	Indien
GNSR	Great North of Scotland Railway	Schottland
GNR	Great Northern Railway	England
GNRI	Great Northern Railway of Ireland	Irland
GS&WR	Great Southern and Western Railway	Irland
GWR	Great Western Railway	England
GK	Greifenberger Kleinbahn	Deutschland
GySEV	Györ-Sopron-Ebenfurti Vasút	Ungarn
HLB	Hessische Ludwigsbahn	Deutschland
HPK	Hildesheim-Peiner Kreisbahn	Deutschland
HE	Hoyaer Eisenbahn	Deutschland
HEB	Huttwil-Eriswil-Bahn	Schweiz
IRR	Intercolonial Railroad	Kanada
IWCR	Isle of Wight Central Railway	England
JGR	Japanese Government Railways	Japan
JR&TC	Jersey Railways and Tramways Company	England
KFNB	Kaiser-Ferdinands-Nordbahn	Österreich
KOB	Kaschau-Oderberger Bahn	Tschechoslowakei
KB	Kerkerbach-Bahn	Deutschland
kkStB	k.k. Österreichische Staatsbahnen	Österreich
KHAL	Kleinbahn Hoppegarten-Alt Landsberg	Deutschland
KPEV	Königlich Preußische Eisenbahnverwaltung	Deutschland
KME	Königlich Preußische Militär-Eisenbahn	Deutschland
L&YR	Lancashire and Yorkshire Railway	England

LEB	Lausanne-Echallens-Bahn	Schweiz
LR	Leopoldina Railway	Brasilien
LBLS	Lokalbahn Böhmisch-Leipa-Steinschönau	Tschechoslowakei
LTB	Lokalbahn Triest-Parenzo	Österreich
LB&SCR	London, Brighton and South Coast Railway	England
LMS (LMSR)	London, Midland and Scottish Railway	England/ Schottland
LNER	London and North Eastern Railway	England
L&NWR	London and North Western Railway	England
L&SWR	London and South Western Railway	England
L&N	Louisville and Nashville Railway	USA
LBE	Lübeck-Büchener-Eisenbahn	Deutschland
MÁV	Magyar Államvasutak Vezérigazgatósága	Ungarn
MR	Midland Railway	England
MStB	Montenegrinische Staatsbahnen	Montenegro
NHE	Neuruppin-Herzberger Eisenbahn	Deutschland
NJ&NYR	New Jersey and New York Railroad	USA
NYNH&HRR	New York, New Haven and Hartford Railroad	USA
NZGR	New Zealand Government Railway	Neuseeland
NVWR	Nidd Valley Waterworks Railway	England
NÖLB	Niederösterreichische Landesbahnen	Österreich
NME	Niederschlesisch-Märkische Eisenbahn	Deutschland
NR	Nigerian Railway Corporation	Nigeria
NBR	North British Railway	England
NSR	North Staffordshire Railway	England
NWRI	North Western Railway of India	Indien
NCC	Northern Counties Committee	Irland
OGE	Oels-Gnesener Eisenbahn	Deutschland
OeBB	Oensingen-Balsthal-Bahn	Schweiz
ÖBB (BBÖ)	Österreichische Bundesbahnen	Österreich
ÖNWB	Österreichische Nordwestbahn	Österreich

StEG	Österreichische Staats-Eisenbahn-Gesellschaft	Österreich
OM&EG	Otavi-Minen- & Eisenbahn-Gesellschaft	Südwestafrika
PR	Palestine Railways	Palästina
PLM	Paris-Lyon-Méditerrannée Bahn	Frankreich
PO	Paris-Orléans Bahn	Frankreich
PB	Pilatusbahn	Schweiz
PL	Pinzgauer Lokalbahn	Österreich
PTR	Port Talbot Railway	England
PrStB	Preußische Staatsbahn	Deutschland
RSHB	Ramsei-Sumiswald-Huttwil-Bahn	Schweiz
RDG	Reading Company	USA
RVT	Régional Val de Travers	Schweiz
RhR	Rhymney Railway	England
R&PC&IC	Rochester & Pittsburgh Coal & Dayton Traction Company	USA
RHB	Rorschach-Heiden-Bergbahn	Schweiz
RSRS	Royal State Railways of Siam	Siam (Thailand)
RLK	Ruhr-Lippe Kleinbahnen	Deutschland
SäStB	Sächsische Staatsbahn	Deutschland
CFF/SBB/FFS	Schweizerische Bundesbahnen	Schweiz
STB	Sensetalbahn	Schweiz
CES	Serbische Staatsbahn	Serbien
SNCB/NMBS	Société nationale des chemins de fer Belges	Belgien
SNCF	Société nationale des chemins de fer Français	Frankreich
SNCV	Société nationale des chemins de fer Vicinaux	Belgien
SV	Societe Venetia	Italien
SAR	South African Railways	Südafrika
SAGR	South Australian Government Railways	Australien
SE&CR	South Eastern and Chatham Railway	England
Southern	Southern Railway	England
SGR	Sudan Government Railways	Sudan
ST	Sursee-Triengen-Bahn	Schweiz
SCC	Susquehanna Coal Company	USA
Süd	Südbahn-Gesellschaft	Österreich
TVR	Taff Vale Railway	England
TGR	Tasmanian Government Railways	Australien
TCDD	Türkiye Cumhuriyeti Devlet Demiryollari Isletmesi	Türkei
UeBB	Uerikon-Bauma-Bahn	Schweiz
UeE	Uetersener Eisenbahn	Deutschland
VR	Victorian Government Railways	Australien
WL	Welser Lokalbahn	Österreich
WEG	Westdeutsche Eisenbahn-Gesellschaft	Deutschland
WüStB	Württembergische Staatsbahn	Deutschland

Lokomotivfabriken und Waggonbauanstalten

Barclay	Andrew Barclay, Sons and Co. Ltd., Kilmarnock	Schottland
Barrow Works	Barrow Works of the Furness Railway	England
BMB (Schwartzkopff)	Berliner Maschinenbau-A.-G., vorm. L. Schwartzkopff, Berlin	Deutschland
Beyer, Peacock	Beyer, Peacock and Co. Ltd., Manchester	England
Birmingham	Birmingham Railway Carriage and Wagon Company, Smethwick	England
Borsig	Borsig Lokomotivfabrik, Berlin-Tegel	Deutschland
Brünn-Königsfelder	Brünn-Königsfelder Maschinenfabrik, Brünn	Tschechoslowakei
Cammell	Cammell-Laird and Co. Ltd., Nottingham	England
Clayton	Clayton Wagon Ltd., Abbey Works, Lincoln	England
Compagnie Fives-Lille	Compagnie de Fives-Lille, Paris & Lille	Frankreich
Derby Works	Derby Works of the Midland Railway	England
Drummond	Drummond and Son, Glasgow Railway Engineering Company of Govan	Schottland
Böhmisch-Mährische	Erste Böhmisch-Mährische Maschinenfabrik, Prag	Tschechoslowakei
Purrey	Établissement de Valontin Purrey, Bordeaux	Frankreich

Fairfield Works	Fairfield Works of the Eastern Counties Railway	England
Ganz	Ganz & Co., Waggonfabrik, Budapest	Ungarn
Gloucester	Gloucester Railway Carriage and Wagon Company, Gloucester	England
Hanomag	Hannoversche Maschinenbau-A.G., vorm. G. Egestorff, Hannover-Linden	Deutschland
Henschel	Henschel & Sohn, Kassel	Deutschland
Herbrand	Herbrand & Cie., Köln-Ehrenfeld	Deutschland
Hohenzollern	Hohenzollern Aktiengesellschaft für Lokomotivbau, Düsseldorf-Grafenberg	Deutschland
Horwich Works	Horwich Works of the Lancashire and Yorkshire Railway	England
Hudswell	Hudswell, Clarke and Co. Ltd., Leeds	England
Inchicore Works	Inchicore Works of the Great Southern and Western Railway	Irland Irland
Kerr, Stuart	Kerr, Stuart and Co. Ltd., Stoke-on-Trent	England
Kilmarnock Works	Kilmarnock Works of the Glasgow and South Western Railway	Schottland
Kitson	Kitson & Co. Ltd., Leeds	England
Komarek	Komarek, Franz Xaver, Wien	Österreich
Krauss	Krauss & Co., A.G. Lokomotivfabrik, München	Deutschland
LHB	Linke-Hofmann-Busch, Breslau	Deutschland
Maffei	Maffei Lokomotiv- und Maschinenfabrik, München	Deutschland
Manning	Manning, Wardle and Co. Ltd., Leeds	England
MAN	Maschinenfabrik Augsburg-Nürnberg A.G., Augsburg, Nürnberg und Gustavsburg	Deutschland

Esslingen	Maschinenfabrik Esslingen, Esslingen	Deutschland
Metropolitan-Cammell	Metropolitan-Cammell Works, Birmingham	England
Off. Mecc.	Officine Meccaniche di Milano	Italien
Oldbury	Oldbury Carriage and Wagon Company, Oldbury	England
Railway Auto Car	Railway Auto Car Company, New York	USA
Railway Locomotor	Railway Locomotor Company, Chicago	USA
Ringhoffer	Ringhoffer, Prag-Smichow	Tschechoslowakei
R. Stephenson	Robert Stephenson & Co., Newcastle	England
Hawthorn	R.u.W. Hawthorn Leslie and Co. Ltd., Newcastle-on-Tyne	England
Schichau	Schichau Maschinen- und Lokomotivfabrik, Elbing	Deutschland
Sentinel	Sentinel Wagon Works Ltd., Shrewbury	England
SLM	Schweizerische Lokomotiv- und Maschinenfabrik, Winterthur	Schweiz
St. Louis Car Co.	St. Louis Car Company, St. Louis	USA
Avonside	The Avonside Engine Company Ltd., Bristol	England
NBL	The North British Locomotive Company, Glasgow	Schottland
Unit Car	Unit Railway Car Company, Montreal	Kanada
Wismar	Wagenbau-Aktiengesellschaft Wismar	Deutschland
Wegmann	Wegmann & Co. Waggonfabrik, Kassel	Deutschland
WLF	Wiener Lokomotivfabrik-Aktiengesellschaft, Floridsdorf bei Wien	Österreich
Wolverton Works	Wolverton Carriage Works Ltd., Wolverton	England

Quellen

Bücher und Broschüren

Bombe, H., »Dampftriebwagen auf deutschen Eisenbahnen 1898 bis 1918«, 1947

Bombe, H., »Die ältesten Dampftriebwagen auf deutschen Eisenbahnen«, 1937

Clark, »Straßenbahnen«, 1885

Dost, P., »Dampftriebwagen in Deutschland«, 1972

Guillery, C., »Handbuch über Triebwagen für Eisenbahnen«, 1908

Horn, A., »Dampftriebwagen und Gepäcklokomotiven«, 1972

Moser, »Der Dampfbetrieb der Schweizerischen Eisenbahnen«, 1923

Robert, J., »Histoire des transports dans les villes de France«, 1975

Zeitschriften und periodische Veröffentlichungen

Car Builder's Cyclopedia, 1922/1925/1928/1937

Deutsche Reichsbahn-Gesellschaft, Niederschrift über die 25. Beratung des Ausschusses für Lokomotiven am 14., 15. und 16. November 1934 in Cochem.

Die Lokomotive, 1904, Ein neues System von Dampfwagen der Ungarischen Staatsbahn.

Eisenbahn, Heft 1, 1973, Die Dampftriebwagen in Ungarn.

Eisenbahn, Heft 10, 1973, Die Geschichte der ungarischen Triebwagen.

Engineering, 1877-I, Steam railcar Belpaire, Belgium.

Engineering, 1879-I, Steam carriages for the Belgian State Railways, Belpaire system.

General Manager's Annual Report, 1930 (South African Railways).

GHH-Mitteilungen der Forschungs-Anstalt, Nr. 5, 1936, Kohlengefeuerte Triebwagen mit Turbinen-Antrieb.

Glasers Annalen, 1882-I, Die Omnibuszüge im Bezirk der KED Hannover.

Glasers Annalen, 15. Sept. 1932, Heißdampftriebwagen für die Türkei.

Glasers Annalen, 1. Juni 1940, Der Dampfantrieb im Triebwagenbau.

Hamburger Blätter, 9/1965, Die Lübeck-Büchener-Eisenbahngesellschaft.

LA VIE DU RAIL, 1518/1975 Histoire Valentine Purrey.

LA VIE DU RAIL, 1519/1975 Histoire Valentine Purrey.

LOK MAGAZIN, Heft 47, Die letzten deutschen Dampftriebwagen.

LOK MAGAZIN, Heft 64, Vergessene Dampftriebzugkonstruktionen.

LOK MAGaZIN, Heft 67, Dampftriebwagen in der Schweiz.

LOK MAGAZIN, Heft 69, Entwürfe von Dampf-Sondertriebfahrzeugen.

New South Wales Railway Budget, June 1, 1910, Motor car services.

New Zealand Railways Staff Bulletin, Jan.-Febr. 1955, The railcar in retrospect.

Organ f.d. Forschritte d. Eisenbahnwesens, 1849, Expressmaschine.

Organ f.d. Fortschritte d. Eisenbahnwesens, 1881, Dampfwagen für Haupt- und Nebenbahnen, System Thomas.

Organ f.d. Fortschritte d. Eisenbahnwesens, 1/2, 1934, Die Verwendungsmöglichkeit von hoch gespanntem Dampf im Triebwagenbetrieb.

Railway Age, Oct. 24, 1936, Besler two-car steam train, New York, New Haven and Hartford Railroad.

Railway Mechanical Engineer, Dec. 1927, Rail car driven by steam.

Railway Mechanical Engineer, Nov. 1936, New Haven steam rail train.

Self-Contained Railways Cars, 1921

Street Railway Journal, March 30, 1907, Steam motor car for the Rock Island.
South Australian Railways Institute Magazine, 1956, Centenary of the Adelaide and Port Railway 21st April, 1956.
The Engineer, July 26, 1963, History of the Steam-Driven Railcar 1903–48.
The Engineer, Aug. 2, 1963, History of the Steam-Driven Railcar 1903–48.
The Engineer, Aug. 9, 1963, History of the Steam-Driven Railcar 1903–48.
The Journal of the Institution of Locomotive Engineers, No. 90 1929, »The Clayton Steam Rail Car«.
The Locomotive, May 15, 1907, Steam rail motor coach, Port Talbor Railway.
The Locomotive, Oct. 15, 1925, »Sentinel-Cammell« steam rail coach, Bengal Nagpur Railway.
The Locomotive, June 15, 1928, Articulated steam rail cars für Egypt.
The Locomotive, Febr. 15. 1929, Sentinel-Cammell steam inspection car, Leopoldina Railway.
The Locomotive, March 15, 1929, Steam rail coaches, Palestine Railways.
The Locomotive, Sept. 14, 1929, »Clayton« steam rail car, Sudan Government Railways.
The Locomotive, June 15, 1931, Articulated steam rail-car, Entre Rios Railway.
The Locomotive, Oct. 15, 1932, Rail-car for the Roumanian State Railways.
The Locomotive, Nov. 15, 1933, Steam rail-car, Belgian National Railways.
The Locomotive Magazine, May 1906, New locomotives for the Great Indian Peninsula Railway.
The Locomotive Magazine, July 1906, New locomotives for the Great Indian Peninsula Railway.
The Locomotive Magazine, Sept. 1906, Steam rail motor coach, North Western Railway of India.
The Railway Gazette, March 28, 1930, New Articulated steam rail cars for the Egyptian State Railways.
The Railway Gazette, Oct. 4, 1935, New articulated steam railcars for Egypt.
The Staff, Dec. 22, 1924, Rail motor for Northern Territory.
Zeitschrift d. Vereines deut. Ing., 4. Juni 1904, Neuere englische und französische Motorwagen für Personen und Güter.
Zeitschrift d. Vereines deut. Ing., 2. Juli 1904, Neuere englische und französische Motorwagen für Personen und Güter.
Zeitschrift d. Vereines deut. Ing., 23. Sept. 1905, Motorwagen im Eisenbahnbetrieb.
Zeitschrift d. Vereines deut. Ing., 1908, Dampfwagen auf der Otavibahn.
Zeitschrift d. Vereines deut. Ing., 10. Juli 1909, 100pferdiger Dampftriebwagen der Hannoverschen Maschinenbau-AG.
Zeitschrift d. Vereines deut. Ing., 9. Mai 1936, Kohlengefeuerte Dampftriebwagen.

Nachfolgende Eisenbahngesellschaften, Firmen und Institutionen haben durch Ihre wertvolle Unterstützung zur Vervollständigung dieser Arbeit beigetragen.

Azienda Autonoma Ferrovie Dello Stato.
Berliner Verkehrs-Betriebe.
Birmingham Public Libraries.
British Railways, London Midland Region.
British Railways, Scottish Region.
Canadian National Railways.
Canadian Pacific Railway.
Canadian Railroad Historical Association.
Chicago, Rock Island and Pacific Railroad Company.
Commonwealth Railways.
Deutsche Bundesbahn.
Egyptian State Railways.
Empresa Nacional De Ferrocarriles Del Peru.
Forschungsinstitut für Schienenfahrzeuge, Praha.
Ganz-Mávag, Budapest.
Glasgow & South Western Railway Association.
Gloucester Railway Carriage & Wagon Co., Ltd.
Great North of Scotland Railway Association.
Irish Railway Record Society.
Israel Railways.
Keretapi Tanah Melayu.
MAN, Nürnberg.
Metro-Cammell Ltd., Birmingham.
New Zealand Government Railways.
Ruhr-Lippe-Eisenbahnen AG.
Schweizerische Lokomotiv- und Maschinenfabrik, Winterthur.
Société nationale des chemins de fer Belges.
Société nationale des chemins de fer Français.
South Australian Railways.
Tasmanian Government Railways.
The Mitchell Library, Glasgow.
The Railway and Locomotive Historical Society, Boston.
Thyssen Industrie AG, Henschel, Kassel.
Uetersener Eisenbahn AG.
Verkehrshaus der Schweiz, Luzern.
Victorian Railways.

Besonderer Dank gilt Herrn Dipl.-Ing. György Villányi, Budapest, der durch Beistellung zahlreicher Unterlagen maßgebenden Anteil an der Beschreibung der ungarischen Dampftriebwagen hat.